本书系国家社科基金重点项目"新时代中非海洋合作及其相关法律问题研究"（立项批准号：17AZD015）结项成果（结项编号：20211797）

新时代
中非海洋合作

贺 鉴 ■ 著

CHINA-AFRICA
MARITIME COOPERATION
IN THE NEW ERA

中国社会科学出版社

图书在版编目(CIP)数据

新时代中非海洋合作/贺鉴著.—北京:中国社会科学出版社,2021.12
ISBN 978-7-5203-9323-2

Ⅰ.①新… Ⅱ.①贺… Ⅲ.①海洋资源—资源开发—国际合作—研究—中国、非洲 Ⅳ.①P74

中国版本图书馆 CIP 数据核字(2021)第 230026 号

出 版 人	赵剑英	
责任编辑	马 明	郭 鹏
责任校对	许 惠	
责任印制	王 超	

出 版	中国社会科学出版社
社 址	北京鼓楼西大街甲 158 号
邮 编	100720
网 址	http://www.csspw.cn
发 行 部	010 - 84083685
门 市 部	010 - 84029450
经 销	新华书店及其他书店

印 刷	北京明恒达印务有限公司
装 订	廊坊市广阳区广增装订厂
版 次	2021 年 12 月第 1 版
印 次	2021 年 12 月第 1 次印刷

开 本	710×1000 1/16
印 张	22
字 数	307 千字
定 价	119.00 元

凡购买中国社会科学出版社图书,如有质量问题请与本社营销中心联系调换
电话:010 - 84083683

目　　录

绪　　论

第一节　研究背景与意义

中非海洋合作是新时期中国海洋合作的重要内容，也是中国保护海外利益，为全球海洋治理探寻中国方案的重要现实路径。目前，非洲地区面临的海洋局势不容乐观，传统与非传统海洋安全问题相互交织，给非洲国家和地区带来极大的安全挑战和威胁。海洋问题的频繁发生与海洋治理不足的矛盾越发不可调和，导致非洲国家难以有效应对出现在它们管辖范围内的各类海洋问题，更不用说管辖范围以外海域的各类海洋问题。因此，积极开展中国与非洲国家的海洋合作，一方面有利于帮助非洲国家和地区对出现在非洲海域的海洋问题进行有效治理，并激发其治理意愿和提升治理能力；另一方面为维护区域海上安全与中国海外海洋利益提供了安全、便利的外部环境。

一　研究背景

21世纪是海洋世纪，中非作为传统友好伙伴，相互之间的联系越发紧密，在海洋方面的合作也日益增多。尤其在中国提出"一带一路"倡议以来，非洲国家积极地参与其中，中非在双/多边海洋合作方面均取得了丰硕的成果。在新时代，中国海洋强国建设已取得了一定的进展，中国在国际事务和全球治理中的地位迅速提高，已成为世界重要的经济体之一。而非洲作为全球发展中国家最集中的地区，也成为国际中的重要力量。新时代背景下的国际国内形势的变化既给中非海洋合作带来了充分的发展机遇，也为中非海洋合作增加了许多不确定性因素。2018 年中非合作论坛北京峰会成果多次论及中非海洋合作相关问题。

中国正从一个传统的陆权大国向陆海兼备型强国转变。维护海洋权益、建设海洋强国已成为新时期一项十分重大的发展战略。尤其是"一带一路"倡议的提出，为中国开展中非海洋合作提供了极佳的战略机遇期。在当前海洋世纪的大背景下，各海洋国家纷纷重视海洋建设。非洲沿线国家和地区海洋空间广阔、海洋资源丰富、海洋建设力度强、合作需求大，具有深厚的合作潜力与合作需求。作为非洲地区和国家的坚定支持者，中国形成了与非洲国家在海洋领域的全方位、多层次、宽领域的合作。尤其是在海洋法律机制和制度建设层面，中国一方面通过"一带一路"、中非合作论坛、金砖国家合作机制等强化与非洲地区和国家的海洋合作国际化和制度化；另一方面，利用非洲地区自身的海洋治理平台和相关治理机制，通过强化制度和法律机制的合作与支持，实现与非洲国家在非洲海洋事务方面的有效合作与治理。

非洲作为中国传统的地区合作伙伴，与中国有着相似的成长历史和发展经验。随着全球安全格局变迁，非洲地区海洋安全态势越发严峻，非洲地区的海洋问题已经引起国际社会的高度关注。中国政府一直以来都极为重视与非洲地区和国家的合作发展。当前，除了由美欧等域外大国（地区）在非洲地区争夺传统海上势力范围和海洋利益引发的传统安全问题外，这一海域的资源开发、海上非法捕捞、海洋环境保护、海上航行安全、海上恐怖主义与海盗等非传统安全问题也日趋严重。同时，非洲海域的一系列海洋安全问题正在不断向周边海域蔓延，而仅靠非洲国家自身力量难以有效应对，由此形成了全球性的联动反应。此外，非洲地区的海洋问题已成为全球海洋问题的主要组成部分，引起了国际社会的高度关注。要彻底解决非洲海域的传统与非传统安全等问题，必须要建立起制度化、法律化的治理机制，实现对非洲海洋治理的法制化。

在此背景下，探讨中非海洋合作及其相关法律问题既是新时代中非合作的必然要求，也是中国积极参与国际合作和全球海洋治理的应有之义。本著作选取新时代的宏观背景，对中非海洋合作及其相关法律问题进行研究。

二　研究意义

新时代中非海洋合作及其相关法律问题研究，在理论和现实层面都具有重要意义。

（一）理论意义

在理论层面，中非海洋合作丰富和发展了中国海洋强国战略、海洋命运共同体等中国特色海洋外交思想的理论内涵，丰富和发展了全球海洋治理和总体国家安全观相关的理论内涵，丰富和发展了习近平法治思想的理论内涵。

1. 丰富和发展了中国海洋强国战略、海洋命运共同体等中国特色海洋外交思想的理论内涵

中非海洋合作是近年来中国区域国别研究中兴起的一大研究领域。中国目前已经是一个海洋利益延展至全球的大国，在全球海洋事务中的影响力也随之增大。因此，通过与非洲国家的海洋合作日益被提上国家对外合作战略的议程，这在实现中国海外海洋利益方面是极为重要的一环。但由于非洲国家在整个海洋发展过程中存在着海上地缘政治的特殊性、海洋资源开发技术的局限性、海洋意识的滞后性等固有特征。中国在开展与非洲国家的海洋合作过程中需要考虑非洲国家的特殊情况，不能以中国的单方视角作为指导和制定中非海洋合作的原则与规范来源，也需要充分考虑到非洲国家的特殊性。此外，中非海洋合作在实践过程中也遇到了一些问题，诸如非洲一些国家对中非海洋合作的不理解甚至抗拒，将中国在非洲海域的存在视为"干涉"，甚至出现海洋"新殖民主义"等论调。这都是因为中国在与非洲国家的海洋合作中缺乏理论与原则的指导，因此，需要建立健全相关理论规范和机制原则来对中非海洋

合作进行有效的规制，做到有章可循。通过对中非海洋领域合作问题的研究探讨，一方面可将中国最新的海洋理论运用于中非海洋合作的过程之中，对中非海洋合作整体进程进行理论指导；另一方面，制定中非海洋领域的合作规范和规则制度，为中非海洋合作发展打好理论框架。而中国海洋强国战略、中国特色海洋外交理论、海洋命运共同体等国家战略思想更多的是要体现和表达和平、合作、和谐的海洋合作理念，强调合作共赢、共谋发展以及新型国际海洋关系，实现和构建海洋"蓝色伙伴关系"、海洋责任共同分担、海洋命运休戚与共的海洋合作战略思想。从这个视角看，中非海洋合作的实践极大地丰富、发展了以上一系列中国特色海洋外交思想理念的内涵。

2. 丰富和发展了全球海洋治理和总体国家安全观相关的理论内涵

中非海洋合作既是中国拓展海外利益的需求，也是中国特色的海洋外交与全球海洋治理理论的最新表现。非洲海洋问题非一日之寒，早已渗透于非洲海洋事务的各个领域之中。非洲海洋问题又主要集中于海上非传统安全领域，诸如海盗与海上劫掠事件，几内亚湾与索马里海域的海盗问题已成为影响非洲海洋安全的重大威胁，不仅给非洲沿岸国家带来巨大的经济损失，由于海盗在这些海域时常劫掠过往商船，也给世界各国的海外利益造成巨大损失。又如出现在非洲海域的非法捕鱼活动，出现在非洲海域的 IUU 捕捞行为，其活动主体不仅有非洲国家的违法人员，也有其他国家的非法捕捞人员，一方面给非洲国家造成了经济损失，另一方面也导致非洲国家与非法捕捞人员所在国之间的不信任感增加，严重损害了所在国的国际形象。再如非洲海域的海上能源通道安全问题，非洲的地缘位置在全球海域活动中极为特殊且重要，一方面非洲本身拥有丰富且众多的海洋资源，但由于其自身不具备完备的开发与加工能力，导致海洋资源向海洋经济的转化率极低，因此资源以原材料形式出口为主，非洲地区也成了世界原料的供应地，往来商贸频繁；另一方面非洲地缘位置极为重要，其北部和东北部都有众多世界重要的海上战略通道，世界海洋强国纷纷角逐此地，想要控制这些重要海上战略通道为己所用。两者因素叠加使得非洲成了世界海洋事务和海洋问题的热点地区。非洲的海洋问题亟须得到治理和规范。而出现在非洲海域的这些海洋问题对中国与非洲国家的海洋合作提出了新的要求，对总体国家安全观理论有着极大的需求，为丰富和发展全球海洋治理也提供了绝佳的实践平台。同时，全球海洋治理相关理论也在中非海洋合作的实践中得到了极大的丰富与发展。诸如：非洲海洋公域的治理问题、各国在共同治理前论述的非洲海洋安全领域的通道安全问题、IUU捕捞问题以及合作打击海盗等问题的集体行动理论（搭便车行为），以及由此引发的非洲海洋治理过程中的治理主体、治理效能等理论内容都得到了极大的丰富与实践。在中非海洋安全合作进程中，总体国家安全观理论内涵也得到了丰富，总体国家安全观提出要实现综合安全、共同安全、合作安全与可持续安全的理论意涵，这一意涵在中非海洋合作中得到了全面的体现与运用。在中国参与非洲国家海洋安全事务过程中，中国始终坚持以非洲国家为主体，以海洋命运共同体为核心理念，坚持与非洲国家共同治理非洲海上各类安全问题，并以联合国海上维和的形式保障非洲海域的海上通道安全，应非洲国家邀请，对非洲海盗以及海上非法捕捞等行为比较活跃的海域进行海上联合执法等，既实现了对各类海洋问题的有效治理，又充分维护了非洲国家的主权，实现了可持续、共同治理，总体国家安全观的理论意涵也得到了充分的丰富与发展。

3. 丰富和发展了习近平法治思想的理论内涵

习近平法治思想的理论核心在于解决是什么、为什么以及怎么办的问题，对中国特色社会主义法治理论进行了全面的、系统的解答。站在世界百年未有之大变局的大格局之上，站在实现党和国家长治久安的战略高度，统筹考虑国际国内形势、法治建设进程，科学地回答如何在法治轨道上推进国家治理体系和治理能力现代化，使全面依法治国与推进国家治理体系和治理能力现代化的要求相协同，如何依法应对重大挑战、抵御重大风险、克服重大阻力、解决重大矛盾等问题。在国际层面，主要的表现就在于如何通过法治手段实现国际社会治理体系与治理能力现代化的问题。而治理体系现代化体现在如何通过系列的制度安排和宏观顶层设计，使国际乃至全球的治理体系日趋系统完备、不断科学规范、愈加运行有效。治理能力现代化就是指如何将制度优势转化为治理效能的现代性能力不断获取并逐渐强化的过程。在中非海洋合作领域，面对着诸多的海洋问题与突发的海洋状况。海盗问题老生常谈、久治不绝、反复出现，并且危险性越来越大，究其根源是由于没有建立起有效、可持续的国际海洋治理体系，没有通过有效的法治手段对海盗等安全问题进行制度性的治理，以往的治理方式多属于治标不治本，只有通过建立现代化的国际海洋治理体系、增强海洋治理能力，才能够彻底根除非洲海域的海盗问题。此外，非洲国家自身海洋治理能力不足、因缺乏相关协调机制导致的合作治理效能低下等问题，皆是由于缺乏一套有效合理的国际海洋治理体系，且现代化的治理能力不足。未来的中非海洋合作必然是建立在现代化的国际海洋治理体系之上，并辅以有效的海洋治理能力而实现的，二者不可或缺。由此来看，中非海洋合作对丰富和发展习近平法治思想，特别是丰富和发展习近平关于国际海洋治理体系与治理能力现代化理论意涵，起到了推动作用。

（二）现实意义

在现实层面，中非海洋合作有助于提升中国在全球海洋治理中的地位与作用，有助于帮助非洲提升海洋治理能力，有助于强化中国对本国在非洲的海外利益的维护能力。

1. 有助于提升中国在全球海洋治理中的地位与作用

当今世界正经历着百年未有之大变局，非洲地区的海洋形势也正经历着剧烈的变动与发展，各种海洋问题层出不穷，导致非洲地区海洋安全一度失控，海洋秩序与制度安排也极度缺乏。因此，加强中非海洋合作以及推进相关海洋法律的制定和机制的安排与治理就显得尤为必要。进入新时代，国际政治呈现出新的特点，美国日渐式微，欧洲被难民、恐怖主义所羁绊，全球海洋治理面临许多严峻的问题。中国可以通过加强中非海洋合作，为全球海洋治理做出重大贡献。

2. 有助于帮助非洲提升海洋治理能力

中国正在加强"海洋强国"建设与"一带一路"倡议建设，作为中国的传统友好伙伴与"一带一路"沿线重要区域，非洲与中国海洋合作具有巨大潜力，通过与非洲国家展开海洋各领域的合作，特别是相关法律机制、制度建设合作，有助于提升非洲国家的海洋治理能力，促进非洲海洋治理的法律化、制度化。

3. 有助于强化中国在非洲的海外利益的维护能力

通过与非洲国家和相关国际组织在海洋外交、海洋经济、海洋安全、海洋经济与文化、海洋资源与环境保护等方面开展全方位、深层次的合作，更好地维护中国海洋权益和海外利益。

第二节　国内外相关研究评述

对中非海洋合作和非洲相关法律问题的发展现状研究，国内外目前已有初步的学术成果。目前，中非海洋合作的相关问题开始成为国内外学界探讨的热点话题之一，主要集中于中非海洋渔业、海上通道安全、打击海盗和海上劫掠、海上港口等方面的合作研究。对于非洲法律相关问题的研究，国内外目前集中于对非洲法律的历史梳理，对一些重点领域的法律问题，诸如人权、女性、财产等方面的法律制度研究较为丰富，同时在中非合作领域的法律方面，中国对非投资相关法律研究较为丰富扎实。但对于其他领域，诸如中非海洋领域合作的相关法律法规关注较少。

一　关于新时代中非关系的国内外研究现状

中华人民共和国成立以来，中非合作已走过约 70 年的历程，中非关系历久弥新。中华人民共和国在成立之初就大力援助非洲国家进行国内建设，而非洲国家也在中华人民共和国恢复联合国安理会常任理事国合法席位等国际事务中"力挺"中国。新时代的中非关系研究既继承了前期研究的历史、经验与教训，又呈现出一些不同以往的发展轨迹。诸如在研究领域上，从主要对非洲大陆的关系研究开始转向对中非海洋领域的关系研究；在研究类别层面，从对非洲的援助关系、经贸关系的研究开始转向对非洲的地缘安全、海上通道安全等非传统安全关系的研究；在研究侧重上，从研究列强对非洲的殖民关系开始转向非洲内部关系以及非洲与其他国家的平等话语关系的研究；等等。这表明对非研究开始呈现出一系列新的、并较之以往更加理性的研究。具体来看，新时代中非关系研究的进展情况如下。

（一）新时代中非关系的国内研究现状

新时代的中非关系出现了一些新的变化和特征，以往以中非经贸关系、中国对非援助等为主题的研究正在向中非话语建构、大国对非洲的战略等主题的研究转型。中非关系更多的是被置于中国提出的理论、外交战略、新型国际关系和全球领域等视角的研究框架之中。

1. 对新时代中非关系的话语研究

刘鸿武[1]认为新时代的中非关系中面临着更加严峻的西方主导下的话语挑战，中非智库和媒体必须要加强合作，共同捍卫中国和非洲的共有话语权。刘乃亚[2]从多个层面对新时代的中非关系发展进行了总结，他将人类命运共同体理念作为新时代发展中非关系的指导思想，将"一带一路"作为中非关系的引领，将基础设施建设和产能合作作为发展中非关系的抓手。概言之，新时代中非关系在新的理念、话语框架下会实现新的发展。贺文萍[3]、张宏明[4]、刘爱兰[5]、

---

[1] 刘鸿武：《中非需合力应对话语权挑战》，《环球时报》2019年8月30日第15版。
[2] 刘乃亚：《引领中非关系走向新时代》，《中国发展观察》2018年第24期。
[3] 贺文萍：《"新殖民主义论"是对中非关系的诋毁》，《学习月刊》2007年第5期。
[4] 张宏明：《中非合作：是"新殖民主义"还是平等互利?》，《学习月刊》2006年第23期。
[5] 刘爱兰、王智烜、黄梅波：《中国对非援助是"新殖民主义"吗?》，《社会科学文摘》2018年第9期。

孙勇胜①、刘乃亚②、李因才③等学者从不同的研究方法、理论视角以及西方国家扣给中国对非关系是"新殖民主义"的话语论调进行了批驳。此外，徐伟忠④从非洲在中国外交战略中的地位和新时期中非关系面临的新问题两个视角对中非关系的发展做了总结。他认为中国在非洲具有多重利益，但中非关系目前面临着适应问题、认知问题、形象问题等诸多新问题，未来需要中国从话语、合作方式等方面来改变这种既有的情况。李安山⑤以中非关系作为案例，对国际社会在"中国崛起"过程中对中非关系产生影响的几种态度，诸如"近年扩张说""石油能源说""新殖民主义说"等以"中国威胁论"为主要基调的话语偏见进行探讨。齐明杰⑥在中非合作论坛第三次峰会背景下提出了新时代中非关系的几个维度，包括南南合作、多边主义、新型国际关系、心灵契合、命运共同体等关系维度。未来要对这些关系维度进行充分的考察和分析，为新时代的中非合作提供助益和动力。贺文萍⑦从新媒体视角对新时代中非关系做了解读，她认为目前中非关系发展的国际舆论环境对中国较为不利，主张在"一带一路"大格局下打造"互联互通"的新时代中非媒体伙伴关系，这将有助于增进中非之间相互了解、促进共同发展、开创合作共赢的中非关系新时代。王珩等⑧认为进入新时代后的中非关系国际话语体系的重要性日益提升，中非合作的国际话语体系建设既拥有机遇，

---

① 孙勇胜、孙敬鑫：《"新殖民主义论"与中国外交应对》，《青海社会科学》2010 年第 5 期。

② 刘乃亚：《加强与欧盟间的交流 促进中非关系深入发展——再批"中国在非洲搞新殖民主义"论调》，《西亚非洲》2010 年第 1 期。

③ 李因才：《被"妖魔化"的中非关系：中国在非洲发展中的角色》，《当代世界社会主义问题》2014 年第 4 期。

④ 徐伟忠：《非洲形势及新时代中非关系》，《领导科学论坛》2018 年第 22 期。

⑤ 李安山：《论"中国崛起"语境中的中非关系——兼评国外的三种观点》，《世界经济与政治》2006 年第 11 期。

⑥ 齐明杰：《新时代中非关系中的多维度特性》，《公共外交季刊》2018 年第 3 期。

⑦ 贺文萍：《建立新时代中非媒体伙伴关系刍议》，《对外传播》2016 年第 5 期。

⑧ 王珩、于桂章：《非洲智库发展与新时代中非智库合作》，《浙江师范大学学报》（社会科学版）2019 年第 3 期。

又面临诸如西方垄断话语体系和中非之间文化差异的影响，未来将从提高站位、加深了解、多元立体、创新形式等多种途径来改善中非合作的话语体系建设。

2. 新时代中非关系中的大国因素

关于新时代中非关系中的大国因素，学界主要从区域和国别视角进行了论述，包括大国对非战略，中国与其他大国对非洲的"介入"，以及中国与其他大国对非洲的政策等研究。

从大国与中国对非战略的总体视角来看，张宏明①认为大国在非洲的格局处于关系的重组之中，并呈现"发散性"的阶段性特征，大国在非洲的重组将朝着多元、均衡的方向演化，中国在其中扮演了参与者和受益者的角色。此外，其他大国与中国必然会在非洲产生利益纠葛、价值冲突、战略竞争等问题，中国一方面需要与国际体系形成良性互动，缓解中国"走进非洲"的阻力；另一方面也要妥善处理中非关系，两方面形成合力，构建新时代的中非关系不断向前发展的新局面。贺文萍②认为新时代的非洲政治发展态势不断趋于稳定，同时也吸引了大国的目光，大国在非洲竞逐权力的态势将不断加剧。王逸舟③从不干涉理论视角出发，解读了中非关系的发展历程，主张新时代中非关系发展需要进行大力创新，并符合时代变化与中国的需要；还讨论了中国对非援助的和平自主性原则，以及充分利用区域组织和机制来作为中国对非援助的抓手和平台，并提出"创造性介入"的概念，以此将中非关系发展提升至新的阶段。孙海潮④论述了西方大国通过多种方式对非洲进行"控制"，以谋求战略和经济上的利益，并对中非合作产生警觉心态和进行攻击，作者对

---

① 张宏明：《大国在非洲格局的历史演进与跨世纪重组》，《当代世界》2020 年第 11 期；张宏明：《中国在非洲经略大国关系的战略构想》，《西亚非洲》2018 年第 5 期；张宏明：《中国对非洲战略运筹研究》，《西亚非洲》2017 年第 5 期。

② 贺文萍：《非洲：政治趋稳向好，大国竞逐加剧》，《世界知识》2019 年第 24 期。

③ 王逸舟：《发展适应新时代要求的不干涉内政学说——以非洲为背景并以中非关系为案例的一种解说》，《国际安全研究》2013 年第 1 期。

④ 孙海潮：《大国在非洲的争夺态势与中非关系》，《公共外交季刊》2018 年第 3 期。

中国通过"一带一路"与非洲国家展开务实合作与西方国家对非关系进行了辨析。

从国别视角来看，秦莹①、张忠祥②、罗建波③、赵晨光④、刘中伟⑤、姚桂梅和郝睿⑥等从美国对非战略以及历届总统对非政策视角研究了美国新一步的对非布局措施，分析了美国重返非洲的动机，多认为美国强化对非洲的争夺目的在于，一方面争夺非洲的战略利益与实际的经济利益，另一方面遏制中国在非洲的影响力，多认为美国的这种行为是单边主义或冷战思维在作祟。徐向梅⑦、王树春和王陈生⑧、强晓云⑨、徐国庆⑩等以俄罗斯为国别视角，分析了俄罗斯近年来加大对非洲的关注力度和资源投入的动机，以及俄罗斯在对非战略上的不利情况，同时也对俄罗斯介入非洲对中国的影响以及中俄在对非关系领域的合作进行了分析。舒运国⑪、金玲⑫、陈水胜和席桂桂⑬、张丽⑭等从比较视角、欧洲单个国家视角、能源视角等多个视角对中非关系与欧非关系进行了对比分析，认为欧洲虽然失去了在非洲的宗主国地位，但是对非洲依旧保持了很大程度上的影响力，未来在对非关系中不仅要考虑与非洲国家的关系发展，也要寻求与欧洲国家在非洲的利益共同点，加强合作，处理好中非合作关系中的欧洲因素。此外，潘

---

① 秦莹：《浅析特朗普政府的"新非洲战略"》，《国际研究参考》2019 年第 10 期。
② 张忠祥：《试析奥巴马政府对非洲政策》，《现代国际关系》2010 年第 5 期。
③ 罗建波：《透视美国的非洲战略》，《学习时报》2019 年 1 月 11 日第 2 版。
④ 赵晨光：《美国"新非洲战略"：变与不变》，《国际问题研究》2019 年第 5 期。
⑤ 刘中伟：《美国特朗普政府非洲政策的特点、内容与走向》，《当代世界》2020 年第 7 期。
⑥ 姚桂梅、郝睿：《美国"重返非洲"战略意图与影响分析》，《人民论坛》2019 年第 27 期。
⑦ 徐向梅：《俄罗斯"重返"非洲：能力与前景》，《欧亚人文研究》2020 年第 3 期。
⑧ 王树春、王陈生：《俄罗斯"重返非洲"战略评析》，《现代国际关系》2019 年第 12 期。
⑨ 强晓云：《对冲视角下的俄罗斯对非洲政策》，《西亚非洲》2019 年第 6 期。
⑩ 徐国庆：《俄罗斯对非洲政策的演进及中俄在对非关系领域的合作》，《俄罗斯学刊》2017 年第 4 期。
⑪ 舒运国：《中非关系与欧非关系比较》，《西亚非洲》2008 年第 9 期。
⑫ 金玲：《欧盟的非洲政策调整：话语、行为与身份重塑》，《西亚非洲》2019 年第 2 期。
⑬ 陈水胜、席桂桂：《冷战后的欧盟对非政策调整：动因、内容与评价》，《非洲研究》2015 年第 2 期。
⑭ 张丽：《欧盟调整对非政策的中国因素分析》，《经济研究导刊》2016 年第 31 期。

万历和宣晓影①、曾探②、庞中鹏③、金仁淑④等从日本视角对日本介入非洲以及日本在非洲的利益进行了分析，并对日非关系与中非关系的问题进行了比较分析，多认为日本有意拉拢非洲的主要目的在于谋求在非洲的战略资源，以解决日本国内资源紧缺的燃眉之急，此外日本也有意通过"走近非洲"进而提升自己的国际地位，以实际行动支持美国在非洲与中国的利益争夺。

（二）新时代中非关系的国外研究进展

目前，国外学界主要从两个方面对新时代中非关系进行认识和分析。一是中国与非洲国家的投资关系，多认为近年来中国加大了对非洲的投资力度，有助于非洲国家的社会发展、经济建设，但更重要的是，中国的这种投资是带有强烈的国家目的的，它将导致非洲国家的资源、市场等被掠夺，生态环境被破坏，认为中国通过各种公私投资方式汲取非洲国家的利益。二是以"新殖民主义"论调来进一步污蔑中非关系的研究，国外学界对中国增强对非关系、扩大在非洲的存在怀有强烈的警觉心态，认为中国加强与非洲国家的联系主要是基于其全球战略布局的考虑，这是中国的"新殖民主义"输出方式。

关于中国与非洲国家的投资关系，琳娜·贝纳巴拉（Lina Benabdallah）⑤使用比较分析法将中非关系与中阿关系进行对比分析，认为中非关系不仅与非洲大陆有关，而且与中国在其他发展中国家和地区的外交政策行为相关联，通过对比中非合作论坛（FOCAO）与中阿合作论坛（CASCF），作者认为人员交往与文化交流是中非关系发展的两个重要特征，未来需要建立人文交流与互信机制，以促进中非关系的

---

① 潘万历、宣晓影：《冷战后日本的非洲政策：目标、特点以及成效》，《战略决策研究》2020 年第 4 期。

② 曾探：《日本对非洲建设和平援助研究》，博士学位论文，华东师范大学，2018 年，第 186 页。

③ 庞中鹏：《日本拉拢非洲的真实意图》，《世界知识》2019 年第 19 期。

④ 金仁淑：《新时期日本对非洲投资战略及中国的对策——基于"一带一路"倡议下的新思维》，《日本学刊》2019 年第 S1 期。

⑤ Lina Benabdallah, "China's Relations with Africa and the Arab World: Shared Trends, Different Priorities", *Africa Portal*, No. 67, December 2018, pp. 1 – 14.

进一步发展。伊格纳采夫·谢尔盖和卢科宁·谢尔盖（Sergei Ignatev &
Lukonin Sergey）① 系统地梳理了中国在非洲的投资活动与历史轨迹。作
者将中国在非洲的投资历史分为 1950—1980 年、1980—2010 年、2010
年至今三个阶段，认为目前中国对非投资策略是以金融机构对基础设
施融资的投资方式为主，同时通过对非洲地区的重要贸易路线以及海
上港口投资，以达到中国在非洲进行经济和地缘政治扩张的战略目标，
这也引发了非洲国家对中国投资活动的不满和反对。作者预判未来中
国在非洲的投资将基于中非合作论坛、中非发展基金等多种机制下实
现投资的制度化。陈建凯（音译）（Chien-Kai Chen）② 认为中国对非洲
的政策以及中国企业、投资者等非国家行为体在非洲的行为二者之间
形成了一对矛盾体，中国政府强调要建立互利共赢的中非关系，而后
者则更注重在非洲现实、短期的利益，这样一种互动过程形成了中国
对非关系的矛盾构成。未来中国若想维持与非洲长久、持续的建设性
关系，必须要正视这一问题带来的现实挑战。阿德莫拉、奥耶德·蒂蒂
洛伊、阿德乌卢·阿德乌依等（Ademola, Oyejide Titiloye, Abiodun-
S. Bankole, Adeolu O. Adewuyi）③ 分析了中非贸易关系对整个非洲以及
相关案例国家的影响，认为中非贸易对非洲国家来说收益和损失都存
在，但由于中国不断增强的国际影响力，现有的中非贸易模式与非洲
地区的长期利益并不相符，这对于许多国家来讲将会在经济发展以及
经济结构上造成损失和冲击，为应对这种不利情况，作者提出非洲国
家应该积极争取早日进入中国市场的机会，以消除中国倾销带来的贸
易赤字。奥尔登和戴维斯（Chris Alden & Martyn Davies）④ 则指出中国

① Sergei Ignatev and Lukonin Sergey, "China's Investment Relations with African Countries", *Mirovaya Ekonomika i Mezhdunarodnye Otnosheniya*, Vol. 62, No. 10, 2018, pp. 5 – 12.

② Chien-Kai Chen, "China in Africa: A Threat to African Countries?" *Strategic Review for Southern Africa*, Vol. 38, No. 2, November 2016, p. 100.

③ Ademola, Oyejide Titiloye, Abiodun-S. Bankole, Adeolu O. Adewuyi, "China-Africa Trade Relations: Insights from AERC Scoping Studies", *The Power of the Chinese Dragon*, London: Palgrave Macmillan, 2016, pp. 69 – 97.

④ Chris Alden & Martyn Davies, "A Profile of the Operations of Chinese Multinationals in Africa", *South African Journal of International Affairs*, Vol. 13, No. 1, June 2006, pp. 83 – 96.

跨国公司在全球舞台上的显著存在正在改变国际商业和政治的前景。中国企业在国家强有力的支持下着手收购和获取发展中国家的关键资源和市场份额，而非洲恰好拥有丰富的自然资源与有待开发的巨大市场，这为中国提供了很好的机遇，此外作者还通过评估这些公司业务内容分析了它们对非洲产生的影响。克里斯·奥尔登等[1]认为中非关系开始变得日益复杂，经过近20年对非洲基础设施的投资融资后，中国成了非洲国家最大的"债主"，而与此同时，中国的企业尤其是制造业在非洲的投资激增，正以各种方式改变着非洲国家的经济结构和经济地位。作者认为尽管这很容易被联想为中国对非洲的"债务陷阱"，但从中非关系以及中国对非政策来考察就会发现，中国提倡的不附加任何政治条件的对非投资、贷款等经济政策，使中非关系依旧保持了良好的互动与发展。

关于中国对非关系的"新殖民主义"论调，N. S. 芬赫斯卡、O. M. 马克留克、A. Yu. 鲍里森科、A. O. 普罗维金等[2]对21世纪以来中国对非外交政策的变化以及非洲国家的发展关系原则进行了探讨，认为中国将经济利益置于中非关系之首，同时中国向非洲大量的劳务移民抢占了非洲劳动力市场，大规模的基建破坏了生态环境，但是通过分析中非国家间政治经济合作的性质和实际情况可知，中非合作对非洲发展仍有积极的意义，是互利合作不是"新殖民主义"，里奇·蒂莫西和斯特林·雷克尔（Timothy S. Rich & Sterling Recker）[3] 对此持有同样的观点。此外，多纳塔·弗拉谢里（Donata Frasheri）等[4]、阿颂·辛普利采和吉尔伯特·A. A. 阿明肯（Asongu, Simplice A. & Gil-

① Chris Alden, Lu Jiang, "Brave New World: Debt, Industrialization and Security in China-Africa Relations", *International Affairs*, Vol. 95, No. 3, May 2019, pp. 641 – 657.

② N. S. Venherska, O. M. Makliuk, A. Yu. Borysenko, A. O. Prosvirkina et al., "China's Relations with Africa: Neocolonialism or Partnership?", *Economic Sciences*, Vol. 3, No. 43, December 2019, pp. 77 – 82.

③ Timothy S. Rich and Sterling Recker, "Understanding Sino-African Relations: Neocolonialism or a New Era?", *Journal of International and Area Studies*, Vol. 20, No. 1, June 2013, pp. 61 – 76.

④ Jian Junbo and Donata Frasheri, "Neo-colonialism or De-colonialism? Chinas Economic Engagement in Africa and the Implications for World Order", *African Journal of Political Science and International Relations*, Vol. 8, No. 7, October 2014, pp. 185 – 201.

bert A. A. Aminkeng)①、阿姆萨卢·阿迪斯（Amsalu K. Addis）等②也都认为中国对非投资关系不是所谓的"新殖民主义"，并对此进行了有力的批驳。亚历山大·德西（Alexander Demissie）③认为非洲国家在"一带一路"倡议中所起的作用以及非洲国家领导人在该倡议上的立场是有助于非洲进一步发展的，非洲目前需要大量进行跨国交通基础设施建设，同时需要利用"一带一路"带来的经济走廊建设实现自身的发展目标，作者认为非洲应该将自身的发展更加深入地融入中国政府提出的"一带一路"倡议之中，这将有助于非洲国家形成长期发展的战略。奈杜等（Sanusha Naidu, Daisy Mbazima）④认为中国现行的对非政策主要表现在中国与北非关系的战略优势，同时中国进入整个非洲，让非洲领导人认为这既是压力也是吸引力，这主要是北京软权力的影响。伦巴－喀松古、图昆比（音译）（Lumumba-Kasongo, Tukumbi）⑤则支持中国对非洲国家的"新殖民主义"这一论调，作者通过中国对非洲的投资数据和投资领域进行了分析，认为中国有对非洲国家实施"新殖民主义"或"新帝国主义"的动机。诸如让－克洛德·马斯瓦纳（Jean-Claude Maswana）⑥、布鲁克斯·彼得（Brookes Peter）⑦、依山·

①　Asongu, Simplice A. and Gilbert A. A. Aminkeng, "The Economic Consequences of China-Africa Relations: Debunking Myths in the Debate", *Journal of Chinese Economic and Business Studies*, Vol. 11, No. 4, 2013, pp. 261 –277.

②　Asongu, Simplice A. and Amsalu K. Addis, "Criticism of Neo-colonialism: Clarification of Sino-African Cooperation and Its Implication to the West", *Journal of Chinese Economic and Business Studies*, Vol. 16, No. 4, September 2018, pp. 357 – 373.

③　Demissie, Alexander, "Special Economic Zones: Integrating African Countries in China's Belt and Road Initiative", *Rethinking the Silk Road*, Singapore: Palgrave Macmillan, 2018, pp. 69 – 84.

④　Sanusha Naidu and Daisy Mbazima, "China-African Relations: A New Impulse in a Changing Continental landscape", *Futures*, Vol. 40, No. 8, October 2008, pp. 748 – 761.

⑤　Lumumba-Kasongo and Tukumbi, "China-Africa Relations: A Neo-imperialism or a Neo-colonialism? A Reflection", *African and Asian Studies*, Vol. 10, No. 2 – 3, January 2011, pp. 234 – 266.

⑥　Jean-Claude Maswana, "Colonial Patterns in the Growing Africa and China Interaction: Dependency and Trade Intensity Perspectives", *The Journal of Pan African Studies*, Vol. 8, No. 7, Octbor 2015, pp. 95 – 111.

⑦　Brookes Peter, "Into Africa: China's Grab for Influence and Oil", *Heritage lectures*, No. 1006, March 2007, pp. 1 – 5.

夏尔马（Sharma Ishan）① 等都对前述持此类观点者表示支持。

总体来看，关于新时代的中非关系研究情况，首先，国内学界集中于从大国视角来分析中非之间的合作关系，多从比较分析入手，将中国与非洲国家之间的合作与其他大国参与非洲事务相联系和对比，从而得出不同合作方式的特点，并结合新时代中国对非洲的政策和战略背景，进一步深化中非合作。其次，国内外学界都对中国参与非洲事务所形成的"新殖民主义"论调进行了较为全面的研究，中国学者从中非合作指导原则、合作领域、合作进程、合作的效果等多层次、全方位地对中非合作关系进行了系统论述，结论是中非合作关系不是所谓的"新殖民主义"，而是互利共赢、命运共同的合作关系。相反，国外学者多站在自己国家的主观立场上，认为中非合作关系就是一种新型的"殖民主义"，他们多从中国对非投资、贸易视角对其结论进行"政治正确"论证，其结果往往是中国在参与非洲事务过程中，获取了巨大的经济效益，而代价是非洲国家的资源、市场被掠夺，生态环境被破坏等，诸如种种。这种论调有其固有的缺陷，那就是只选取了对其有利的案例或者视角对中非关系进行有偏见的分析，分析论证过程重现象、轻本质，重结果、轻过程，重实例、轻原则，带有先入为主的视角，自然也会得出先入为主的结论。何况，国外亦有学者并不认为中非合作关系是一种"新殖民主义"，他们更多的从客观、理性的视角来看待，在分析方法上采用科学实证的分析方法，运用实例验证，表明中非关系是平等共处的关系，而不是别的什么不平等的关系。

因此，新时代中非关系要继续构建合理、完善的指导原则和方针政策，合作领域还可进一步多元化、扩大化，合作效能还有待提升，未来对中非关系的研究可从共同价值、共同命运等领域将其升华，以表明中国参与非洲事务是基于平等互利的原则，是合规、合法、合乎情理的，继续深化中非合作的话语权研究，充分掌握国际话语权，向国际社会传递中非合作的"正能量"。

---

① Sharma Ishan, "China's Neocolonialism in the Political Economy of AI Surveillance", *Cornell International Affairs Review*, Vol. 13, No. 2, June 2020, pp. 94 – 154.

二　关于中非海洋合作的国内外研究现状

国内外已经有诸多专家学者对中非海洋合作进行了全方位、深层次的研究。近年来，国内学者对中非海洋渔业合作、中非海洋安全合作、海上港口合作建设等方面进行了深入而细致的研究；国外学者主要从"海上丝绸之路"与中非海洋各领域的合作、中非海上通道与海上港口合作展开研究。未来还可从中国与其他大国在非洲海域的合作问题、非洲海洋安全治理机制建设问题、国际海洋组织参与非洲海上安全治理的问题等方面继续进行探讨和研究。

（一）关于中非海洋合作的国内研究现状

近年来国内开始对有关中非海洋合作进行多层次、功能性领域的研究，目前关于中非海洋合作主要集中于海洋渔业合作、海洋安全合作以及海上港口合作建设层面。

1. 中非海洋渔业合作的国内研究进展

在中非海洋渔业合作方面，从 2016 年开始，学界逐渐将中非海洋合作的研究领域拓展到海洋渔业发展层面。张艳茹、张瑾①以印度洋沿岸非洲国家为例，阐述印度洋沿岸非洲国家渔业资源状况，分析中非渔业合作现状及其发展特征，探讨未来中非渔业深度合作发展面临的问题并提出了建议。覃胜勇②讨论了中国远洋捕捞，尤其是中国渔船在非洲海域捕捞过程中所遇到的相关问题，运用了多个实际案例对中国在非洲海域的渔民捕捞过程进行了论证，认为中国需要构建起系统、科学、严格和独立的远洋渔业监管机制，防止远洋渔业的企业绑架外交，避免渔业问题成为未来国际和区域政治的敏感话题。刘立明③系统回顾了中非海洋渔业合作的发展历程，认为正是在中国与非洲有关国

---

① 张艳茹、张瑾：《海上丝绸之路背景下的中非渔业合作发展研究——以印度洋沿岸非洲国家为例》，《非洲研究》2015 年第 2 期。
② 覃胜勇：《中非渔业合作如何摆脱无序》，《南风窗》2016 年第 14 期。
③ 刘立明：《中非渔业合作三十载 互利互赢成果显著》，《中国水产》2016 年第 3 期。

家坚持互惠互利、合作共赢的原则下，在不断深化合作关系下，非洲已成了中国远洋渔业对外合作的重要地区之一，这对促进非洲人民生活水平的提高和经济社会的发展起到了推动作用。刘青海①认为中国渔企更关注长期发展，现阶段面临诸多合作问题，未来应共享渔业发展。贺鉴、段钰琳②对中非海洋渔业合作相关的成就、问题和对策进行了分析。房俊晗等③通过对联合国提供的相关非洲渔业数据进行统计分析得出，非洲沿海国家的海洋渔业资源开采大致经历了开发不足、快速开发、过度开发几个阶段，认为非洲国家的管理不力加重了过度捕捞现象，同时主张非洲各国应尽快建立起基于渔获物统计的海洋渔业资源实时监测系统，以促进非洲海洋渔业可持续捕捞。张衡等④将远洋渔业视为具有战略意义的中国海外产业，认为发展远洋渔业不仅可以促进经济发展，更能增强中国综合实力，维护国家海洋权益，提升中国在全球渔业资源开发利用舞台中的话语权，还能为构建全球海洋经济命运共同体、树立中国负责任渔业大国形象提供支撑。张媛媛等⑤从渔业文化视角探讨了中非渔业文化资源的共性与差异，寻求潜在合作和交流机会，并探讨了未来中非渔业经济深度合作的途径和方法。主张通过加强渔业文化交流与合作，加强渔业文化经济扶持政策设计与指导，合作发展渔业文化旅游，加强渔业文化经济人才合作培养、渔业文化经济融资合作等来促进中非渔业经济转型升级。

2. 中非海洋安全合作研究的国内进展

在中非海洋安全合作领域方面，国内学者在 21 世纪初开始注重

---

① 刘青海：《"21 世纪海上丝绸之路"视域下的中非海洋渔业合作》，《中国社会科学报》2017 年 8 月 14 日第 7 版。

② 贺鉴、段钰琳：《"论中非海洋渔业合作"》，《中国海洋大学学报》（社会科学版）2017年第 1 期。

③ 房俊晗、任航、罗莹、张振克：《非洲沿海国家海洋渔业资源开发利用现状》，《热带地理》2019 年第 2 期。

④ 张衡、张瑛瑛、叶锦玉：《中国远洋渔业发展的新思路及建议》，《渔业信息与战略》2019年第 1 期。

⑤ 张媛媛、宁波：《中非渔文化经济互惠互通机制探讨》，《中国渔业经济》2020 年第 2 期。

对这一领域的关注与研究。而在中非海上安全合作中，学者们又主要集中于对海上能源、战略通道的安全与航行自由研究。姜昱霞①以地缘政治为理论依托，从海权视角对"中国—非洲海上战略通道"在全球的地缘战略意义进行了辨析，认为在当前国际政治和军事格局下，该海上航线缺乏明显的安全保障，对此中国必须从地缘战略角度出发，树立具有时代特征的全球海权观，建设强大的海军力量作为后盾，多管齐下维护"中国—非洲海上航线"的安全与通行自由。王历荣②认为影响中国进口非洲能源海上运输安全的因素主要是国际上围绕海上战略通道的争夺加剧、海上通道沿岸国家的政局恶化、海盗与海上恐怖主义等非传统安全威胁上升。刘磊、贺鉴③提出，鉴于来自海上的非传统安全问题日渐突出等局面，在依托"21世纪海上丝绸之路"扩展中非合作关系的过程中，中国需要与非洲相关国家加强各领域特别是海上的安全合作，并争取其他域外大国的良性参与，避免恶性竞争，共同创建一个"中非海上安全共同体"。贺鉴等④将中非"蓝色伙伴关系"视为中国持续开展双边和多边海洋合作的结果，也是中国深度参与全球海洋治理的现实内容。文中还对中非"蓝色伙伴关系"构建过程中的安全问题进行了分析，并有针对性地提出了建设性的意见，提出要加强与包括联合国在内的第三方进行有力的协调，以全面化解全球海洋治理难题和完善全球海洋治理机制。贺鉴等⑤还从区域视角出发，对中国与东非国家的海上能源通道合作的成果、面临的挑战作了较为系统的梳理，明确了西印度洋海域的安全重点议题，并从全球、区域和国内三个层面考量提升中国与东非海洋能源通道合作的路径。

---

① 姜昱霞：《中国—非洲航线地缘战略研究》，硕士学位论文，云南大学，2012年。
② 王历荣：《中非能源合作海上运输安全影响因素探析》，《理论观察》2013年第6期。
③ 刘磊、贺鉴：《"一带一路"倡议下的中非海上安全合作》，《国际安全研究》2017年第1期。
④ 贺鉴、王雪：《全球海洋治理视野下中非"蓝色伙伴关系"的建构》，《太平洋学报》2019年第2期。
⑤ 贺鉴、惠喜乐、王雪：《中国与东非国家的海上能源通道安全合作》，《现代国际关系》2020年第4期。

3. 中非海上港口合作研究的国内进展

在中非海上港口建设与合作层面，张颢瀚[①]认为只有全面、科学、深刻认知非洲自然资源、港口资源、人文资源等各类资源的现状与特征，才能制定开放、协同、共享的非洲资源开发模式。赵旭等[②]以海上丝绸之路下的基础设施互联互通为先导，强调港口合作机制的重要性，并分析了"海上丝绸之路"倡议背景下港口合作内容及模式，并在此基础上指出海上丝绸之路沿线港口合作现状及存在问题，指出要加强合作平台、主体、动力、运行、保障等一系列机制平台的建设。孙海泳[③]分析了中资企业参与非洲特别是南非海上港口建设的过程中可能引发的经济、社会、环境、地缘政治等风险，并提出中国政府、融资机构、相关建设与投资运营企业需优化项目评估与项目布局、拓展融资方式、强化社会风险防范、构建利益相关方共同体以及充分利用多边合作平台来提升化解港口建设风险的能力。胡欣[④]和马祥雪[⑤]从区域国别视角出发，具体分析了中国参与肯尼亚和吉布提的港口建设情况，并结合国际政治、安全形势等的发展，分析了加强与个别国家港口建设的机遇与挑战。

（二）关于中非海洋合作的国外研究现状

在国外研究视角层面，国外学者多从两个视角来看待中国与非洲国家的海洋合作：一是对"海上丝绸之路"与中非海洋各领域的合作进行深入研究，二是对中非海上通道、海上港口合作进行多层次研究。

① 张颢瀚：《中非命运共同体与中非资源开发利用合作》，《世界经济与政治论坛》2016年第3期。

② 赵旭、王晓伟、周巧琳：《海上丝绸之路战略背景下的港口合作机制研究》，《中国软科学》2016年第12期。

③ 孙海泳：《中国参与非洲港口发展：形势分析与风险管控》，《太平洋学报》2018年第10期。

④ 胡欣：《"一带一路"倡议与肯尼亚港口建设的对接》，《当代世界》2018年第4期。

⑤ 马祥雪：《中国在吉布提投资与建设项目影响研究》，硕士学位论文，天津师范大学，2020年，第33页。

1. 国外对"海上丝绸之路"与中非海洋各领域的合作研究进展

将中非海洋合作置于中国"海上丝绸之路"框架与非洲国家和区域组织的一些框架之下来分析，探讨中非在海洋安全、经济、通道、港口建设等各个领域的诸多合作。诸如林正轩（音译）（Alvin LIM Cheng Hin）①、布兰查德和让–马克·F.（Blanchard, Jean-Marc F.）② 讨论了非洲在中国"海上丝绸之路"中的战略地位，认为中国的"海上丝绸之路"倡议加强了中国在非洲的铁路、机场和海上深水港的投资与建设，将成为中国经济新的增长引擎。同时，还驳斥了中国的"海上丝绸之路"倡议在非洲形成的"新殖民主义"论调。穆罕默德·萨比尔·法鲁克等（Muhammad Sabil Farooq et al.）③ 也从"21世纪海上丝绸之路"视角出发，讨论了在该倡议下发展中国与东非共同体之间的关系问题，以及中国在对与肯尼亚和东非共同体国家的基础设施投资过程的收益和风险问题。凯文·帕特里克·布伦丹等（Kevin Patrick Brendan）④ 以"海上丝绸之路"倡议框架为侧重，强调海上航运的畅通性和安全性对"海上丝绸之路"倡议实施具有战略意义，它将对国际航运和海上运输提供便利，同时对改善和提升吉布提等非洲海上港口的经济价值和战略效用也具有不可忽视的影响。伦巴·杜松比等（Lumumba, Kasongo, Tukumbi）⑤ 运用历史制度主义与多极化理论对肯尼亚在"海上丝绸之路"倡议下的中国与肯尼亚关系作了分析，对肯尼

---

① Alvin LIM Cheng Hin, "Africa and China's 21st Century Maritime Silk Road", *The Asia-Pacific Journal*, Vol. 13, No. 1, March 2015, pp. 1 – 12.

② Blanchard, Jean-Marc F., *China's Maritime Silk Road Initiative, Africa, and the Middle East*, Singapore: Palgrave Macmillan, 2021.

③ Farooq, Muhammad Sabil, et al., "Kenya and the 21st Century Maritime Silk Road: Implications for China-Africa Relations", *China Quarterly of International Strategic Studies*, Vol. 4, No. 3, April 2018, pp. 401 – 418.

④ Jasmine Siu Lee Lam, Kevin Patrick Brendan Cullinane & Paul Tae-Woo Lee, "The 21st-century Maritime Silk Road: Challenges and Opportunities for Transport Management and Practice", *Transport Reviews*, Vol. 38, No. 4, May 2018, pp. 413 – 415.

⑤ Lumumba, Kasongo, Tukumbi, "China-Kenya Relations with a Focus on the Maritime Silk Road Initiative (MSRI) within a Perspective of Broad China-Africa Relations", *African and Asian Studies*, Vol. 18, No. 3, November 2019, pp. 257 – 287.

亚在该倡议下的收益与合作关系的形式等做了评估与审视，作者还对中非合作论坛框架下发展中肯关系进行了详细的论述。乌马尔·穆罕默德·古米等（Umar Muhammad Gummi et al.）[①] 论述了中国"一带一路"倡议和非盟组织《2063 年议程》的交会和对接，明确基础设施、工业化与金融一体化为二者的优先事项，这其中不乏海上基础设施、海洋贸易航线、海洋资源开发等合作事项，并指出"一带一路"将在很大程度上对非洲新发展计划起到补充和完善的作用。努勒斯·韦勒（Nouwens Veerle）[②] 从海上港口建设视角对中国"海上丝绸之路"建设进行了重点研究，认为港口位置是中国海外战略的重要节点，在海上航线以及国际航运中发挥着重要作用。作者同时还考究了"海上丝绸之路"的几条海上通道线路，主张通过海陆交通联结方式将非洲东西海岸串联起来，以扩大"海上丝绸之路"倡议覆盖面。戴维·斯蒂安（David Styan）[③] 通过对非洲之角重要节点吉布提和中国"海上丝绸之路"的研究，梳理了影响"海上丝绸之路"倡议发展的区域因素，同时也指出该倡议将对吉布提等中国参与下的非洲海上港口产生一定的军事战略意义上的影响。

2. 国外对中非海上通道、海上港口合作的研究进展

国外学者对中非海洋合作进行常规意义上的研究，强调中国参与非洲海洋诸多领域的建设对非洲海洋各领域发展有深刻的影响。达顿（Dutton）、彼得（Peter, A.）、艾萨克（Isaac, B.）等[④]对非洲具有地缘战略意义的港口吉布提进行了剖析，从海上战略位置、中国投资和运

① Gummi, Umar Muhammad, et al., "China-Africa Economic Ties: Where Agenda 2063 and Belt and Road Initiative Converged and Diverged?", *Modern Economy*, Vol. 11, No. 5, May 2020, p. 1026.

② Nouwens Veerle, "China's 21 st Century Maritime Silk Road", *SIRIUS-Zeitschrift für Strategische Analysen*, Vol. 3, No. 2, May 2019, pp. 200 – 201.

③ David Styan, "China's Maritime Silk Road and Small States: Lessons from the Case of Djibouti", *Journal of Contemporary China*, Vol. 29, No. 122, July 2020, pp. 191 – 206.

④ Dutton, Peter, A., Isaac, B., Kardon and Conor M. Kennedy, *China Maritime Report No. 6: Djibouti: China's First Overseas Strategic Strongpoint*, Newport, Rhode Island: China Maritime Studies Institute, U. S Naval War College, 2020.

营的性质、军事功能等视角较为全面地探讨了吉布提港口对于中国促进与东道国的贸易投资和中国海上力量在印度洋建设供应、物流和情报中心网络等内容。认为吉布提既是中国第一个海外军事基地，也是中国企业重要的海外商业枢纽，吉布提对于中国来说既具有军事战略意义也具有商业据点作用。德克·西贝尔斯（Dirk Siebels）① 从地缘位置视角出发，对东非和西非海上安全态势作了系统的梳理，认为海上安全问题往往与毗邻陆地有着莫大的关系，同时还强调了海上安全问题的跨国性，并重点探究了中国在非洲海域的一系列行动，诸如在吉布提建立后勤基地、非洲东西海域的海上巡航打击海盗等行动为非洲海上安全带来的变化和影响。阿比舍克·米什拉（Abhishek Mishra）② 对非洲东海岸众多海上航线进行了分析，从印度视角讨论了西印度洋对于印度的重要性，作者指出印度在非洲东海岸的海上活动必须要考虑中国和非洲国家在这一海域的影响和海洋利益。

从国内外对中非海洋合作关系的研究进展来看，国内外都较为关注中非海洋安全领域的合作，所不同的是，国内学者更多的是对中国在非洲的港口建设安全、海上能源通道安全、海上联合执法等领域的研究感兴趣，多认为中国有必要加强对非洲海域的安全建设，一方面可以有效提升非洲国家维护非洲近海海洋安全的能力，另一方面为更好地维护中国的海外海洋利益提供安全保障。同时，国内学者对非洲海域的非传统安全进行了较为深入的分析，对非洲海域，尤其是几内亚湾、非洲之角的索马里海域等具有重要海上地缘战略意义的海域安全进行了深入分析，而且对这些海域的海盗、海上劫掠、海上恐怖主义等非传统安全事件进行治理已经成为学界的共识。此外，国内学界还较为关注中非海洋渔业合作的情况，一方面学界对中国在非洲海域进行渔业捕捞作业表示尤为必要，这将扩大中国的远洋渔业捕捞范围和捕

---

① Dirk Siebels, *Maritime Security in East and West Africa*, Cham：Palgrave Pivot, 2020.

② Abhishek Mishra, "India-Africa Maritime Cooperation：The Case of Western Indian Ocean", *Observer Research Paper*, No. 221, November 2019.

捞数量；另一方面也对中国渔民在非洲海域的 IUU 捕捞行为表示担忧，认为这不仅会导致严重的海上违法事件发生，也会对非洲海洋经济造成损失，更严重的是这可能会对中非海洋合作关系造成影响，损害中国的国际形象，并给西方国家留下中国对非洲国家资源"殖民式掠夺"的借口。而国外学界对中非海洋合作关系的研究集中于中国的海洋战略，诸如"一带一路"对非洲的影响，并对"海上丝绸之路"的建设是否会妨碍甚至威胁到西方国家在非洲海域的既得利益尤为关切。此外，国外学界对中非海上港口的合作建设也很感兴趣，但更多的是警觉、疑虑和担忧，认为中国参与非洲港口建设是中国海上力量在海外布局战略支点，诸如吉布提、蒙巴萨等西印度洋沿岸的重要海港，对中非港口合作负面评价较多。

综上，在对中非海洋合作领域国内外研究分析后发现，国内外学者有共同关注的领域，也有各自集中关注和研究的领域，研究范围较为全面，研究视角也较为多元，能够较好地反映目前中非海洋合作的情况。未来还可从中国与其他大国在非洲海域的合作问题、非洲海洋安全治理机制建设问题、国际海洋组织参与非洲海上安全治理的问题等方面继续进行探讨和研究。

三　关于中非合作法律问题的国内外研究现状

国内外专家学者已经就中非合作的相关法律问题进行了卓有成效的研究，国内学者多从宏观视角来展开对中非合作中法律问题的研究，对非洲法律的历史沿革及发展历程研究情况、中非合作相关法律的研究进展进行了探讨分析。而国外学者主要从微观视角对非洲本土相关法律以及中非合作中的投资相关法律进行了具体分析。在未来的研究中国内学者可加强对中非合作领域的提前规划和预判，并及时辅以法律来为其提供合作过程中的指导和规范，实现法律规范的超前布局。

（一）国内关于中非合作法律问题研究现状

国内学者大多从宏观视角来展开对中非合作中法律问题的研究。湘潭大学法学学科在非洲法研究方面起步较早，形成了自己的特色和品牌。2019 年，湘潭大学改组非洲法律与社会研究中心为中非经贸法律研究院，并获批为湖南省中非法律与人文交流基地。湘潭大学非洲法文库和浙江师范大学非洲研究文库出版了一系列关于非洲法研究的书籍。

1. 国内对非洲法律的历史沿革及发展历程研究情况

洪永红教授和夏新华教授主编的《非洲法导论》① 是国内第一部专门研究非洲法的著作。洪永红和何勤华②对非洲的法律制度和法律体系进行了历史性的分析。洪永红③对非洲不同国家的外资法律和政策进行了详细的解读，针对中国投资者投资非洲给出了较中肯和现实的建议。夏新华④对非洲法律文化研究进行了全面的总结和思考，分析了非洲的传统社会与法律文化、西方法在非洲的移植与影响、非洲的习惯法、全球化与非洲法律文化的发展趋向等。朱伟东⑤分析了非洲国家以及南部非洲发展共同体和非洲商法协调组织两个非洲地区性组织的涉外民商事纠纷解决机制，强调要发挥仲裁在解决涉外民商事纠纷中的优势。洪永红⑥对当代非洲法律进行了整体介绍。贺鉴⑦对北非阿拉伯国家宪法变迁与政治发展的历程进行了系统深入的研究，剖析了影响宪法变迁的因素，预测了北非阿拉伯国家宪法变迁与政治发展的趋势，探讨其对发展中国家的借鉴意义。李伯军⑧对非洲法的概念、历史与发展，非洲法学的确立、研究对象、理论基础，研究非洲法的原则和方法等方面进行了分析和论述。朱伟东等⑨认为从长远来看，中非经贸关系的发展需要双方加强法制合作。

---

① 洪永红、夏新华主编：《非洲法导论》，湖南人民出版社 2000 年版。
② 洪永红、何勤华：《非洲法律发达史》，法律出版社 2006 年版。
③ 洪永红：《非洲投资法概览》，湘潭大学出版社 2012 年版。
④ 夏新华：《非洲法律文化史论》，中国政法大学出版社 2013 年版。
⑤ 朱伟东：《非洲涉外民商事纠纷的多元化解决机制研究》，湘潭大学出版社 2013 年版。
⑥ 洪永红：《当代非洲法律》，浙江人民出版社 2014 年版。
⑦ 贺鉴：《北非阿拉伯国家宪法变迁与政治发展研究》，社会科学文献出版社 2018 年版。
⑧ 李伯军：《作为一门独立学科的非洲法》，湘潭大学出版社 2017 年版。
⑨ 朱伟东、王琼、王婷：《中非双边法制合作》，中国社会科学出版社 2019 年版。

2. 国内对中非合作相关法律的研究进展

关于中非法律合作的相关研究，最早始于对非洲法历史的相关研究。洪永红①提出了非洲法研究作为一门新兴学科，体系尚未建立，要努力促进中国特色的非洲法研究，并初步提出了非洲法研究的一些基本思路。夏新华②对非洲的法律文化变迁进行了分析。随后，相关学者展开了对非洲法和中非法律合作的研究。《西亚非洲》和《河北法学》杂志开辟"非洲法研究"专栏，《人民法院报》开辟"非洲法纵横"和"非洲法律文化"专栏。此外，洪永红等③梳理了从中华人民共和国成立以来到2009年"中非合作论坛—法律论坛"的历史发展，并进行了前景展望。詹世明④在《西亚非洲》"非洲法研究"专栏分析了中国的非洲法研究。洪永红和郭炯⑤回顾了国内非洲法的研究，阐述了非洲法理论、非洲法律变迁与社会发展、非洲国别法、中非法律合作等领域的研究，并对未来研究作出了展望。朱伟东教授着眼于对非洲经贸合作方面的研究，发表了一系列成果。朱伟东⑥认为中国目前对非洲法律特别是非洲商法的研究还非常薄弱，不能为中非间商事往来的良性发展提供制度上的保障。中国学者和投资者应重视非洲法特别是非洲统一化的商法制度的研究。朱伟东⑦认为中非双方通过仲裁方式解决争议具有诸多好处，中非双方政府和民间机构在今后应分阶段逐步构建并完善具有中非特色的民商事纠纷解决机制。郭炯和朱伟东⑧认为中非民商事交往中出现了大量的民商事争议、投资纠纷以及违法犯罪活动，中非双方应共同努力加强国际条约、司法和执法等方面的合作。

---

① 洪永红：《努力促进中国特色的非洲法研究》，《西亚非洲》1999年第1期。
② 夏新华：《非洲法律文化之变迁》，《比较法研究》1999年第2期。
③ 洪永红、李雪冬、郭莉莉、刘婷：《中非法律交往五十年的历史回顾与前景展望》，《西亚非洲》2010年第11期。
④ 詹世明：《从〈西亚非洲〉"非洲法研究"专栏看中国的非洲法研究》，《西亚非洲》2010年第2期。
⑤ 洪永红、郭炯：《非洲法律研究综述》，《西亚非洲》2011年第5期。
⑥ 朱伟东：《中非贸易与投资及法律交流》，《河北法学》2008年第6期。
⑦ 朱伟东：《中国与非洲民商事法律纠纷及其解决》，《西亚非洲》2012年第3期。
⑧ 郭炯、朱伟东：《中非民商事交往法律环境的现状及完善》，《西亚非洲》2015年第2期。

朱伟东①还认为中国投资者可以利用解决投资争端的国际中心作为解决与非洲国家投资争议的平台，但中国需要对中非双边投资条约的相关内容进行完善。从长远来看，中非双方可以考虑设立"中非投资争议解决中心"。"一带一路"倡议提出之后，蔡高强和刘功奇②提出要不断深化中非法律合作、要全面开展中非法律服务、要积极创新中非法律教育。张小虎③认为中非产能合作向更深、更广领域迈进的过程中，应当了解非洲环境法律的特殊性及其风险的紧迫性，加强环境法律风险的防控意识。洪永红和黄星永④认为中非在产业对接中，企业面临的劳动法律风险日渐凸显。防控劳动法律风险，可从企业层面与政府层面切入。贺鉴、杨常雨⑤分析了当前中非海洋贸易、投资及其纠纷解决法律制度存在的问题，强调要通过构建区域合作法律体系以及完善相关国内法等举措，推动新时代中非海洋经贸合作的发展。朱伟东⑥对《非洲大陆自贸区协定》的背景、挑战及意义进行了分析。

（二）国外关于中非合作法律问题研究现状

早在欧洲殖民时期，国外学者就开始对非洲法进行初步探索与研究，20世纪50年代，国外学者开始全面系统地研究非洲法。1957年英国创办了《非洲法》杂志，美国则在1968年创办了《非洲法研究》杂志，法国出版了与非洲法有关的《贝南文集》。值得注意的是，20世纪50年代到60年代，非洲法"作为一门学科"在英国诞生。⑦纵观国外

---

① 朱伟东：《外国投资者与非洲国家之间的投资争议分析——基于解决投资争端国际中心相关案例的考察》，《西亚非洲》2016年第3期。

② 蔡高强、刘功奇：《构筑一带一路建设在非洲国家推进的法律保障》，《中国社会科学报》2017年10月10日第8版。

③ 张小虎：《"一带一路"倡议下中国对非投资的环境法律风险与对策》，《外国法制史研究（第20卷）——法律·贸易·文化》2017年第00期。

④ 洪永红、黄星永：《"一带一路"倡议下中企对非投资劳动法律风险及应对》，《湘潭大学学报》（哲学社会科学版）2019年第3期。

⑤ 贺鉴、杨常雨：《新时代中非海洋经贸合作及其法治保障》，《湘潭大学学报》（哲学社会科学版）2020年第4期。

⑥ 朱伟东：《〈非洲大陆自贸区协定〉的背景、挑战及意义》，《河北法学》2020年第10期。

⑦ John A. Harrington and Ambreena Manji, "The Emergence of African Law as an Academic Discipline in Britain", *African Affairs*, Vol. 102, No. 406, January 2003, p. 117.

学界对非洲法律问题的研究，主要为非洲本土法律研究和中国对非投资相关法律研究。

1. 国外关于非洲本土相关法律的研究

非洲法律体系的发展与非洲国家的民族独立、种族问题以及政治发展密不可分。因此也导致了非洲地区的法律发展与非洲历史渊源和政治密不可分，同时，在地域上呈现南部非洲的法律发展历史较为丰富和悠久。

范·尼克尔克（Van Niekerk，G. J.）[1] 对非洲法与罗马法之间的关系作了阐述，他认为罗马法的基本价值在于为非洲国家尤其是南部非洲国家的法律提供重要的立法基础。但罗马法并不是非洲法形成的唯一来源，非洲法的形成也伴随着非洲自身发展情况而不断发展。德里伯格（J. H. Driberg）[2] 对非洲法律相关概念作了简述，他认为法律是受到限制的特权，并提出了法律的几个作用和原则，诸如维持均衡、可替代性、惩罚性、动机和意图等。此外，他还认为法律应从家庭规范、氏族法、部落法和联盟法四个方面进行完善和发展。库伯·希尔达、里奥·库伯等（Kuper，Hilda，Leo Kuper et al.）[3] 分析了非洲法律制度和理论发展的历史，并分析比较了非洲法制机构、法律发展与社会学分析之间的相关性，作者认为非洲法律也包含了欧洲法律—罗马法—荷兰法律，葡萄牙、比利时、英国等相关法律语义的某些元素在非洲地区的发展。

基于殖民历史、种族斗争等因素，南非的法律体系是国外学者研究的另一个重要领域。马丁·夏诺克（Martin Chanock）[4] 对 20 世纪初南非法律体系发展作了全面考察，涉及刑法和犯罪学、罗马法—荷兰法律、土地、劳工和"法治"问题。作者对南非法律的修正主义分析体

---

① G. J. Van Niekerk, "A Common Law for Southern Africa: Roman Law or Indigenous African law?", *Comparative and International Law Journal of Southern Africa*, Vol. 31, No. 2, July 1998, pp. 158 – 173.

② J. H. Driberg, "The African Conception of Law", *Journal of Comparative Legislation and International Law*, Vol. 16, No. 4, 1934, pp. 230 – 245.

③ Kuper, Hilda, Leo Kuper, ed., *African Law: Adaptation and Development*, California: University of California Press, 1965.

④ Martin Chanock, *The Making of South African Legal Culture 1902 – 1936: Fear, Favour and Prejudice*, Cambridge: Cambridge University Press, 2001.

现了南非法律殖民化的过程，而国外的法律学说以及立法模式与南非的法律学说之间的相互作用为南非后来法律的重塑奠定了基础。其他关于南非法律发展的相关研究还有约翰·杜加德（Dugard，John）[1]，乔治·威尔、弗朗索瓦·杜波依斯和格雷厄姆·布拉德菲尔德（Wille，George，François Du Bois，Graham Bradfield）[2]，泽福特·大卫·T.、A. 帕兹等（Zeffertt，David，T.，A. Paizes，A. St Q. Skeen）[3]，莫克罗、伊冯大法官（Mokgoro，Justice Yvonne）[4]，约翰·杜加德（Dugard，John）[5]，卡梅伦·埃德温（Cameron Edwin）[6] 等都对南非的法律发展以及相关各个领域的法律进行了研究。

此外，还有对非洲妇女及财产等具体领域的相关法律研究，玛格丽特·让和玛西娅·赖特（Hay，Margaret Jean and Marcia Wright）[7] 对非洲妇女相关权利的法律保障进行了系统研究，诸如对妇女获得财产的权利以及保留或享有控制权的法律问题研究，以及男性对女性控制权成为"习惯法"等的研究。法拉达·班达（Fareda Banda）[8]、贝内特（Bennett）和托马斯·威廉姆斯（Thomas William）[9] 等也都从不同法律视角对非洲妇女和人权相关法律进行了探讨。

---

[1]　Dugard，John，*International Law：A South African Perspective*，Kenwyn：Juta and Company Ltd.，1994，p. 862.

[2]　Wille，George，François Du Bois，Graham Bradfield，*Wille's Principles of South African Law*，Kenwyn：Juta and Company Ltd.，2007.

[3]　Zeffertt，David，T.，A. Paizes，A. St Q. Skeen，*The South African Law of Evidence*，Lexis Nexis，2017.

[4]　Mokgoro and Justice Yvonne，"Ubuntu and the Law in South Africa" *Potchefstroom Electronic Law Journal/Potchefstroomse Elektroniese Regsblad*，Vol. 1，No. 1，1998，pp. 1 – 11.

[5]　John Dugard，"International Law and the South African Constitution"，*European Journal of International Law*，Vol. 8，No. 1，February 1997，p. 77.

[6]　Edwin Cameron，"Legal Chauvinism，Executive-mindedness and Justice-LC Steyn's Impact on South African Law"，S. African LJ，Vol. 99，1982，p. 38.

[7]　Hay，Margaret Jean and Marcia Wright，*African Women & The Law Historical Perspectives*，Boston：Boston University，African Studies Center，1982.

[8]　Fareda Banda，*Women，Law and Human Rights：An African Perspective*，Bloomsbury Publishing，2005.

[9]　Bennett and Thomas William，*Human Rights and African Customary Law Under the South African Constitution*，Kenwyn：Juta and Company Ltd.，1999.

2. 国外对中非合作中的投资相关法律的研究

意大利学者萨尔瓦多·曼库索（Salvatore Mancuso）[1] 对在非洲投资中的法律合同问题进行了研究，作者认为通过国内司法改革和法律更新，以及建立可以安全进行私人跨国交流的法律和监管环境，将有助于吸引其他国家的投资以及促进地方私营企业的发展，并促进整个非洲的经济发展。通过处理国际贸易和国际私法的法律建立，将有助于降低交易成本，提升经济活动效率。韩元（音译）（Kidane Won）等[2]对现有中非双边投资条约进行了分析，认为中国对保护在非洲的投资合作手段包括直接的军事干预以及善意、公正的法律框架，这些不足以对现有的中非投资合作领域进行完全意义上的保护，因此需要制定一些改进措施。洛伦佐·科图拉等（Lorenzo Cotula et al.）[3] 对中国在非洲过去十几年的投资进行了分析，对中国与非洲国家签订的双边投资条约提出了质疑，认为中非双边投资系列条约的签订作为南南国家与其他国家合作的一部分，在促进外国投资的目标达成方面还有待检验，文中作者使用了中国投资者的相关案例进行了论证。韩元（音译）（Kidane Won）[4] 试图通过一个将中国和非洲各国的经济需求和法律文化考虑在内的模型来评估中非经济关系的各方面，认为近年来中非之间的经济关系发展是空前的，同时他还分析了中非经济关系是如何在各类国际（主要是欧美）仲裁机构，诸如 ICSID、ICC、LCIA、PCA 等各种争议解决机制中发挥作用的。作者试图建立起一个有效的解决框架来处理中非经济关系中的争议问题。奥鲁博耶加·奥耶兰蒂等（Olugboyega A. Oyeranti et al.）[5] 以中国和尼日

---

[1] Salvatore Mancuso, "Trends on the Harmonization of Contract Law in Africa", *Annual Survey of International & Comparative*, Vol. 13, 2007, p. 157.

[2] Kidane Won and Weidong Zhu, "China-African Investment Treaties: Old Rules, New Challenges", *Fordham International Law Journal*, Vol. 37, 2014.

[3] Cotula Lorenzo et al., "China-Africa Investment Treaties: Do They Work?", *International Institute for Environment and Development*, 2016.

[4] Kidane Won, "China-Africa Dispute Settlement: The Law, Economics and Culture of Arbitration", *Kluwer Law International BV*, 2011.

[5] Olugboyega A. Oyeranti et al., *China-Africa Investment Relations: A Case Study of Nigeria*, 2010.

利亚的合作为案例，认为自 20 世纪 70 年代开始中尼关系迅速发展，事实证明两国经济存在互补性，尼日利亚由于基础设施建设的不足，需要大量的投资，而作为补充，中国拥有世界上最具有竞争力的基建技术和设备，能够很好地对尼日利亚进行技术和资金援助。但外界对于这种投资模式并不认可，各种谬论接踵而来，因此，利用区域机制或组织来规范双边投资，监管 FDI 对尼日利亚的合力流入成为当务之急。乌切和奥菲迪（Uche Ewelukwa，Ofodile）[1]、韩元（音译）（Won Kidane）等[2]对有关南南国家间外国直接投资（FDI）和南南双边投资条约（BIT）的规范、法律背景以及未来发展趋势进行了系统研究，并对中国与非洲国家签订的双边投资协定与西方国家的双边投资协定进行了对比分析。此外，马克·费尔德曼（Mark Feldman）等[3]、凯瑟琳·埃尔克曼（Catherine Elkemann）和奥利弗·C. 鲁伯尔（Oliver C. Ruppel）[4] 对中非投资条约与投资过程中的争端解决等问题进行了探讨。

综上所述，国内外学者大多都是从中非关系、中非合作、中非法律合作等宏观角度进行相关研究，很少有人专门探讨中非海洋合作中的具体问题。例如，中非海洋合作不仅包括渔业和安全合作，还包括海洋经济、海洋科技与文化、海洋环境与资源保护等方面的合作。专门从法律角度谈中非海洋合作的文章几乎没有。目前，尚未有人结合新时代背景系统论述中非海洋合作及其相关法律问题。从上述研究成果可以看出，目前对中非法律层面的合作研究体现为以下几点：一是研究视角宏观，国内多是对非洲法律体系进行总体的梳理和归纳，以寻求其

---

① Uche Ewelukwa, Ofodile, "Africa-China Bilateral Investment Treaties: A Critique", *Michigan Journal of International Law*, Vol. 35, No. 1, 2013, pp. 131 – 211.

② Kidane Won, "China's Bilateral Investment Treaties with African States in Comparative Context", *Cornell International Law Journal*, Vol. 49, 2016, pp. 16 – 20.

③ Kidane Won, Chen Huipingand Mark Feldman, "China-Africa Investment Treaties and Dispute Settlement: A Piece of the Multipolar Puzzle", *American Society of International Law*, Proceedings of the Annual Meeting-American Society of International Law, Vol. 107. 2013.

④ Catherine Elkemann and Oliver C. Ruppel, "Chinese Foreign Direct Investment into Africa in the Context of BRICS and Sino-African Bilateral Investment Treaties", *Richmond Journal of Global Law & Business*, Vol. 13, No. 4, 2015, pp. 593 – 622.

中的共性和特性，偏向于对中非法律合作进行历史性分析，从历史发展轨迹的视角对中非法律合作进行侧面剖析，另外着重于介绍性分析，这也是中非法律合作刚刚起步不久所致。二是研究领域狭窄，国内外学界主要集中于对中非合作投资领域的相关法律研究。究其根源，一方面由于经贸合作是中非合作的重点领域，因此相关法律制度也比较全面；另一方面这也显示出中非合作的不均衡性，未来在中非人权合作法律制度、跨国犯罪法律合作机制、海洋渔业合作相关法律机制、海上执法机制等层面可进一步深入研究。三是研究零散，不成系统，未来需要对中非合作中的相关法律问题进行系统梳理，分门别类，形成系统性的研究成果。四是研究滞后性明显，不能未雨绸缪，这与法律本身具有滞后性特征有一定的关联。中非合作中的法律构建是为了应对和解决中非合作中可能出现的各类争端矛盾，因此先有问题，再有法律解决问题，进而为以后类似的问题提供法律层面的指导。未来的研究中可加强对中非合作领域的提前规划和预判，并及时辅以法律来为其提供合作过程中的指导和规范，实现法律规范的超前布局。

第三节　研究方法与创新之处

本著作主要采用了跨学科研究法、专家访谈与实地调研法以及史论结合法的研究方法，为了更好地对新时代中非海洋合作及其相关法律问题进行研究奠定了基础。同时，本书在中非海洋合作的法律制度安排方面进行了思考，系统而全面地梳理了中非海洋合作及其相关法律问题，在促进中非海洋合作相关问题的政治层面与法律层面的交叉研究等方面具有创新之处。

一　研究方法

（一）跨学科研究法

采用了跨学科交叉研究的方法，充分利用海洋政治学、海洋法学、海洋经济学、海洋生态学、海洋管理学等各相关学科的已有研究方法，采用跨学科研究法对新时代中非海洋合作及其法律问题进行系统深入地研究，实现对多领域海洋合作需求和潜力问题的整合性研究。

（二）专家访谈与实地调研法

通过采访原驻非洲资深外交官、新华社驻非洲资深记者、相关高校和研究机构非洲问题专家、国家海洋局和国家海洋信息中心专家、相关海事法院、海军和海监、渔政以及有关企业相关人员，开展涉及中非海洋事务、中国海洋政策与法律、海防与海洋治理的深度专题访谈，探讨了对非海洋合作的整体战略及具体策略。赴非洲沿海国家进行有关中非海洋合作的实地调研；利用本单位开展的国际商务等培训项目（MIB、ICBP），委托非洲国家的留学生进行实地调研和社区访谈；对驻非重要中资企业、咨询机构进行信息交流和专访。

（三）史论结合法

通过对中非海洋合作的发展历程进行系统梳理和分析，探讨其发展规律，明确各个时期中非合作的重点领域，并结合该阶段的时代背景，探寻这一时期中非海洋合作的形成条件、内外部环境因素、合作重点领域以及合作动机等，并对中非海洋合作在每一阶段产生的作用和效果进行归纳分析。以此掌握中非海洋合作的本质特征、对地区和全球海洋格局形成的影响，不断拓宽、完善中非海洋合作的领域、功能和内容。

（四）案例分析法

在全面系统地探讨中非海洋政治、海洋经贸、海洋科技与文化、海洋生态环境等具体领域的过程中，将选取相关典型案例进行剖析，比如中国与埃及的海洋经济合作、中国与南非的海洋合作等，从而更加准确地对中非海洋合作及其相关法律问题进行把握，为中非"蓝色伙伴关系"与"海洋命运共同体"的建构提供理论支持。

二　创新之处

（一）立意与选题新颖，弥补了相关研究的不足

关于中非海洋合作的研究是近年来才开始兴起的一个领域，国内外

学者对中非海洋合作领域的研究较少，相关研究成果主要涉及对非洲
具体国家海洋事务以及非洲海洋区域安全问题的探讨，诸如东非的亚
丁湾护航、西非几内亚湾的海盗问题研究等，也有人从历史的角度探
讨非洲国家在殖民时期与宗主国之间的海洋联系，但关于中非海洋合
作的研究成果很少，更遑论中非海洋合作相关法律问题研究的成果。
本著作能在很大程度上弥补相关研究的不足。

（二）实现了预期的理论创新

本著作的主要特色和建树在于从跨学科的角度对中非海洋合作及其
相关法律问题进行了系统深入的研究，通过对中非海洋政治、海洋经
济、海洋环境与资源保护、海洋科技与文化合作以及相关法律问题的
探讨，拓展了涉海人文社会科学相关学科的研究视角，有助于推进海
洋政治学、海洋法学、海洋经济学、海洋生态学等相关学科的交叉融合
发展；丰富了海洋外交概念的内涵，构思区域海上安全共同体理念，提
出并论述总体海洋安全观，借助"21世纪海上丝绸之路"建设实践以
合作共赢、和平发展的现实经验来修正传统马汉式海权论。

（三）提出了一些新的观点和对策建议

本著作提出了一些新的观点和对策建议。例如，中非海洋合作具体
领域的法律问题及其应对措施；当前中国海洋政策、法律、倡议与理念
对新时代中非海洋合作的指导作用；新时代中非海洋合作的三重使命
与重要意义；对新时代背景下中非海洋合作的重点领域、主要国家、多
边合作范式创新等方面的预测与展望。从整体上研究中非海洋合作中
的法律问题，为中非海洋合作的法治化提供智力支持。

第一章　中非海洋合作的发展
历程与重要意义

　　中国和非洲都是人类文明最早的发祥地之一，拥有灿烂的人类文明。中国与非洲国家的友好关系源远流长，在海洋交流方面亦是如此，从古至今，中非之间创造了灿烂辉煌的海洋交流史。中非海洋合作经历了悠久的历程，在海洋经贸、海洋安全、海洋文化以及海洋环境保护和海洋科技等海洋领域都取得了丰硕而辉煌的成就。新时代中非海洋合作，对中国、非洲和国际社会都具有重要意义。新时代中非海洋合作为中非双方的经济发展、社会进步、国际地位的提高都起到了高度的促进作用。从国际意义来看，中国与非洲国家作为发展中国家，双方的海洋合作也成为南南合作的典范，更为进一步推进全球海洋新秩序的建立和推动全球海洋治理的进程做出了巨大贡献。

第一节　中非海洋合作的发展历程

　　中非海洋关系最早可以溯源到东汉时期，延续至今，中非海洋合作已达到了高度密切的程度。从古代、近代、现代（截至 2012 年）到新时代以来，中国与非洲国家的海洋联系受到国际环境变迁、人类海洋意识和科技等因素的影响，也得以不断变化和发展，在不同的阶段表现出不同的特点。

　　早在古代，中国与非洲大陆便通过海洋开展了丰富的海洋贸易交流；

近代时期，中非海洋交流因西方殖民者对印度洋通道的控制而一度中断，但也伴随着西方殖民者贩卖华工赴非的影响得到一定的发展，但这种发展具有浓厚的西方殖民主义色彩；中华人民共和国成立以后，中国与非洲国家在海洋领域开启了新的合作历程，中非之间的远洋渔业、海运、港口等领域的合作陆续开展起来，但这些合作还是以政治上建立合作关系为主要目标；步入21世纪，在中非合作论坛的推动下，中非海洋合作迎来了新的发展浪潮。中非海洋合作的内容、形式不断得以丰富，尤其是中非海洋经济合作发展壮大；2012年中国步入了新时代，新时代以来的中非关系得到"21世纪海上丝绸之路"倡议、"蓝色伙伴关系"、"新海洋观"等合作理念的引领，在海洋经济、海洋安全、海洋文化及其他各领域都进行了积极合作，体现出全方位、高质量的特点，取得了极为丰硕的成果。中非已经成为紧密联系的命运共同体。

一 古代的中非海洋交流与合作

从有迹可循的史料来看，中非的贸易交往始于汉代。西汉时期，《史记·大宛列传》中就记载其事"传闻其旁大国五六"，这是中国最早提到非洲国家的古文献资料。张骞出使西域时就曾派使者到达过安息、犁干，[①] 由此，中非贸易最初是通过陆上通道实现的。中非海洋交流最早开始于东汉时期。东汉时期，中非海洋贸易在中国与古罗马帝国贸易往来中得以间接发展。到了唐代，随着中国与阿拉伯帝国外交关系的建立，中阿海洋贸易不断深化，中国海运能力也得以提升，中非直接性的海洋贸易随之发展起来。宋代，造船技术和指南针的使用，使得中国具备了远洋航行的能力，中非海洋贸易得以快速发展。元代，中非海洋贸易经历了黄金期。明代初期，中非海洋交流发展至顶峰。明代中后期、清代，随着海禁政策和闭关锁国政策的实行，中非海洋交流逐渐衰落。

---

① 今亚历山大省，是埃及二十九省之一，北面临地中海，省会为亚历山大港，农业较发达。

（一）东汉时期的中非海洋贸易

中非之间的海洋贸易始于东汉时期（约在公元 2 世纪下半叶），这得益于中国与古罗马帝国的贸易往来，这一时期的中非海洋贸易是在中国与古罗马帝国的海洋贸易中间接发展起来的。

1. 北非是中国与古罗马海洋贸易的枢纽

东汉时期，陆上的西域通道（古代陆上丝绸之路）是中国与周边国家经贸往来的主要通道。但与此同时，南海和印度洋方向的海上通道（古代海上丝绸之路）①也是中国与古罗马帝国开展贸易交流的重要方向。此时，北非地中海沿岸地区被古罗马帝国所占领。埃及所在的北非地区是经济文化发达的地区。自此，中国商人南下抵达印度洋沿岸地区，与通过埃及港口抵达印度洋沿岸地区的罗马商人进行贸易往来，埃及及其亚历山大港事实上成为两国海洋贸易的枢纽。据爱德华·吉本在《罗马帝国衰亡史》一书中的记载，罗马的 120 艘商船，每年约在夏至节就从埃及红海滨的一个港口迈奥霍穆出发，渡洋（印度洋）而到达马拉巴海岸（印度西海岸）和斯里兰卡，亚洲远邦商人多在这些地方同罗马商人进行交易；罗马商人在十二月或次年一月回非洲后，则将货物由骆驼从红海运到尼罗河并到达亚历山大港，然后再将货物由该港渡地中海而输入罗马都城。②由此，埃及及其亚历山大港在中国与古罗马的海洋贸易中发挥了重要的枢纽和通道作用。

2. 中非海洋贸易在中罗海洋贸易过程中间接发展

由于北非在中国与古罗马帝国进行贸易交换中的关键性枢纽作用，中国与埃及（北非）的商品交换和海洋贸易交流也不断得到推动。汉代中国的造船技术尚未成熟，航海能力有限，中国尚不具备自主造船的能力。因此，中国与罗马帝国的海洋贸易活动主要是罗马商人途经

---

① "海上丝绸之路"是古代中国与外国交通贸易和文化交往的海上通道，该路主要以南海为中心，所以又称南海丝绸之路。海上丝绸之路形成于秦汉时期，发展于三国至隋朝时期，繁荣于唐宋时期，转变于明清时期，是已知的最为古老的海上航线。

② ［英］爱德华·吉本：《罗马帝国衰亡史》，席代岳译，吉林出版集团有限责任公司 2015 年版，第 66 页。

埃及及其亚历山大港口装载一部分非洲的货物，远赴印度洋地区与中国商人进行交换；罗马人又将交换的中国货物途经埃及及其亚历山大港运输，实现与非洲货物的交换。与此同时，即使有途经印度洋南下至红海地区的中国商人，这些中国商人也必须乘坐外国船舶才能远洋航行，这使得中国无法直接抵达红海沿岸与北非进行贸易往来。因此，这一时期的中非贸易基于中国与古罗马帝国的贸易活动间接得到发展。

（二）唐代的中非海洋贸易

唐代中非海洋贸易在汉代的基础上不断得到发展，这主要得益于中国与阿拉伯帝国外交关系的建立和中国船舶远洋能力的提升。此期间，中国与阿拉伯帝国在中国、波斯湾的多个港口进行了直接贸易，由于当时的东非、北非都受到阿拉伯帝国的实际控制，中国与非洲大陆的直接贸易交流随之开展起来。

1. 中非海洋贸易在中阿海洋贸易中间接发展

唐代，中国与阿拉伯帝国建立了双边外交关系，由于当时的东非、北非等地区都受阿拉伯帝国实际控制，因此这在很大程度上促进了中非海洋贸易的深化。第一，唐代中国与阿拉伯帝国在外交关系的基础上，合作开放了广州、泉州、交州及扬州等通商口岸。在这些通商口岸，中国同阿拉伯人的通商活动极其丰富，其中以广州港外贸活动最为繁盛。[①] 阿拉伯商人将从非洲装载的货物直接运往中国，并将中国的货物运往非洲地区，实现了商品的交换。第二，除了埃及在内的北非地区，东非地区同中国的海洋贸易也逐渐发展起来。当时，波斯湾的阿曼是中非经贸往来的中间站。阿拉伯商人通过这一枢纽，将东非的货物（象牙、犀角和香料）运送至中国，将中国的丝绸、瓷器等特产运往东非等阿拉伯地区。

2. 中非实现直接的海洋交流

中唐时期，得益于中国海运技术的发展，中国的造船技术和远洋能

---

① 张铁生：《中非交通史初探》，生活·读书·新知三联书店1965年版，第3页。

力得到大幅提高，海上交通也得到进一步发展。据记载，唐代中叶，中国已能造大海船，中国海船的体积及其抵抗风浪的能力，甚至超过了大食（当时的阿拉伯帝国）。[①] 在这些技术的发展之下，中国的商船破解了以往不能远洋南下或是需要借助他国船只南下的窘境，可以经印度洋航线直接到达波斯湾沿岸地区，他们甚至可以远航穿越亚丁湾，到达北非的红海海域。这意味着中国商人甚至可以直接远赴北非、东非地区，同当地商人进行海洋贸易。

（三）宋代的中非海洋贸易

两宋时期，随着中国对外贸易的不断扩大、造船和航海技术的大幅进步，中非海洋交流更加丰富起来。中非之间的间接和直接海洋贸易大规模扩大，中国与非洲更多的地区实现了海洋交流，中国的海洋贸易迎来了快速发展的时期。

1. 中非间接和直接海洋贸易进一步发展

两宋时期，中国都很注重海洋贸易发展，尤其是南宋时期，中国的海洋贸易发展到了高潮，海外贸易收入成为当时国库的重要收入来源。此时，中国与非洲的直接和间接海洋贸易交流得到了大规模发展，一方面，中非的间接贸易往来进一步增多。在南宋时期，政治重心南移，泉州、广州是中国的重要港口。中国与阿拉伯人、波斯人在泉州、广州、明州（今宁波）、杭州等港口口岸都开展了大规模的海洋贸易。中非海洋贸易通过阿拉伯和波斯人搭建的桥梁得到进一步发展。在此过程中，中非贸易从北非埃及逐渐向东非等地延伸。另一方面，中国与东非地区建立了直接的海洋贸易。据文献记载，"绍兴末，两舶司（闽、广）抽分及和买（乳香）"[②]，在这一时期，中国已同东非的桑给巴尔等国建立起直接的经贸和物资交易关系。

2. 中国与更多的非洲地区实现交流

一方面，与中国开展海洋贸易的非洲地区不断延伸。两宋时期以前

---

① 张铁生：《中非交通史初探》，生活·读书·新知三联书店1965年版，第5页。
② 李广一、许永璋：《古代中国与非洲》，《历史教学》1982年第9期。

中非海洋贸易主要集中于北非、东非地区，而两宋时期，中非海洋贸易已经通过这些地区往非洲大陆腹地进一步拓展，同非洲的中部和南部地区建立起间接的贸易往来。另一方面，两宋时期，中国迎来了海洋技术的高速发展期，中国航海技术和造船能力取得了显著进步，罗盘针也得以发明且用于海洋航行中。此时，中国的商船具备了直接远洋航行的能力。中国商人、旅行家们乘坐远洋船舶抵达非洲北部和东部沿岸，并通过这些地区深入到非洲腹地，使得中非双方海洋交流的地区也扩展到了非洲大陆的诸多地方。南宋的《岭外代答》和《诸藩志》对非洲一些国家有了相对翔实的记载。事实上，后来考古学家在非洲多地都发掘出了宋代古钱，[①] 这些都证明了宋代中国与非洲的远洋交流的密切。

（四）元代的中非海洋贸易与交流

元代，中国的疆域版图达到最大，中国的综合国力达到新的高度。此时，中国的统治阶级在发展陆上通道贸易的同时，也注重发展海上通道贸易，而海上通道也被称为"香料道"，在香料贸易的推动下，中国、非洲沿岸的港口贸易更加繁盛。为此，这一时期，中非海洋贸易更加互通有无，中非远洋旅行交流增多。

1. 中非海洋贸易更加互通有无

元代是中非海洋贸易往来的黄金期。经历了两宋时期的发展，中国的各大港口贸易发展极其繁盛，这些港口在国际中都享有盛誉，尤其是刺桐（泉州）与广州。[②] 而非洲沿岸的波斯湾和红海沿岸贸易发展也

---

① 1888 年，英国人在坦桑尼亚的桑给巴尔岛发现宋代铜钱；1898 年，德国人在索马里的摩加迪沙发现宋代古钱；1916 年及 1945 年，考古于非洲东岸的岛屿发掘出宋钱及大批古钱币。在现存的 176 枚钱币中，属于北宋的有 108 枚，南宋的有 56 枚。此外，坦桑尼亚的基尔瓦港与肯尼亚境内哥迪遗址，也先后发现"熙宁通宝"、"政和通宝"及"庆元通宝"等宋朝铜钱。详见《近代非洲多处考古发掘宋钱 反映宋代世界经济实力》，中国文明网，2020 年 11 月 19 日，https://www.fjzzwm.cn/a/qiwen/20201119/30333.html。

② 当时中国较大的港口有刺桐（泉州），并已经成为当时世界上最大的贸易中心之一；另外一个贸易重镇是广州，当时同广州有贸易联系的国家和地区多达 140 处。详见［阿］伊本·白图泰《伊本·白图泰游记》，马金鹏译，宁夏人民出版社 1985 年版，第 454—549 页。

是欣欣向荣。这一阶段，中非海洋交流更加互通有无。一方面，赴非洲从事远洋经贸的中国商船很多，这些商船往来于波斯湾和中国海之间，实现了源源不断的货物交换。另一方面，来中国经商的非洲商人也逐渐增多，他们主要来自埃及、摩洛哥等北非、东非国家。①

2. 中非远洋旅行交流增多

这一时期，中国远洋航行已经十分成熟且日渐普遍，中非之间的远洋旅行交流也开始增多，涌现出了一些往返于中非之间相互旅行的旅行家，他们对中非海洋商贸交流进行了翔实的记录，集大成者是中国赴非旅行家汪大渊的《岛夷志略》和摩洛哥赴华旅行家伊本·白图泰的《伊本·白图泰游记》。

（五）明朝初期的中非海洋贸易

明初更加重视同非洲的友好交往。在明朝初期，中国海运业得到高速发展，中非海洋贸易更加深入，中非海洋交流也因郑和七下西洋达至顶峰。

1. 中非海洋贸易达至顶峰

明朝初期，依托高度发展的造船业和既有的中非海洋贸易的基础，中非海洋贸易达到鼎盛时期。一方面，明朝初期，国家高度重视开展海洋贸易，中国的海运业得到大大发展。明初，中国便能造出体量很大的用于远洋航行的"宝船"，且造船效率大幅提升，船舶数量迅速增加。《明史·郑和传》记载："宝造大舶，修四十四丈，广十八丈者六十二。"② 可见明初远洋造船技术的娴熟。依托高度发展的造船业和强大的国家实力，明初中国同非洲远洋往来达到鼎盛。另一方面，从东汉到元代，中非海洋贸易不断发展、繁荣，中非海洋贸易的商品和交换方式不断丰富，加之明初更加重视开展海洋贸易，使得中非海洋贸易在明

---

① 张铁生：《中非交通史初探》，生活·读书·新知三联书店 1965 年版，第 10 页。
② 译为"建造了大船，长四十四丈，宽十八丈的船有 62 艘"。详见《明史·郑和传》，《明史》卷三百四列传第一百九十二。据已出土的明尺实物，一明尺相当于 0.283 米，那么郑和"宝船"应长 125.65 米，宽 50.94 米。

朝达到了最顶峰。

2. 郑和七下西洋使中非海洋交流达到顶峰

明初,郑和下西洋成为中国古代航海史上的历史佳话。仅仅在明朝初期28年的时间里,郑和便带领船队开展了七次下西洋航行,非洲地区是郑和下西洋所途经的重要地区。在郑和下西洋的途中,曾经四次到达了东非海岸,他们经由东非海岸直接进入腹地,与当时的非洲国家进行了沟通和交流,极大地促进了当时的中非海洋交流。据史料记载,郑和的船队曾访问非洲的麻林、木骨都束(摩加迪沙)、卜剌哇(索马里的希腊语)等地。与此同时,很多非洲人也曾经跟随郑和船队回访中国,在中国进行了游历活动。在此过程中,中国同非洲各国之间的海洋交流不断发展壮大。虽然郑和下西洋事实上是为宣扬国威而去的,但中国始终将非洲作为传播友谊的地区,以平等的身份看待非洲国家。这一时期,中非之间就发展了平等、友好的海洋交往关系,而中非海洋交流也因此达到了顶峰。

(六)明中后期到清代的中非海洋贸易

明朝中期开始,中国实行海禁政策;清朝时期,中国实行"闭关锁国"政策。与此同时,印度洋贸易受到西方殖民者的实际控制,中非之间的海上贸易逐渐没落,甚至一度中断。

1. "海禁"、闭关锁国,中非海洋贸易开始没落

从明朝中期开始,中国政府由于沿海地区愈演愈烈的倭患与海盗危害局势,为了维护自身国家安全,在保留了朝贡贸易体系的基础上实行并且一度强化海禁政策。由于东南沿海地区海洋贸易最为发达,因此海禁政策主要是针对浙闽一带的商人来展开的,这就使得以往最为繁盛的泉州港、广州港一别昔日的繁华,主要的海洋贸易都逐渐关闭,这些港口也走向了没落。随之,中国的海上对外贸易和海外交流开始没落。而清代更是如此,清政府实行"闭关锁国"政策,完全切断了与外界的海洋联系,中国的海洋贸易和对外交流进一步走向没落,一度中断。在此背景下,中非海洋交流也逐渐没落。

2. 西方殖民意识强化阻断中非海上交流

自 16 世纪西方新航路开辟以来，西方陆续出现了葡萄牙、西班牙、荷兰、英国、法国等海上强国，这些海上强国奉行勇敢探险的海上精神，不断对外进行扩张和征服，发展海外贸易，在此过程中，他们的殖民意识也不断强化。

西方殖民者对中非海上交流的阻断性影响是巨大的。明清时期，中国中断了与外界的海洋联系，使得国家海洋实力和海外影响力大幅下降。而此时的西方殖民者已经通过开辟的印度洋新航路到达中国南洋一带。西方殖民者先是占领明初政府控制的南洋地区，后又步步紧逼，逐渐压缩中国海外贸易的生存空间，从南洋包围到东南门户的中国台湾、澎湖和澳门等近海一线。① 中国的海洋对外贸易彻底中断。与此同时，中非之间一直以来通过印度洋通道这一海道进行的远洋贸易，随着新航路的开辟，逐渐被西方殖民者实际控制。从此，中非的海洋往来也受到西方殖民者的实际控制，中非之间的海上贸易日渐衰落。

表 1-1 　　　　　　　　古代历代中非海洋交流

朝代	国家海洋贸易政策	发展阶段	中非海洋贸易特点
东汉	发展	起步期	间接发展
唐代	进一步发展	发展期	间接与直接交流共同发展
两宋	高度发展	快速期	高速发展
元代	强化发展	黄金期	规模、涉及地区进一步扩大
明代初期	继续强化	鼎盛期	不断深入、达到顶峰
明代中后期、清代	海禁、闭关锁国（中断）	没落期	衰落、一度中断

资料来源：根据外交部网站（https：//www.mfa.gov.cn/web/）、中国海洋网（http：//ocean.china.com.cn/）整理。

二　近现代中非海洋交流与合作

近代历史上的中非海洋关系与西方殖民主义密切相关。1840 年鸦

---

① 张帆：《中国古代文明与海洋战略概述》，《珠江论丛》2017 年第 2 期。

片战争被认为是中国近代历史的起点，由此中国开启了一部极为屈辱的近代史。鸦片战争之后，随着西方殖民者的步步入侵，中国逐步沦陷为西方强国的半殖民地，中国民众受到西方殖民者的压迫和奴役。而同时期的非洲大陆亦是如此。新航路开辟后，西方殖民者远赴非洲，在非洲大陆开启了抢占殖民地的浪潮。非洲国家也陆续沦为西方强国的殖民地。西方殖民者对于非洲人民的奴役更是卑鄙至极，例如臭名昭著的"黑奴贸易"。西方殖民者从中国贩卖华工赴非洲从事苦力工作，在这一过程中，中非海洋交流在客观上也得到了进一步的发展。因此，近代时期的中非海洋交流在西方殖民的背景下，也伴随着屈辱与压迫，被动地发展起来。

（一）西方殖民者贩卖华工到达非洲从事苦力工作

西方殖民者发现并侵占非洲大陆之后，开始在非洲地区大搞建设，因此对务工人员的需求量很大。自从鸦片战争撬开中国的大门之后，西方殖民者为了满足在非洲种植园农业劳工的需要，从中国贩卖华工赴非洲从事相关苦力工作。大批的中国劳工被西方殖民者卖到非洲殖民地。据温契斯特记载："1845年，法国有聪明的投机者发现，可以在华工所在的祖国找到更低廉的劳动力，因此便在1845年、1846年直接从厦门贩运了两批华工到法属波旁岛。"① 这是西方殖民者从中国港口直接贩运华工到海外的开端。1860年《北京条约》签订之后，西方列强开始大肆贩卖华工到其非洲殖民地。《中英北京条约》第三款规定："以凡有华民情甘出口，或在英国所属各处，或在外洋别地承工，俱准与英民立约为凭，无论单身或愿携带家属一并赴通商各口，下英国船只，毫无禁阻。"② 这意味着清政府准许外国商人招募华工出洋工作，充当廉价劳工。有了这些合法化条款作为法律保障，西方殖民者更加肆无忌惮，大批次、大数量的华工被陆续贩卖到非洲地区从事苦力工作。1867年，有几批华工被贩运到马达加斯加。根据1898年《中国与

---

① 姚贤镐：《中国近代对外贸易史资料，1840—1895》，中华书局1962年版，第465页。
② 详见《中英北京条约》第三款。

刚果国专章》，随后几年又有几批华工被贩卖到扎伊尔修路开矿。1904 年，英国逼迫清政府签订了《保工章程》后，西方列强对华工的贩卖更是变本加厉。从 1905 年开始，西方列强从广东、天津、烟台等沿海地区招募华工，1904 年、1906 年陆续有几批华工被贩卖到非洲。据统计，1904—1907 年，共有 5 万余人被贩往非洲，这是非洲各地招收华工最众者。① 这些华工被贩卖到非洲从事苦力工作。后在"一战"期间，法国招募一批华工从秦皇岛出发到达阿尔博波尔和摩洛哥。这些华工与同为苦力的非洲人民因共同的身份地位，相互支持反帝反殖民斗争，在此过程中建立了良好的关系。

（二）伴随着殖民主义的中非海洋交流逐渐发展

近代历史上的中非海洋交流伴随着屈辱的殖民主义展开了。随着越来越多的华工和华侨奔赴非洲，中非海洋贸易也得以发展。赴非经商的华商逐渐增多。他们远洋赴非经商，带来了中国的丝绸、茶叶，在南非、莫桑比克、马达加斯加、毛里求斯、扎伊尔等国均有华商从事相关的远洋贸易，甚至在一些地方设立了中华会馆。② 此时中国的茶叶是对非贸易的主要货物。据统计，1904 年，中国向埃及等地共出口了红茶 6209 担，砖茶 35405 担。③

但需要注意的是，近代时期的中非海洋贸易是与西方殖民主义密切联系的。由于传统的中非贸易的海道（印度洋通道）被西方殖民者实际控制，这一时期的中非远洋贸易事实上是以殖民国家为媒介，殖民国家的商业公司垄断和操控着实际的买卖交易，只能由殖民国家的船只运输人员和货物，他们借机从中捞取巨额收益。值得一提的是，19 世纪初清政府曾根据《英国条约》有关派遣领事的条款，派刘玉麟、刘毅等出任驻南非领事。这些领事曾对远赴重洋赴非经商和做工的

---

① 艾周昌：《近代华工在南非》，《历史研究》1981 年第 6 期。

② 艾周昌：《近代时期的中国与非洲》，《西亚非洲》1984 年第 1 期。

③ 《互信互助：近代以来的中非关系》，正义网络，2017 年 4 月 6 日，http://www.right-gp.com/zh/news/3562.html? flag = news。

华商和华工进行了保护。如 1905 年，莫桑比克华侨遭受葡萄牙殖民者的迫害，清政府根据刘玉麟的建议在莫桑比克设立了副领事，并与葡萄牙商议之后，华侨事务由副领事管理。不过，这些比起西方殖民者的压迫，只是尺兵寸铁罢了。

三 中华人民共和国成立至 20 世纪 70 年代末：中非海运合作和援非海洋项目的实施

中华人民共和国成立到 20 世纪 70 年代这段时间里，中非之间在海洋方面的合作集中在海运方面。这一阶段，中非外交的重点在于中国积极地同非洲国家建立外交关系，援助和支持非洲国家的民族解放运动和国内事业发展，中非双方作为第三世界国家在国际事务上相互协作与支持。在中国与一些非洲国家陆续建交之后，双方的贸易也随之发展起来，由于中非地理位置的特殊性，海洋贸易是双方商贸交流的重要途径，因此，中非之间为加强海运贸易进行了合作。与此同时，这一阶段中国援非项目中，就有海洋项目。

从 20 世纪 50 年代起，中国认识到同为发展中国家的非洲国家的重要性，积极发展与非洲各国的外交关系。1955 年万隆会议上，中国有关"求大同存小异""和平共处五项原则"等倡议得到非洲国家的广泛支持。会议期间，周恩来总理宴请了埃及总统纳赛尔，并同埃塞俄比亚、加纳、利比里亚和苏丹等国家或地区的代表进行了首次接触。自此，中非友好关系迅速升温，中国陆续与非洲国家建立了外交关系。仅 1956—1963 年 7 年的时间里，中国就先后同埃及、摩洛哥、阿尔及利亚、苏丹、几内亚、加纳、马里、索马里、扎伊尔、乌干达 10 个非洲国家建立了外交关系。[①]

（一）中非海运合作

中非海洋合作最早是在 20 世纪 60 年代开始的，最先开展的是海运

[①] 刘维楚：《中国与非洲国家友好合作关系的回顾与展望》，《湘潭大学学报》（社会科学版）1990 年第 2 期。

领域的合作。20 世纪 60 年代，随着中国与非洲国家之间外交关系的建立，中非开始探寻合作空间，中国与非洲国家的双边海洋贸易交流也随之开展起来。由于海洋贸易最先涉及的是海洋运输行业的合作，而且海洋航线是中国与非洲大陆经贸交流的重要通道，为此，中国与一些非洲国家认识到海运合作对双边海洋贸易的重要性，陆续签订了一些海运协定，成为中华人民共和国成立以来中非海洋合作的开端。1963 年 3 月 26 日，中国与加纳签订了政府间海运协定《中华人民共和国政府和加纳共和国政府海运协定》；1964 年 10 月，中国与刚果共和国签署政府间海运协定《中华人民共和国政府和刚果共和国（布拉柴维尔）政府海运协定》；1974 年 4 月 10 日，中国和扎伊尔（今刚果民主共和国）①签订了政府间海运协定《中华人民共和国政府和扎伊尔共和国政府海运协定》。根据这些海运协定，中国与这些非洲国家在航运、港口方面开展了相关合作。随着中非海运合作的开始，中非海洋贸易和海洋交流也不断丰富起来。

（二）援非海洋项目

中国这一阶段出于恢复联合国安理会常任理事国合法地位的需要，积极在国际舞台上团结第三世界国家，尤其是对非洲国家进行经济和技术援助，其中就有对非的港口援助项目。其中最重要的援非海洋项目包括 20 世纪 70 年代援助几内亚的海洋渔业成套项目和 1978 年援助毛里塔尼亚的"友谊港"项目。通过这些友好项目，中国帮助非洲提升了海洋基础设施，提供了大量的就业机会，创造了高额的经济利润，极大地促进了非洲经济发展和社会进步。直至今天，这些设施仍然在高强度使用，已经成为非洲重要的、核心的海洋基础设施。

---

① 扎伊尔，原为比利时殖民地，时称比属刚果。1960 年独立，1971 年改名为扎伊尔共和国，1997 年 5 月 17 日，朗·卡比拉领导的刚果解放民主力量同盟的武装部队攻占首都金沙萨，宣布就任总统，并恢复国名为刚果民主共和国［简称刚果（金）］，与刚果共和国［简称刚果（布）］相区别，是非洲大陆两个不同的国家。

1. 援几海洋渔业成套项目

1970—1979 年中国援助几内亚的海洋渔业成套项目是中国援外史上第一个渔业成套援助项目，项目内容包括建渔业基地，提供渔轮 6 搜，含船坞、冷库等，提供捕捞技术培训和指导。1970 年 11 月，中几两国政府签订了经济技术议定书，确定了这一项目。为此，中国派遣考察组进行了丰富的实地考察，成立了援几筹备小组，经过严密的考察和充分的筹备工作，历时 9 年建成移交。建造 400 马力 300 吨级渔轮 6 艘、350 吨级浮船坞 1 艘、日产冰 30 吨库容 120 吨冷库 1 座及维修车间等；派出技术人员 55 个工种 138 人指导生产，培训几方技术人员 50 个工种 200 余人；援款决算 1535 万元，发运物资 2535 吨，陆上设施建筑面积 1639 平方米。① 这一项目把中国先进技术和几内亚的实际情况相结合，设计缜密，技术过关，为几内亚渔业发展提供了精良的基础设施和设备，促进了当地渔业发展和民众就业。这一援非项目也为之后中非开展渔业合作提供了良好的基础。

2. 援毛"友谊港"项目

1974 年，在中国国内经济"捉襟见肘"之时，中国政府收到了来自毛里塔尼亚政府的援助邀请，"希望中国能够帮其在努瓦克肖特修建一座港口，能拉集装箱也能装散货"。1978 年，中国免息借给较为贫穷的西非国家毛里塔尼亚 1.2 亿美元，用于援建"友谊港"。中国援助毛里塔尼亚修建的"友谊港"项目是继坦赞铁路之后，第二个中国援非的重大项目，对于进一步增进中非友谊、发展中非海洋合作具有重要意义。这一项目也向外界展现了中国的经济和技术能力，获得了非洲国家及国际社会对中国的高度关注和赞扬。

与此同时，中国还为毛里塔尼亚培养了一批港口核心技术和管理人员，这些人员之后都成为毛里塔尼亚国家港务局的领导人员，为毛里塔尼亚的经济建设和可持续发展奠定了基础。这一"友谊港"的建设

---

① 宋超、许琳：《中国对几内亚海洋渔业成套援助考论（1970—1979）》，《中国农史》2020 年第 3 期。

极大地带动了毛里塔尼亚国内的经济发展。[①] 目前，"友谊港"已经成了毛里塔尼亚最大的出海口，承担着其90%以上的进口货物卸载任务；也是非洲西北部新开辟的重要门户，在西非地区对外贸易中发挥着重要作用。

四 20世纪80年代至90年代末：中非渔业合作与海运合作的新发展

从20世纪80年代开始，中国改革开放的步伐加快，中国远洋渔业也开始发展，非洲是中国远洋渔业合作的首要地区。中非之间海洋合作的内容逐渐丰富，中非之间开启了渔业合作，同时还加强了海运合作。这一阶段中国与非洲国家之间签订了相关协定，渔业合作和海运合作有了法治保障。

（一）中非渔业合作

20世纪80年代初，随着改革开放政策的实行，中国政府认识到了远洋渔业的重要性。1982年10月18日，中国农牧渔业部发布《关于恢复中国海洋渔业总公司的通知》，积极筹备、组织落实西非渔业合作项目的各项准备工作。1983年国务院批转农牧渔业部《关于发展海洋渔业若干问题的报告》的通知，明确提出："突破外海和远洋渔业。"[②] 此后，远洋渔业开始得到重视和发展。通过一系列实地调研，中国将目的地定位到西非地区，非洲也成为中国最早发展远洋渔业合作的地区。

1984年8月28日，中国和几内亚比绍签署了《中华人民共和国政府和几内亚比绍共和国政府渔业合作协定》。1985年3月，中国第一支远洋渔业船队奔赴西非海岸，与沿线的几内亚比绍、塞内加尔、塞拉利

---

① 赛旦霞：《我和祖国共成长 | 赛旦霞：援助毛里塔尼亚友谊港的故事》，中华人民共和国商务部网站，2019年12月2日，http://lgj.mofcom.gov.cn/article/wxyzl/201912/20191202918628.shtml。

② 王林堂：《我国远洋渔业的起步与发展——中国水产总公司的组建与第一支远洋渔业船队启航》，《中国渔业改革开放三十年会议论文集》，2008年，第36页。

昂等国开展了海洋渔业合作，这也是中华人民共和国成立以来的首次远洋渔业合作。① 中国与这些国家的双边渔业合作取得了积极的成果。乘着中非远洋渔业合作的热劲，1988 年，中国渔业公司开始与摩洛哥当地的私营企业开启渔业合作。1991 年 8 月 22 日，中国与毛里塔尼亚签订了《中华人民共和国政府和毛里塔尼亚伊斯兰共和国政府海洋渔业协定》。1994 年，应塞内加尔政府的邀请，中国水产总公司在塞设立了代表处，并收购了当地的非洲海产公司，成立了塞内加尔渔业公司。这一举措在当年就解决了数百人的就业问题，在实践层面落实了中非互利共赢的精神。② 同时，"中非渔业论坛"早在 1992 年就已经召开首场活动。中非渔业合作在短短十年时间里取得了快速进展和巨大突破。

（二）中非海运合作

20 世纪六七十年代中国与非洲首次进行的海运合作取得了很大成功，这为之后的中非海运合作奠定了坚实的实践基础。与此同时，20 世纪 80 年代以来的中非远洋渔业合作也如火如荼地展开了。在此背景下，随着中国改革开放的进一步发展，中国与非洲国家越来越认识到海洋合作给双方带来的巨大经济效益，因此 90 年代初，中国与非洲国家又开启了一波海运合作的热潮。

1. 中国与一些非洲国家签署海运协定

签署政府间海运合作协定是中非双方海运合作最权威的方式。为此，中国与一些非洲沿海国家本着平等互利、合作共赢的原则，经过友好协商，陆续签署了政府间的海运协定。1991 年 9 月 10 日，中国与马耳他签订了《中华人民共和国政府和马耳他共和国政府海运协定》。1999 年 4 月 5 日，中国与埃及在北京签订了《中华人民共和国政府和阿拉伯埃及共和国政府海运协定》。这些海运协定的签署进一步强化了

---

① 1985 年 3 月，中国新建立的水产联合总公司派遣由 13 艘渔船和 223 名船员组成的中国第一支远洋渔业船队从福建马尾港启航赴西非海岸，开辟了中国与几内亚比绍、塞内加尔、塞拉利昂等国的渔业合作。

② 《渔业合作见证中塞友谊》，《经济日报》2015 年 5 月 26 日，http：//finance. china. com. cn/roll/20150526/3138192. shtml。

中非之间的海运合作。

2. 中国企业开启对非港口建设项目

此时，中国的企业也开始了对非的港口建设项目，其中的代表性项目是中国港湾工程公司承建的苏丹港港口建设项目。苏丹港是苏丹的唯一海港，濒临红海，是苏丹唯一的对外贸易港口，也是非洲东岸的重要港口，是非洲进出口贸易的重要"窗口"。苏丹港最早是英国人在1906年建造的，到1909年共建成5个泊位，后来却被废弃，未被投入使用。20世纪90年代，苏丹政府看到了苏丹港在对外贸易中的重要作用，意图重建苏丹港，便对这一项目开启了国际招标。1997年，中国港湾工程公司在苏丹对外进行国际招标的3个苏丹港港口建设项目中成功中标，随之先后建设了非洲苏丹港的17、18、19号泊位、绿港、达玛油码头。重建之后的苏丹港可以容纳5万吨级的油轮进港，单船吞吐能力是以往的十倍以上。[①]苏丹港的建立使苏丹以最优的价格获取了最高的港口质量，苏丹港的进出口贸易也迅速繁荣。目前，苏丹港港区拥有现代化的仓库、码头和装卸设备，年吞吐能力380万吨，成为苏丹的"国家门户"，苏丹全国90%以上的进出口货物都经此运往世界各地。

五　21世纪初至2012年：中非海洋经济合作迅速发展

进入21世纪以来，海洋作为人类第二生存空间的价值逐渐凸显出来，世界范围内各主权国家、地区组织等国际行为体纷纷加强了对海洋的开发与利用。与之相对应的，中国与非洲国家都纷纷调整了海洋政策，海洋合作，尤其是海洋经济合作在中非合作中的重要性得以提升。通过在经济各个领域的海洋合作，非洲国家开发利用海洋资源的能力得到迅速提升，同时所创造的大量劳动就业机会极大地解决了当地居民的就业问题，深受当地政府和人民的称赞。

步入21世纪，中国将非洲地区作为最有潜力的合作地区，其中海

---

① 赵忆宁：《原苏丹交通部副部长、苏丹港口局总经理罗菲（Faisal Mohamed Lutfi）："20年间只有中国不遗余力地帮助苏丹"》，《中国经济报道》2017年4月28日第3版。

洋合作是中非合作的重点。2002 年，中国商务部根据中非合作的现实情况与未来需求，发布了《中国与非洲有合作潜力的项目一览表》，其中便涉及多个对非海洋合作项目，具体项目如表 1 - 2 所示。

表 1 - 2　　　　　　　　　中国与非洲有合作潜力的项目一览

非洲国家	有合作潜力的海洋项目
毛里求斯	渔业合作项目：建制冰厂和鱼加工等辅助设施；加纳金枪鱼捕捞项目
	投资 1000 万美元
加纳	浅海养虾项目
	CHAMP AGENCIES LIMITED 公司
毛里塔尼亚	渔业合作捕捞项目
纳米比亚	渔业合作项目：收购改建鱼品加工厂
	年加工 5000 吨鳕鱼
利比亚	港口项目
	中国港湾建设总公司
吉布提	新港口建设项目
	总投资估计在 1 亿美元以上
几内亚比绍	中小型渔业加工厂
	目标：年可捕鱼量 35 万吨
塞拉利昂	港务管理

资料来源：中华人民共和国商务部，2002 年 7 月 16 日，http：//www. mofcom. gov. cn/article/bg/200207/20020700032347. shtml。

进入 21 世纪，中国又陆续与非洲国家建立起海洋合作关系。2000年 4 月 25 日，中国与南非签订了《中华人民共和国政府和南非共和国政府海运协定》。具体来看，21 世纪以来，中国与非洲国家发展平等互利、灵活多样的海洋合作关系并逐步建立起更为丰富的、互利共赢的海洋合作格局。

（一）中非港口合作迅速发展

这一时期中国与非洲的港口合作迅速发展。21 世纪以前，中非合作的港口项目只有 1997 年开启的苏丹港项目。21 世纪以来，中非港口合作项目建设如火如荼。主要包括：2006 年中海（香港）码头公司和埃及当地企业合作的达米埃塔国际集装箱码头项目；2008 年天津泰达控股和中非基金合作，斥资 1.72 亿美元开启了"中埃苏伊士经贸合作区"项目，这一合作区项目是中国政府批准的第二批国家级境外经贸合作区，得到国家的高度重视；2008—2011 年中港公司和苏伊士运河集装箱公司合作，斥资 2.19 亿美元合作建设了赛德港码头项目；2010 年中国路桥公司与肯尼亚港务局合作的蒙巴萨港建设项目；2011 年中国企业在尼日利亚投资的迪肯码头集装箱有限公司股权项目等。由于非洲国家的经济能力和技术水平十分有限，非洲原有的港口大多吃水较浅、承载量有限，基础设施配套不完善，管理不到位。通过与中国企业的港口合作，非洲国家的这些港口得以充分建设和利用，且成了现代化的港口，体现出了高度的经济价值。

（二）中非加强了海洋油气能源合作

随着非洲可探明的油气资源数量激增，中国与非洲的油气能源合作潜力不断加大。

1. 中非海洋油气合作强化

步入 21 世纪之后，中国从非洲进口石油数量不断增加，2005 年非洲石油进口占比超过 30%。此后多年里，非洲都是中国的第二大原油进口地。[①] 其中，安哥拉、苏丹、刚果（布）、利比亚、尼日利亚等沿海国家都是中国原油进口的重要国家。其中，非洲西海岸的安哥拉是中国在非洲的第一大石油进口国。2004 年，安哥拉国家石油公司与中资企业创辉国际发展有限公司合作成立中安石油合资公司，其后中安石油与中石化成立合资公司——安中国际，安中国际拥有安哥拉五个海上区块的权益。[②] 安哥拉从 2005 年到 2011 年连续 7 年成为继沙特阿拉

---

① BP，"BP Statistical Review of World Energy"，June 2014，London：BP，2014，p. 18. 转引自李智彪《中非能源合作热的冷思考》，《西亚非洲》2014 年第 6 期。

② 汪巍：《中国与安哥拉石油合作呈跨越式发展趋势》，《国际工程与劳务》2020 年第 3 期。

伯之后中国的第二大石油进口来源国。2011 年中国从安哥拉进口原油
3115 万吨，占该国总产量 8520 万吨的 36.56%。① 以安哥拉为主的非洲
油气资源丰富的国家与中国的油气资源贸易不断发展成熟，中非海洋
油气能源合作如火如荼。

2. 中非海洋油气合作模式多样化

在中非海洋油气能源合作的过程中，中国根据非洲国家的实际情
况，建立起了独特的合作方式。当前，中国已创造了对非融资的"安
哥拉模式"和"苏丹模式"，即"以资源换取贷款"的模式和"油气
资源开发"与深加工并行的"上下游一体化"模式。② 由于非洲多数国
家均拥有丰富的油气资源，因此这两种模式可以对中国开展与非洲其
他国家的合作项目提供参考与借鉴。

（三）中非开启海洋安全合作

需要注意的是，2000—2012 年，中国与非洲地区国家的海洋合作
领域更加丰富，形式更加多样，不仅是政治、经济各领域的合作，这一
时期中国已经开启了对非的海洋安全合作。

2008 年 12 月 26 日，中国海军首次派军舰奔赴亚丁湾、索马里海
域护航，③ 为维护非洲国家海洋权益、促进非洲海域的安全稳定做出了
很大贡献。此后，中国海军舰艇多次赴亚丁湾、索马里地区进行巡航。
2009 年召开的中非合作论坛第四届部长级会议通过了《中非合作论坛
—沙姆沙伊赫行动计划（2010—2012 年）》。这一文件明确提及"欢迎
中方根据联合国安理会有关决议精神在亚丁湾和索马里海域打击海盗
的努力，相信此举有助于维护相关海域的航道安全及该地区的和平与
安全。"由此可见，此时中国与非洲已经认识到海洋安全合作的重要
性，在此基础上，中非不断重视和加强了海洋安全合作。

---

① 姜尽忠、刘立涛编：《中非合作能源安全战略研究》，南京大学出版社 2014 年版，第 262 页。
② 隆国强：《中非产能合作的成效、问题与对策》，《国际贸易》2018 年第 8 期。
③ 《中国海军舰艇起航赴亚丁湾、索马里执行护航任务》，中国政府网，2008 年 12 月 26 日，
http://www.go v.cn/jrzg/2008 – 12/26/content_ 1188602_ 2. htm。

六　新时代（2012 年以来）：中非全面海洋合作

2012 年，党的十八大报告中提及"建设海洋强国"。自此，中国高度重视海洋事业的建设与发展，围绕海洋所展开的各项工作迅速推动和开展起来。新时代以来，中非在海洋合作方面提出了新的合作理念，在这些理念的引领下，中非海洋合作取得了伟大的成就并达到了新的高潮。

（一）中非海洋合作理念

在宏观合作方面，新时代以来中国与非洲提出了新的海洋合作理念，主要包括"21 世纪海上丝绸之路"、新海洋观、中非"蓝色伙伴关系"、海洋命运共同体理念等，成为中国与非洲合作的引领性理念。

1. 共建"21 世纪海上丝绸之路"

"21 世纪海上丝绸之路"是"一带一路"中的海上线路，是党的十八大以来中国开展周边外交与合作的重要举措。[1] 随着"21 世纪海上丝绸之路"的推进，其当前已延伸至非洲、拉丁美洲、中东欧等地区。因此，非洲是重要的沿线地区。2014 年在厦门举行的"海上丝绸之路·21 世纪对话暨中非海洋渔业合作论坛"，提出了"中国非洲联合投资开发海上丝绸之路沿线城市计划"的构想，引起了外界的高度关注。[2] 2015 年，中国国家主席习近平就在中非合作论坛约翰内斯堡峰会上宣布中国向非洲承诺提供的 600 亿美元的优惠贷款和投资支持，其中部分用于"21 世纪海上丝绸之路"项目。2016 年，王毅外长出访非洲毛里求斯时便强调"将毛里求斯打造成中国对非投资的门户和对非互联互通的枢纽"[3]。与

---

[1] "丝绸之路经济带"共有三个走向：一是经中亚、俄罗斯到达欧洲；二是经中亚、西亚至波斯湾、地中海；三是从中国到东南亚、南亚、印度洋。"21 世纪海上丝绸之路"的重点方向有两条，一是从中国沿海港口过南海到印度洋，延伸至欧洲；二是从中国沿海港口过南海到南太平洋。此外，中俄在北极航道共建的"冰上丝绸之路"是对"一带一路"的重要补充。

[2] 《21 世纪海上丝绸之路助力非洲发展》，人民网，2015 年 2 月 13 日，http：//world. people. com. cn/n/2015/021313/c157278－26562169. html。

[3] 《中国在打造通往非洲的海上丝路》，中非合作论坛网站，2016 年 2 月 4 日，https：//www. fmprc. gov. cn/zflt/chn/zfgx/zfgxjmhz/t1338226. htm。

有关非洲国家共同建设"21世纪海上丝绸之路",能够弥补中国基于地缘、文化渊源的合作关系中的不足,密切中国与非洲各国经贸合作关系,完善中国全面开放的格局。

一方面,自"21世纪海上丝绸之路"延伸到非洲以来,中国与非洲国家促成了诸多合作,中非海洋合作取得了丰硕的成果。"21世纪海上丝绸之路"建设在非洲不断得到推进。根据中国"一带一路"网站的数据,截至2020年1月,中国已同44个非洲国家签署了共建"一带一路"合作文件①。中非已在"五通"层面取得丰硕的成果,如阿卡铁路、亚吉铁路与蒙内铁路的陆续开通,马拉博燃气电厂项目、东方工业园等多个项目已顺利落地。

另一方面,中非已经促进了"21世纪海上丝绸之路"与非盟战略的对接。非洲是"21世纪海上丝绸之路"的重要延伸区域,其中,非盟作为基本囊括非洲所有国家的国际组织,在中非"一路"合作中作用重大。《2063年议程》发展战略由非洲联盟(以下简称非盟)在2013年5月的非盟第21届首脑会议上提出。《2063年议程》意在共建"一个统一的、繁荣富强的以及和平安宁的非洲"。"一带一路"倡议与非盟《2063年议程》的目标高度契合。两者均对推动经济发展与基础设施建设、维护地区安全与稳定、增强人文交流等方面提出了要求。

2018年9月,习近平主席在中非合作论坛北京峰会中明确提出"切实落实'一带一路'与《2063年议程》对接"②。此后,这一对接便在持续地推进当中。2020年12月16日,中国与非洲联盟共同签署了《关于共同推进"一带一路"建设的合作规划》(以下简称《合作规划》),这一《合作规划》是中国和区域性国际组织签署的第一个共建"一带一路"规划类合作文件,成为中非"一带一路"合作的重大突破。

---

① 《已同中国签订共建"一带一路"合作文件的国家一览》,中国一带一路网,2019年4月12日,https：//www. yidaiyilu. gov. cn/info/iList. jsp? tm_id = 126&cat_id = 10122&info_id = 77298。

② 习近平:《携手共命运 同心促发展在二〇一八年中非合作论坛北京峰会开幕式上的主旨讲话》,《人民日报》2018年9月4日第2版。

2. 新海洋观

2014 年国务院总理李克强在"中希海洋合作论坛"上首次阐述了建设"和平、合作、和谐"之海的新海洋观。[①] 建设和平之海是新海洋观首先强调的要点，和平即谋求安全，建设和平之海就是要破解当前中国在开发海洋、利用海洋时所面临的海洋威胁，以维护海洋安全。[②] 建设和平之海首先要肯定和维护现有的国际海洋安全秩序，以秩序规则作为合作的基础。其次，双方要达成解决海洋争端和纠纷的一致原则，夯实国际法理基础，通过谈判对话的和平方式解决问题。最后，要充分认识到非传统安全对于整个国际社会的威胁程度，同时根据实际海洋威胁建立双边或多边协调机制，以期共同维护和实现海上通道安全与航行自由，推动构建符合多边海洋利益的和平海洋秩序。[③] 建设合作之海的倡议主要从经贸、交通的角度分析了中国构建合作之海的海洋思想，在更大范围、更广领域和更高层次上参与国际海洋合作，[④] 从而全面提升各方合作水平。建设和谐之海是新海洋观的最终目标，主要从人类社会共同价值观层面进行了具体阐述。要倡导可持续发展的海洋观。[⑤] 比如，要在对传统海洋文明扬弃的基础上，超越国家和民族的界限，有效地利用、开发、保护海洋，能动地解决人类面临的共同海洋问题。[⑥]

从中国新海洋观的内涵可以看出，建设"和平、合作、和谐"之海就是要求中国加强与国际社会其他主权国家的海洋合作。第一，中非海洋安全合作是建设和平之海的重要组成部分，中国要重视和强化与非洲国家在几内亚湾和"非洲之角"等重点海域打击海盗的行动，

---

① 2014 年 6 月 20 日，国务院总理李克强在希腊雅典出席中希海洋合作论坛并发表了题为《努力建设和平合作和谐之海》的演讲。这是中国国家领导人第一次在国际场合系统阐述中国海洋观。详见郑志华《中国崛起与海洋秩序的建构——包容性海洋秩序论纲》，《上海行政学院学报》2015 年第 3 期。

② 范必：《试析中国海洋观》，《中国能源报》2014 年 7 月 14 日第 1 版。

③ 范必：《试析中国海洋观》，《中国能源报》2014 年 7 月 14 日第 1 版。

④ 苗壮：《积极倡导和平、合作、和谐的中国新海洋观》，《中国海洋报》2014 年 7 月 29 日第 1 版。

⑤ 范必：《中国首次表达海洋观》，《党政论坛》2014 年第 9 期。

⑥ 范必：《试析中国海洋观》，《中国能源报》2014 年 7 月 14 日第 1 版。

保障直布罗陀海峡—地中海—苏伊士运河—红海—曼德海峡—亚丁湾等海上战略通道安全，促进吉布提等重要海上节点城市的港口建设、加大双方在西非海域的石油、西南非海域的渔业等生物和非生物资源的合作开发利用力度。第二，建设"合作之海"的重点在于海洋经贸合作。中国应加强与非洲国家在海洋经贸领域的合作，充分开发和利用非洲国家所属海域的丰富能源资源，同时帮助非洲国家实现经济转型和发展，推动实现双方的海洋利益互补和共赢。第三，建设"和谐之海"是中非海洋安全合作的最终目标，中非间的海洋合作最终都是为了构建一个和平稳定、安宁有序的和谐海洋，非洲海域的和平、和谐与安全也将惠及中非间的海洋安全合作，从而实现中非其他海洋领域的合作与发展。中非海洋安全合作是中国新海洋观战略思想框架的重要构成，其将推动双方海洋安全等各项海洋事务的合作与发展。同时中非海洋安全合作作为新海洋观战略思想的具体实践，又为新海洋观战略思想的具体阐述和顺利实践提供了重要保障。

3. "蓝色伙伴关系"理念

"蓝色伙伴关系"是新时代中国为了更好地利用海洋、进一步参与全球海洋治理所提出的重要海洋合作理念。2017年6月举行第一次联合国海洋会议期间，中国政府将可持续发展目标的落实与中国的海洋发展相结合，倡导建立"蓝色伙伴关系"。"蓝色伙伴关系"指的是以海洋领域可持续发展为目标，在相互尊重、合作共赢的基础上建立伙伴关系。该倡议强调共担责任、共享利益；注重蓝色经济、绿色发展、合理有效地利用海洋资源。2017年11月和2018年7月，中国先后同葡萄牙、欧盟签署了共建"蓝色伙伴关系"的相关文件。

事实上，"蓝色伙伴关系"也已经用于中非海洋合作。目前，中非海洋合作领域已经十分全面，中非双方不仅关注海洋经济发展，还积极关注海洋保护，倡导海洋的可持续发展。为此，"蓝色伙伴关系"理念是中非海洋合作的重要引领性理念，为新时代的中非海洋合作指明了前进的方向。中非"蓝色伙伴关系"的建构对于中非双方发展可持续性蓝色经济，推动中非"海洋命运共同体"的建构具有重要意义。① 2018 年 9 月，中塞两国大使共同签署了《中华人民共和国自然资源部与塞舌尔共和国环境、能源和气候变化部关于面向"蓝色伙伴关系"的海洋领域合作谅解备忘录》。塞舌尔成为与中国签订"蓝色伙伴关系"的首个非洲国家。

4. 海洋命运共同体

2019 年 4 月 23 日，习近平主席在人民海军成立 70 周年多国海军活动中首次提出构建"海洋命运共同体"。习近平主席关于海洋命运共同体的重要论述有着丰富的科学内涵，明确了全球海洋治理的共同价值是和平、发展、公平、正义，其最终目标是实现人与海洋和谐共存，指明了构建海洋命运共同体的策略与路径。② 这些重要论述是创新的全球海洋治理方案，在理论和实践上都有超越西方全球海洋治理的实践和西方国际关系理论的重大意义，有利于维护海洋的和平与安宁，共同增进海洋福祉；有利于促进世界各国承担保护海洋、保护地球的重要责任。

此外，需要注意的是，"海洋命运共同体"事实上是"人类命运共同体"的一部分，人类命运共同体理念也是中非海洋合作的指导性理念，更是中非海洋合作所要实现的最终目标。人类命运共同体理论是新时代中国外交思想的集中表现，是中国为推动全球治理体系变革与世界秩序更加公平公正所提供的中国智慧和中国方案。人类命运共同体的概念由党的十八大报告正式提出。党的十八大报告提出："要倡导人类命运共同体意识，在追求本国利益时兼顾他国合理关切，在谋求本国发展中促进各国共同发展。"之后习近平主席在外交场合多次强调"人类命运共同体"，并倡导构建亚洲命运共同体、中非命运共同体、中国—东盟命运共同体、中拉命运共同体等地区命运共同体。党的十九

① 贺鉴、王雪：《全球海洋治理视野下中非"蓝色伙伴关系"的建构》，《太平洋学报》2019 年第 2 期。

② 中共中央宣传部、中华人民共和国外交部编：《习近平外交思想学习纲要》，人民出版社、学习出版社 2021 年版，第 52 页。

大报告指出:"倡导构建人类命运共同体,促进全球治理体系变革。"2018年通过的宪法修正案正式将"人类命运共同体"写入宪法。经过不断的积淀与发展,人类命运共同体已形成了完备的理论体系。人类命运共同体的理论内涵可以包括合作共赢观、和平共存观、共享生态观、共同治理观四个方面的内容。

在此意义上,海洋命运共同体是从人类命运共同体中延伸出来的价值理念,其价值内核与人类命运共同体是一脉相承的,是总体与部分的关系。与此同时,"海洋命运共同体"也是构建"人类命运共同体"的必经方式和路径,"人类命运共同体"是"海洋命运共同体"的最终目标。

(二)中非海洋合作相关成果

新时代以来,中国与非洲的海洋事业都取得了瞩目的成就。中国与非洲国家在海洋领域的共同利益和达成的共识越来越多,中非海洋合作高度发展。加强中非海洋合作,对实现中华民族伟大复兴的"中国梦"和强化中非关系具有十分重要的意义。为此,中国与南非、坦桑尼亚、桑给巴尔、塞舌尔等非洲国家分别建立了长期的双边海洋合作机制。中国与非洲国家在海洋经济、海洋安全、海洋文化和其他海洋领域都强化了合作,中非海洋合作达到了前所未有的新高度。

1. 海洋经贸方面

中国于2015年12月公布的《中国对非洲政策文件》明确提出要"拓展海洋经济合作",具体措施包括"充分发挥非洲有关国家的丰富海洋资源及发展潜力,支持非洲国家加强海洋捕捞、近海水产养殖、海产品加工、海洋运输、造船、港口和临港工业区建设、近海油气资源勘探开发、海洋环境管理等方面的能力建设和规划、设计、建设、运营经验交流,积极支持中非企业形式多样的互利合作,帮助非洲国家因地制宜开展海洋经济开发,培育非洲经济发展和中非合作新的增长点,使非洲丰富的海洋资源更好地服务于国家发展,造福人民"。[1]

---

[1] 《中国对非洲政策文件》(白皮书),外交部网站,2015年12月,第15—16页,http://www.fmprc.gov.cn/web/ziliao_674904/zt_674979/dnzt_674981/xzzxt/xzxffgcxqhbh_684980/zxxx_684982/t1321556.shtml。

　　具体来看，中非海洋经济合作的重点领域在于海洋渔业合作、港口合作、海洋能源合作、海洋通道合作等方面。

　　在海洋渔业合作方面。第一，中国同非洲建立了海洋渔业合作的专门平台。中非渔业联盟是中非合作建立的促进海洋渔业合作交流的官方平台，为新时代中非海洋渔业合作提供了机制保证。[①] 同时，中非于2014年启动了中非渔业总部基地项目的建设，将总部设在中国福建的琅岐经济区。第二，中国注重与非洲国家强化渔业协定的签订，从而寻求政府间的全面渔业合作。[②] 2017年1月22日，中国与塞拉利昂签订了两国农业部《关于渔业合作谅解备忘录》。第三，中国注重根据非洲国家的实际需要，通过援助、工程承包等方式，积极支持非洲国家建设渔业基础设施。例如2017年，大连国际合作远洋渔业合作有限公司在西非加蓬投资2000多万元建设了一座1000吨冷库及办公楼、仓库等设施；大连连蓬远洋渔业有限公司在西非加蓬投资2000万元建设了一座1000多吨的冷库及办公室、仓库等基础设施。[③]

　　在港口合作方面，新时代以来中非海洋港口项目的数量更是大幅增加。非洲大陆临海国家33个，中国在其建设港口的有20个国家。目前，中国远洋海运集团有限公司、中国港湾工程有限责任公司、中国远洋集团公司、招商局集团等企业都参与了非洲的港口建设和运营。根据中国商务部网站发布的相关信息，截至2019年，中国与非洲合作的港口项目已经多达15个，对比来看，从1997年开始合作到2012年总共也才7个项目。这15个项目包括：收购多哥洛美LCT 50%股份以及改扩建项目（招商局集团与洛美集装箱码头有限公司合作，2012—2014）、塔马塔夫港扩建项目（中国交建与马达加斯加政府合作，

---

　　① 中非渔业联盟是在中非工业合作发展论坛和各非洲驻华使馆的支持和协助下成立，以开发中非海洋渔业资源，发展中非渔业贸易往来、促进中非海洋渔业合作交流为主旨的国际商贸平台。

　　② 《中塞签订双边渔业合作备忘录》，中国商务新闻网，2018年1月22日，http：//www.shuichan. cc/news_ view – 350319. html。

　　③ 《海外基地缺乏远洋渔业"桥头堡"亟待建设》，中国水产养殖网，2013年5月6日，ht-tp：//www. shuichan. cc/news view – 131174. html。

2012—2015）、多哈类多功能新港项目（招商局集团与吉布提港口公司合作，2013—2017）、吉布提港（招商局集团对吉布提港口管理合作，2013 年至今）、巴加莫约港口以及临港工业区的项目（2013 年至今）、厄立特里亚马萨瓦新港项目（中国港湾与厄国公共工程部，2014 年至今）、刚果（金）马塔迪码头项目（2015—2017）、圣多美和普林西比深水港建设项目（中国港湾与圣多美和普林西比，2015—2018）、阿比让港改建工程（中港公司与象牙海岸阿比让自制港务局，2016—2019）、特马港扩建项目（中交四航局和中国港湾与子午线港口服务公司，2016—2019）、黑角矿业港项目〔中国路桥与刚果（布），2016—2021〕、科纳克里港现代化工程（中国港湾与几内亚政府，2016 年至今）、舍尔沙勒新港哈姆达尼耶港（中国港湾、中国建筑，2016 年至今）、坦桑尼亚达累斯萨拉姆港改扩建项目（中国港湾与坦桑尼亚政府，2017—2020）、中国港湾公司与尼日利亚莱基港公司（中国港湾公司与尼日利亚莱基港公司，2019—2023）。[①]

在海洋能源合作方面，中非在海洋油气方面的经贸和海运也取得了巨大突破。非洲能源储量在世界上份额并不是很大，但其分布较为集中，且已开采和利用率较低，存在很大的开发利用空间。非洲海上油气资源大部分分布在西非几内亚湾附近的尼日利亚—喀麦隆—安哥拉一带海域。西非共有 60 座海上油田，占全非的 85.7%。[②] 北非多陆上油田，海上油田只有苏伊士湾，占全非海上油田的 14.3%；可见非洲海上油田位置优越，方便运输。特别是几内亚湾的油田，不受海峡控制，运输较为通畅。新时代以来，中国对非的海洋油气进出口贸易额也大幅增长。2012 年 9 月，中石油与苏丹石油及天然气部签署了《合作谅解备忘录》。非洲西海岸的安哥拉是中国在非洲地区最大的原油进口国，已连续多年成为中国在非洲最大的海运原油进口来源国，也稳居中国石

---

① 黄梅波、王晓阳：《非洲港口市场竞争环境及中非港口合作》，《开发性金融研究》2020 年第 5 期。

② 姜尽忠、刘立涛编：《中非合作能源安全战略研究》，南京大学出版社 2014 年版，第 32 页。

油原油进口的前几位，在中国石油原油进口中占据重要地位，中国对其的石油原油进口依赖性较大。

表 1-3　　　　　　　2013—2019 年中国从安哥拉进口海运石油情况

年份	2013	2014	2015	2016	2017	2018	2019
进口（万吨）	4001.3	4065.5	3870	4343	5042	3622	4804
同比增长（％）	-0.3	1.59	40	-23.8	24.84	-28.1	32.6
所占比重（％）	14	15	17	11.4	12.02	14.1	9.5
排名	2	2	3	3	3	3	4

资料来源：根据国家统计局 http：//www. stats. gov. cn/、中国商务部网站 http：//www. mof-com. gov. cn/整理。

在海洋通道合作方面，新时代以来，中国海洋通道的畅通对中非经贸往来具有重要影响。基于中非航运现状，中非海上通道①涉及地理范围广泛，其中充斥着复杂的地缘政治博弈与地区动乱、海盗等非传统安全威胁，对中非的海洋贸易运输产生了严重影响。中非认识到加强海上通道建设合作的必要性，而且已经取得了一些突破，非洲海域的主要通道是苏伊士运河通道。2015 年 8 月，扩建后的"新苏伊士运河"开通，对于中非海运而言，极大地缩短了时间和燃油成本。② 2015 年 11 月 3 日，中国与利比里亚签订了《中华人民共和国政府和利比里亚共和国政府海运协定》。这一协定的签署对于促进中非海运业发展、经贸合作具有积极意义。③ "海上丝绸之路"的重点延伸方向大致与中非海上航线方向相吻合。"一带一路"倡议的出台为中非海上通道的合作提供了支撑依据。④ 未来中非在海上通道的合作具有更加广阔的空间。

———————————

　① 中非海上通道主要有四条，分别是中国—东非航线、中国—北非航线、中国—南非航线和中国—西非航线。

　② 陈婧：《中国可以对"新苏伊士运河"有所期待》，《中国青年报》2015 年 8 月 15 日第 3 版。

　③ 《中利两国政府签署海运协定》，中国交通新闻网，2015 年 11 月 4 日，http：//www. mot. gov. cn/buzhangwangye/yangchuantang/zhongyaohuodonghejianghua/201511/t20151124_ 1932003. html。

　④ 贺鉴、庞梦琦：《论中非海上通道合作——以国际政治经济学为视角》，《湘潭大学学报》（哲学社会科学版）2017 年第 3 期。

2. 海洋安全方面

由于海军建设能力有限、军备科技等发展水平不高，非洲国家目前在应对本地区所发生的海洋安全问题时往往力不从心。然而，非洲周边海域，尤其是索马里海域、几内亚湾、亚丁湾海域，又是海上恐怖主义、海盗、海上跨境犯罪问题极为严峻的地区。作为传统友好国家，中国有意愿、有能力、有责任帮助非洲国家增强其海上管辖和执法力量的建设，以帮助其提升海洋安全治理能力。根据2015年颁布的《中国对非洲政策文件》，中国将与非洲"加强情报交流与能力建设合作，共同提高应对非传统安全威胁的能力。支持国际社会打击海盗的努力，继续派遣军舰参与执行维护亚丁湾和索马里海域国际海运安全任务，积极支持非洲国家维护几内亚湾海运安全"[1]。为此，中国不仅通过资金支持非洲国家应对海洋安全威胁，自身也以实际行动参与到非洲海洋安全问题的治理中，与非洲国家共同维护周边海域的海洋安全与稳定。

第一，中国从资金和设备层面加大对非洲国家的军事援助。2016年，中国常驻联合国代表刘结一在联合国安理会上指出"中国还向沿岸国家提供反海盗物资和装备"[2]。这提升了非洲国家应对安全风险的能力，支持和帮助了非洲国家和地区组织提高自主维和维稳能力。

第二，中国持续在非洲相关海域开展维护海域安全的相关行动。一方面，中国持续在索马里附近海域以及亚丁湾海域开展护航行动。[3] 另一方面，中国积极在非洲海域开展反海盗打击行动。几内亚湾是海盗猖獗的地区，中国的海军舰艇也曾深受其害。2016年，中国常驻联合国代表刘结一在联合国安理会上就"呼吁国际社会协助几内亚湾地区国家打击海盗"[4]。为此，中国积极参与几内亚湾海盗打击的国际合作。

---

[1] 《中国对非洲政策文件》（白皮书），中国外交部，2015年12月，第23页。

[2] 《中国呼吁国际社会协助几内亚湾国家打击海盗》，新华网，2016年4月26日，http://www.xinhuanet.com/world/2016-04/26/c_1118735910.htm。

[3] 《林松添：安全、有序、有效推进中非合作可持续发展》，中非友好发展基金会网，http://www.chnafrica.org/cn/tzzn/11720.html。

[4] 《中国呼吁国际社会协助几内亚湾国家打击海盗》，新华网，2016年4月26日，http://www.xinhuanet.com/world/2016-04/26/c_1118735910.htm。

中方一直积极参与打击几内亚湾海盗的国际合作，为沿岸国家加强基础设施等能力建设提供帮助。

3. 海洋文化方面

随着中非海洋合作的进一步深入，中国与非洲国家的海洋文化项目也陆续展开，促进了中非海洋意识的提升和海洋文化的交流与融合。

2012 年，中国国家海洋局与教育部合作设立"中国政府海洋奖学金"项目，资助发展中国家的优秀青年来华攻读海洋相关专业的硕士或博士学位，旨在进一步拓展各国间的海洋合作与交流，为发展中国家培养海洋人才。截至 2018 年 5 月，中国政府海洋奖学金共招收了来自亚洲、非洲、南美洲等 27 个国家和地区的 119 名留学生来华攻读海洋相关硕士、博士学位，这些学生成为中非海洋合作的桥梁。与此同时，中国水产科学研究院淡水渔业研究中心作为中国向非洲提供技术支持的重要平台，已经连续 30 多年开设水产养殖技术培训班，为 100 多个发展中国家培训了 1000 多名渔业技术和管理人才，其中绝大多数学员都是来自非洲。此外，中国还多次举办 APEC 海洋空间规划培训班、发展中国家部级海洋综合管理研讨班、国际海洋学院海洋管理培训班、中非海洋科技论坛等多种形式的能力建设活动，为发展中国家的海洋工作者提供交流平台。

2014 年 12 月 16 日，中国与坦桑尼亚为庆祝中坦建交 50 周年，举办了"中非海上丝路历史文化展"项目。[①] 展览通过对中非丝绸之路的历史回顾，表达了中非延续几千年的友好交往历史，使非洲人民对历史的和现在的中国有了更深层次的认识，同时也为"一带一路"倡议向非洲延伸奠定了良好的舆论基础。这一系列的合作除了给各国带来了看得见的收益，更多的是带来了更大的预期收益。

4. 其他海洋领域

中非在海洋环境保护和海洋科技等其他的海洋领域也强化了合作。

---

① 《"牵星过洋——中非海上丝路历史文化展"在坦桑尼亚开幕》，人民网，2014 年 12 月 16日，http：//world. people. com. cn/n/2014/1216/c1002 - 26216760. html。

2012 年和 2016 年，中国分别与尼日利亚、莫桑比克和塞舌尔合作开展了大陆边缘的联合调查航次，密切了中国同非洲国家海洋研究机构和专家间的合作关系，增进了相互了解，是实施"南南合作"的重要体现。2014 年 12 月，马尔代夫出现淡水危机，中国国家海洋局第一时间派遣专家组参与应急技术援助工作。中国支持佛得角的海洋经济发展，为佛得角在编制海洋产业园区规划方面提供帮助。中国还与太平洋岛国瓦努阿图签署了双边海洋领域合作文件，与牙买加共建了首个海洋环境联合观测站。

第二节　中非海洋合作的重要意义与国际贡献

中非海洋合作经历了悠久的历程，取得了丰硕、辉煌的成就。这些成就对于中国与非洲国家双方而言意义重大，为中非双方的经济发展、社会进步、国际地位的提高都起到了高度的促进作用。从国际意义来看，中国与非洲国家作为发展中国家，双方的海洋合作也成为"南南合作"的典范，更为进一步推进全球海洋新秩序的建立和推动全球海洋治理的进程做出了巨大贡献。

一　中非海洋合作对中国的意义

新时代中非海洋合作的不断深化对于加快中国"海洋命运共同体"倡议的进程具有重要意义。具体来看，主要体现在通过海洋合作来维护中非之间的友好关系、提升中国的海洋实力、维护中国新时代的海洋权益以及提高中国国际形象等方面。

（一）维护中非友好关系

中非的海洋合作有助于维护双方的友好关系。从历史层面来看，汉代中国与非洲国家之间就开始进行海洋交流，宋元时期达到海洋交流的顶峰，由此可见中非之间由于海洋的联系而拥有着深厚的友好合作基础。步入新时期的中国，由于国家战略与国家利益的考量，中非之间通过大量的海运合作与海洋项目维持友好关系，双方不仅在海洋经济范畴建立合作关系，更是通过海洋政治领域的互助来增强战略互信。在未来，中非之间的海洋合作将会在外交、经济、卫生、环境、能源等领域多维度展开。中非之间的海洋合作旨在维护海洋传统与非传统安全，推动双方海洋可持续发展，契合了双方共同的海洋利益，因此中非之间的海洋合作具有广阔的发展前景。从历史溯源到未来展望，中非之间的海洋合作都将持续推进，伴随着中非海洋合作的发展，中国与非洲国家之间将会深化"蓝色伙伴关系"，以维护共同的海洋利益为目标，坚持海洋可持续发展，在相互尊重、合作共赢的基础上增进战略互信并建立长久的友好伙伴关系。

（二）提升中国的海洋实力

中非的海洋合作有利于提升中国的海洋实力。中国的海洋实力可以划分为以政治、外交、军事为主的海洋硬实力和以海洋经济和海洋文化为主的海洋软实力。从硬实力角度来说，中非之间海洋合作有利于增强地区间政治互信，扩大了中国的地区影响力，提升了中国在海洋合作领域的国际地位。另外中非之间在海洋安全领域的军事合作有力地打击了地区犯罪势力、保障了人民的生命财产安全、维护了海洋航道的安全，也加强了中国海军维护海上安全与海上联合作战的能力。从软实力的角度来看，中非之间的海洋合作带动了双方海洋经济发展的步伐，提升了中国的综合经济实力。中非海洋经济合作的重点领域在于海洋渔业合作、港口合作、海洋能源和海洋通道合作等方面。与非洲国家合作有利于优化中国海洋经济结构，培育海洋经济的新发展动力，拓展新的海洋经济增长点、扩大国民就业范围、促进中非之间的海运与经贸联系。另外中非之间的海洋合作还有利于中国海洋文化的丰富与传播，通过政府与非政府间的海洋文化交流活动使非洲人民对于中国发展有了更深层次的认识。这一系列文化领域的合作有利于构建中国的新型海洋观，宣扬中国和谐海洋的文化特质，并极大地提升了中国的海洋软实力。

（三）维护中国海洋权益

中非的海洋合作有利于维护中国的海洋权益。历史上的中国长期以"内陆国"自居，忽视了海洋权益的维护，而中非之间逐步深入的海洋合作关系有利于中国加快海洋利用与开发。非洲各国拥有大量的自然资源与能源，若与非洲在能源运输、港口建设以及基础设施等领域建立合作关系，那么非洲丰富的陆地与海洋资源可以通过海运的方式运送到中国来，有效地减轻中国能源进口与能源消费的压力。另外中国还积极参与非洲海域的巡航护卫以及军事演习，有效地保障了中国在该地区航运与商贸船队的安全，维护了中国船员与当地人民的生命财产安全。中国正处在构建"21世纪海上丝绸之路"的关键时期，而"21世纪海上丝绸之路"是中国海洋权益的延伸。非洲是"21世纪海上丝绸之路"的重要辐射区域，加强与非洲各国的海洋合作有利于实现中国的经济发展利益、加快海洋战略实施的步伐，更有利于强化国家的海洋权益意识，符合国家可持续发展的利益诉求。

（四）提升中国国际形象

中非之间的海洋合作有利于提高中国的国际形象，加强中国的国际地位和国际影响力。当今世界正处于"百年未有之大变局"，而新时代中国的崛起也更是面临着多重因素的挑战。在此背景之下，中国亟须树立大国的国际形象，并不断提升中国的国际影响力。中非海洋合作是提升中国国际形象极为关键的切入点，有利于营造中国负责任、睦邻友好、互利共赢的大国形象。当前，非洲国家已经成为中国在国际社会上的有力支持者，非洲国家已经成为促进世界和平与发展的重要国际力量。因此中国与非洲国家加强海洋合作在维护双边关系、促进双方发展的同时更体现出中国积极参与全球治理与全球合作的决心，彰显大国情怀与责任意识。从2019年开始，中国致力于构建"海洋命运共同体"倡议，而中非之间的海洋合作就成为"海洋命运共同体"的重要载体，是中国建立和谐海洋秩序的重要实践。在今后的发展进程中，中国将继续保持积极的姿态参与和塑造现有的国际海洋秩序，从而进一步提升广大发展中国家在海洋秩序中的话语权。

二 中非海洋合作对非洲的意义

中非海洋合作对于非洲国家而言意义深远。非洲国家与中国开展海洋合作以来，获得了丰富的海洋经济收入，海洋经济得到大幅增长，海洋资源得以合理、良好的利用。与此同时，中国对非的海洋合作还有利于非洲国家维护地区和周边安全，尤其是沿海国家的海洋安全。最后，中非海洋合作使非洲国家海洋科技得以进步，非洲国家的就业率得以提升，人民生活水平得以提升。非洲国家的社会事业获得极大发展。

（一）助力非洲国家的经济增长与可持续发展

非洲大陆作为发展中国家集中的地区，由于长期的种族冲突、恶劣的热带环境、落后的医疗及工业化水平，一直以来是落后、贫穷的代名词。为此，非洲国家正努力逐步向工业化转型，并纷纷将促进经济增长与可持续发展、实现减贫作为国家和地区发展的重要任务。中非海洋合作有助于非洲实现这些目标。

一方面，中非海洋合作为非洲国家带来了极为可观的经济收入。在与中国的渔业、港口、海运等经济领域进行合作的过程中，非洲国家获得了可观的财政收入。与此同时，中国对非洲所投资的港口、渔业等海洋基础设施项目也在非洲国家得到高度利用，为非洲国家创造了极高的经济收入。非洲的进出口贸易额得以大幅提升，非洲经济得以快速发展。

举例来看，中国水产有限公司在塞内加尔累计投资 5100 万美元，有力地促进了当地经济发展。[①] 2017 年底，中埃·泰达苏伊士经贸合作区吸引了中外企业 68 家，实际投资额超 10 亿美元，年总产值约 8.6 亿美元，销售额约 10 亿美元，上缴埃及税收 5000 多万美元，带动埃及对外出口 2.6 亿美元，有力地促进了埃及的经济发展。凡此种种，中国与非洲合作进行的海洋项目为非洲国家带来了可观的经济收入。

---

① 《中非渔业合作三十载 互利共赢成果显著》，中华人民共和国农业部，2016 年 1 月 27 日，http://www.xinhuanet.com/politics/2016-01/27/c_128676175.htm。

　　另一方面，中国推动非洲海洋经济发展并非仅仅是为了经济增长，而是在促进非洲经济增长的同时也推动了非洲海洋的可持续发展。"21世纪海上丝绸之路"框架下的中非海洋合作，是以实现绿色合作为目标的；中国与非洲所建立的"蓝色伙伴关系"，是以实现海洋可持续发展为目标的。这些都要求中非在开展海洋合作的过程中注重海洋环境的保护和海洋治理的重要性。为此，在发展经济合作的过程中，中国也最大限度地保护了非洲的海洋环境，中国新型海洋科技的投入和使用使得非洲海洋资源的利用率得以提高，减少了资源的浪费，节省了成本，促进了非洲海洋产业的升级。

　　（二）促进了非洲国家的社会发展

　　中非海洋合作大力促进了非洲国家的社会发展。第一，在中国与非洲的海洋合作的过程中，中方为非洲投资兴建了海洋事业必需的基础设施，这些基础设施有力地促进了非洲国家社会生活设施的完备。如中国为非洲投资兴建冷库、码头、渔业加工厂、港口等基础设施，促进了非洲海洋基础设施的完善。其中，在海洋渔业合作中，福州宏东远洋渔业有限公司采取投资入渔模式，在毛里塔尼亚投资1亿多美元，建设集水产品加工和增值项目于一体的渔业基地，已经成为中毛渔业合作的典范。[①] 第二，促进非洲社会的减贫。目前，非洲仍有近4亿贫困人口，减贫和脱贫是非洲国家最重要且最艰巨的任务之一。[②] 中非海洋贸易合作，促成中非海洋经贸合作区项目、渔业设施、港口、海运基础设施建设项目、工业园区项目的落地，大幅度地吸收了非洲当地民众就近就业，增加了民众收入，改善了其生活水平，很大程度上促进了非洲国家实现社会减贫目标。第三，中国对非开展的海洋教育和海洋技术培训活动很大程度上提高了非洲民众的海洋认知能力和海洋技能水平，

---

① 《中非渔业合作三十载 互利共赢成果显著》，中华人民共和国农业部，2016年1月27日，http://www.xinhuanet.com/politics/2016-01/27/c_128676175.htm。

② 暨佩娟：《聚焦中非"十大合作计划"——减贫惠民合作深入实施》，《人民日报》2018年8月28日第3版。

使他们利用所学的知识技能实现了自身的社会价值，积极参与到本国的海洋事业中来。

（三）维护了非洲周边海域的安全

非洲周边海域均是全球海洋安全问题极为严峻的地区。非洲周边的重要海域，几内亚湾、波斯湾、红海、亚丁湾及直布罗陀海峡、莫桑比克海峡等均是全球重要的海洋通道或战略要塞，在这些海域，全球海上恐怖主义、海盗、海上跨境犯罪问题层出不穷。尤其是几内亚湾近些年来已成为非洲周边海盗活动极为猖獗的海域。根据国际海事局 IMB 发布的《全球海盗报告》统计数据显示，2020 年前 9 个月全球共发生了 132 起海盗袭击事件，这个数字明显高于上年同期的 119 起。而且约有 95% 的绑架事件来自几内亚湾水域，相比 2019 年增长了 40%，另外，该地区的海盗团伙组织严密，并在大范围内针对所有类型的船只。① 这些复杂且棘手的海洋安全问题给非洲国家带来了极大的挑战，但非洲国家用以应对发生在其主权管辖海域的海盗、海上恐怖主义等非法行为的海上执法力量往往处于捉襟见肘的状态。从亚丁湾到几内亚湾，非洲沿海国家对本国海域的治理遭遇了极大挑战，靠本国力量几乎无力应对。② 中国帮助非洲国家增强其海上管辖和执法力量的建设，可以使非洲国家在相当大的程度上节省独自应对海洋安全问题时所花费的成本，减轻成本压力，同时也提升了非洲海洋安全问题治理的有效性。与此同时，中国同非洲开展的共同打击极端势力、进行联合军事演习、海上护航合作等海洋军事行动，强化了非洲国家与其他海洋大国的海洋安全互动，也有利于稳定非洲周边海域的安全局势，为构建和平、安宁的区域海洋安全秩序创造了条件。

---

① International Maritime Bureau, "IMB's Piracy Report: 132 Attacks since Early 2020", http://www.sogou.com/link? url = hedJjaC291MtwexaOK7ZE91Wo65DLKfeKomIkWplq48Yuq0rmD4XPCp9SUnmpXWEk0 _ zq9apBagc2qpntxCK – hgS8u3ZSt0RoVR _ JvM37kYzaK3b – W9QZaQagNvTuWo – d2vNNrzqQtKdUWRRTSIKp63mlRzfPLR2&query = Global + Piracy + Report + 2020.

② Paul Musili Wambua, "Enhancing Regional Maritime Cooperation in Africa: The Planned End State", *Africa an Security Review*, Vol. 18, No. 3, July 2010, p. 49.

三 中非海洋合作的国际贡献

中非海洋合作是南南海洋合作的典范，既有利地推动了国际海洋新秩序的建立，又推动了全球海洋治理的进程加快。

（一）推动国际海洋新秩序的建立

国际海洋秩序的发展是伴随着西方霸权建立起来的。从中世纪新航路开辟开始，世界范围内陆续出现了西方海洋强国，他们控制着全球海洋秩序。21世纪以来，国际海洋秩序仍然受到美国、日本、欧洲等控制，虽然新兴国家和发展中国家的国际海洋地位有所提升，但是新的国际海洋秩序形成仍然任重道远。目前来看，全球范围内的各个海洋和海域，太平洋、印度洋、地中海，到处都是大国角逐的竞技场，在非洲海域亦是如此。这样的国际海洋秩序损害了发展中国家的利益，发展中国家一直在致力于建立新的以公平公正为核心特征的国际海洋新秩序。中非海洋合作在很大程度上提高了非洲国家的整体实力，提高了非洲大陆的国际地位，对国际海洋旧秩序形成了一定的冲击。中国将继续强化与非洲国家的海洋合作，不断提升发展中国家的海洋话语权，共建公正合理的国际海洋新秩序。

（二）为"南南合作"提供新模式

"南南合作"主要表现为发展中国家之间的贸易、投资、技术转移和一体化趋势。发展中国家的经济和技术条件较为相似，可以通过互助与合作实现共赢。在海洋领域，就表现为发展中国家开展的海洋经济技术合作。中国与非洲是重要的战略伙伴关系，在海洋合作中取得了丰硕成果，中非海洋合作不仅把中非关系推向了一个新的台阶，也促进了发展中国家的长远进步。

"南南合作"的目标在于提高发展中国家的自主发展能力、促进本国在国际上的外交开展、努力提升自身采纳和运用新技术的能力、让更多的发展中国家在国际上拥有话语权等。中非海洋合作在一定程度上实现了这些目标。作为世界上最大的发展中国家，近年来，中国的海洋事业取得了长足发展，因此中国有责任带动其他发展中国家的海洋事业发展。中国始终把非洲国家当成和自己地位平等的伙伴，打破传统的以援助观念为核心的固定模式，从平等互利、双边合作出发，积极地"授之以渔"，通过经验的交流、技术和资源的共享、国家互补优势的形成，为非洲国家提供良好的海洋技术以促进其自主海洋能力的建设。

（三）推动全球海洋治理进程

21世纪以来，随着全球海洋利用程度的空前提高，越来越多的海洋问题凸显出来。海洋冲突与争端、海洋渔业和油气资源日渐枯竭、北极冰川融化、海盗日益猖獗等海洋问题越发严峻。全球海洋问题呼吁全球海洋治理。目前，国际社会纷纷认识到全球海洋治理的重要性和紧迫性，全球海洋治理进程已经成为人类目前必须重点推进的重要课题。中国与非洲的海洋合作在很大程度上推动了全球海洋治理的进程。目前，中国与非洲国家都对推动全球海洋的治理表达出了积极意愿，《中非合作论坛—北京行动计划（2019—2021年）》多次提及海洋。中国与非洲在海洋经济、海洋安全、海洋文化、海洋科技、海洋环境保护等各个领域的海洋合作，对形成公正合理的国际海洋政治关系，发展全球可持续性蓝色经济，推动"海洋命运共同体"的实现和全球海洋生态环境的改善都具有重要意义，[1] 这些都是全球海洋治理的重要部分，将为推动全球海洋治理做出积极贡献。

---

① 贺鉴、王雪：《全球海洋治理视野下中非"蓝色伙伴关系"的建构》，《太平洋学报》2019年第2期。

第二章 新时代中非海洋合作的机遇与挑战

新时代中非海洋合作存在诸多机遇，主要包括：全球海洋治理的新形势为中非海洋合作提供了良好的客观环境；中非参与全球海洋治理的意愿和能力不断提升；中非海洋战略的契合度不断增强。与此同时，新时代中非海洋合作也面临中非海洋合作因功能性失衡而导致"畸形发展"，中非海洋合作面临话语困境以及西方国家借中非合作对中国进行污蔑，海洋大国竞争加剧给中非海洋合作带来了负面影响，全球海洋问题给全球海洋治理机制带来了严重的问题和挑战。

第一节 新时代中非海洋合作的机遇

中国与非洲海洋合作拥有较大的发展空间是当下时代发展所提供的难逢机遇。从中非海洋合作的外部环境、合作意愿和发展能力来看，中非海洋合作都有新的机遇。这主要是因为以下几方面：全球海洋治理的新形势为中非海洋合作提供了良好的客观环境，中非参与全球海洋治理的意愿和能力不断提升；中非海洋战略的契合度不断增强。

一 全球海洋治理的新形势为中非海洋合作提供了良好的客观环境

进入新时代，全球海洋治理出现了许多新形势。全球海洋治理的发展推进了中非海洋合作的进程，全球海洋问题的复杂化、多变性等特征为新时代中非海洋合作提供了机遇，总体来说为中非海洋合作提供了良好的外部环境，推动了新时代中非海洋合作的进一步深化。

（一）全球海洋治理的发展推进了中非海洋合作的进程

全球海洋治理主体和客体具有强大推动力，为加速中非海洋合作的进程提供了良好的机遇。

1. 全球海洋治理主体的推动力

全球海洋治理的出现意味着以主权国家行为体为主体的海洋治理模式发生了变化，仅凭单个国家的一己之力应对全球海洋问题已不太现实，需要变革治理路径，由单个国家治理转向国家间、区域间乃至全球层面的合作治理。① 中非海上安全领域的合作就是以主权国家为治理主体，采取国家间合作的方式展开海洋治理。国家依旧是全球治理中最主要的推动力，国家之间能否形成互动合作，主要还是由主权国家来决定的。此外，当前在海洋领域，尤其是非洲海域，众多海上非传统安全问题频发，仅凭主权国家一己之力根本无力应对如此复杂的海上安全形势，只有将各类社会组织、私人安保等其他非国家行为体的力量综合起来，形成合力，才能够从容应对各类海洋安全问题。

2. 全球海洋治理客体的推动力

全球海洋治理存在诸多方面的问题，出现了一定的治理赤字，诸如全球变暖与环境问题、能源开发与利用问题、恐怖主义与跨国犯罪等全球性挑战。② 这些挑战和威胁具有跨界性、流动性。由于主权国家的主权总是有界限的，这也导致一国难以应对出现在公海、海底、天空等全球公域的问题和威胁。因此这些都需要打破常规意义上的主权国家界限，实现区域内甚至全球层面的联动治理。从这个层面来讲，全球海洋治理的客体所具有的表征导致了国家间的合作势在必行。

---

① 贺鉴、孙新苑：《全球海洋治理视角下的中非海上安全合作》，《湘潭大学学报》（哲学社会科学版）2018 年第 6 期。

② 赵义良、关孔文：《全球治理困境与"人类命运共同体"思想的时代价值》，《中国特色社会主义研究》2019 年第 4 期。

（二）全球海洋问题的复杂化、多变性等为中非海洋合作提供了机遇

全球海洋问题具有复杂性、多变性等特征，为中非海洋合作提供了绝佳机遇，主要包括以下几个方面。

1. 治理主体多元化有助于形成中非海洋合作的局面

当前全球海洋治理中传统海洋大国影响力下降，新兴海洋大国的地位不断上升，非国家行为体的作用日益凸显，国际非政府组织也日益深入地参与全球海洋治理。因此，全球海洋治理主体的多元化为作为新兴海洋大国的中国和非洲各国参与全球海洋治理和发展中非"蓝色伙伴关系"提供了机遇。正是因为全球海洋治理主体越来越多元化，中非之间在海洋领域的合作也越来越多样、丰富，从传统的与非洲国家联合执法、海上维和到现如今中非合作进行海底资源开发、海上港口建设、海上通道安全维护等多元内容，更加丰富和强化了中非海洋合作的新局面。

2. 全球海洋治理对象的复杂性倒逼中非强化海洋合作

同时，全球海洋治理客体的复杂化也在某种程度上为中国和非洲参与全球海洋治理、开启海洋领域深度合作提供了契机。当今全球海洋治理新问题不断涌现，海洋治理新疆域的出现加剧了全球海洋治理客体的复杂性。在这种情况下，全球海洋善治的实现比以往任何时候都迫切地需要双边和多边共同努力。国际社会需要中国参与全球海洋治理，也欢迎中国与非洲的海洋合作，为全球海洋治理贡献更多来自双边与多边合作的智慧和力量。

二　中非参与全球海洋治理的意愿和能力不断提升

近年来，随着中国与非洲参与和塑造国际体系、参与全球海洋治理的意愿和能力不断提升，中非海洋合作的能力基础也在不断巩固，为中非海洋合作提供了良好机遇。

（一）中国参与全球海洋治理的意愿和能力不断提升

进入 21 世纪，随着中国的崛起和海洋战略的提出与发展，中国参

与全球海洋治理的意愿和能力得到了较大程度的提升，主要包括以下几个方面。

1. 中国参与全球海洋治理的意愿强烈

20 世纪末至 21 世纪前十年，由于综合国力和国际地位的限制，中国在国际体系和国际事务上呈现被动参与的状态。党的十八大以来，随着中国国际话语权的不断提高和中国特色大国外交影响力的不断上升，中国积极参与和塑造国际体系的意愿和能力不断增强，并逐渐参与到全球海洋治理的过程中。2018 年全国海洋工作会议上，中国决定要强化全球海洋治理的参与度，构建与他国的"蓝色伙伴关系"。同时，中国积极与包括非洲地区在内的众多国家进行海洋合作，通过多种途径发展与其他国家的海洋"蓝色伙伴关系"。① 此外，中国在与非洲携手打击索马里海盗和全球海洋生态的治理中表现积极，日益主动地参与到全球海洋治理进程之中，为中国更深入地参与全球海洋治理和强化中非海洋合作奠定了经验基础，提高了中国在全球海洋治理事务中的话语权和国际地位。

2. 中国参与全球海洋治理的能力和经验得到提升

实际上，自 21 世纪开启中非合作论坛以来，中非各方在海洋领域的合作日渐增多。《中非合作论坛—沙姆沙伊赫行动计划（2010—2012年)》商讨了中非在诸如东北非、亚丁湾和索马里海域的海上通道航行自由与安全的合作问题；《中非合作论坛—北京行动计划（2013—2015年)》重申了双方在海运、海关以及同索马里、非盟与相关非洲次区域组织的海洋合作；《中非合作论坛—约翰内斯堡行动计划（2016—2018年)》使双方就加强海上基础设施、海洋经济、海外贸易、海上安全等领

---

① 中国在 2017 年 6 月联合国首届"海洋可持续发展会议"上正式提出"合作建立开放包容、具体务实、互利共赢的'蓝色伙伴关系'"的倡议。在同期发布的《"一带一路"建设海上合作设想》官方文件中，也多次就建设"蓝色伙伴关系"（Blue Partnership）进行阐释。2017 年 11 月，中国与葡萄牙签署文件，共建"蓝色伙伴关系"。2018 年 7 月 16 日，中国与欧盟签署《中华人民共和国和欧洲联盟关于为促进海洋治理、渔业可持续发展和海洋经济繁荣在海洋领域建立"蓝色伙伴关系"的宣言》。

域的合作上进一步达成共识；《中非合作论坛—北京行动计划（2019—2021年）》也明确强调了进一步释放双方蓝色经济合作潜力，促进中非在海上港口、海上执法和海洋生态建设等方面的合作。这些在中非合作论坛框架下的重要成果见证了中非伙伴关系的稳步推进，同时也彰显了中非海洋合作的共同需求和巨大潜力。

（二）非洲参与全球海洋治理的意愿和能力不断提升

一方面，非洲国家参与全球海洋治理的意愿不断增强，为应对非洲多边复杂的海洋安全局势奠定了基础。另一方面，非洲国家参与全球海洋治理的能力得到提升，为双方在海洋事务上的合作奠定了良好的基础。

1. 非洲国家参与全球海洋治理的意愿增强

非洲地区和相关国家参与全球海洋治理的意愿随着时代发展而不断增强。伴随着全球海洋资源的开发和海上划界矛盾的增加，非洲国家也注意到自身海洋权益的维护问题。因此，从20世纪50年代开始，非洲国家就一直积极地参与全球海洋事务。历次海洋法会议，非洲国家都积极参与其中，并提出有相当影响力的建议。此外，非洲国家还成立了诸如非洲联盟（African Union）、几内亚湾海上安全委员会（Commission of the Gulf of Guinea on Maritime Safety and Security in the Gulf of Guinea）、非洲海事安全和安保机构（African Maritime Safety and Security Agency）等多个海洋治理机制，以此来应对非洲多边复杂的海洋安全局势。

2. 非洲国家参与全球海洋治理的能力得到提升

非洲国家一直以来都积极参与全球海洋秩序、法律规则的制定过程，如当前国际海洋制度——《联合国海洋法公约》（以下简称《公约》）及该框架下的一系列制度和法律安排。20世纪50年代，利比里亚等非洲六国在第一次联合国海洋法会议上提出有关领海宽度、公害污染、专属经济区划分等问题的建议，得到了广泛认可。2017年12月，联合国大会通过了南非关于海洋环境、海洋安全、海上能力建设与和平解决争端的提案。2018年9月，非洲国家在联合国发起了一项关于"保护公海及资源条约"的谈判过程中，提出公海利益共享。此外，非洲国家还积极参与到诸如国际海事组织（International Maritime Organization）、国际海底管理局（International Seabed Authority）等多边海洋治理机制中来。[①] 中国和非洲在参与全球海洋治理进程中的意愿和能力的不断提升，为双方在海洋事务上的合作奠定了良好的基础。

三　中非海洋战略的契合度不断增强

以"蓝色伙伴关系"倡议、"海洋命运共同体"倡议、海洋强国战略思想、新"海洋观"、"21世纪海上丝绸之路"等为代表的中方主要海洋战略与政策，和非洲联盟2050年综合海事战略（2050AIMS）、非洲联盟（AU）《2063年议程》与2016年《洛美宪章》等海洋战略与政策在指导思想、内容框架、发展目标等方面高度契合。

（一）中国海洋战略与政策的主要内容

中国海洋战略和政策主要包括"蓝色伙伴关系"倡议、"海洋命运共同体"理念、海洋强国战略、新"海洋观"以及"21世纪海上丝绸之路"。中国海洋战略和政策与时俱进，为推进中国积极创设新的海洋话语平台提供了新的契机，使中国可以更深入地参与海洋事务。

1."蓝色伙伴关系"倡议

2017年6月，中国提出了构建"蓝色伙伴关系"的倡议并与欧盟等签署了相关协议。该倡议的主要目标在于应对全球海洋变化过程中的海上非传统安全问题。[②] 21世纪以来，全球海洋治理取得了一定成就，但国家间政策分歧与利益冲突的普遍存在使全球海洋治理的效果大打折扣。如何在最大程度上聚合相关国家的利益分歧是未来全球海洋治理面临的重要课题。从这个层面而言，中非"蓝色伙伴关系"的构建不仅是全球海洋治理的中国方案和中国实践表现，也是实践全球

---

① 郑海琦、张春宇：《非洲参与海洋治理：领域、路径与困境》，《国际问题研究》2018年第6期。

② 吴磊、詹红兵：《全球海洋治理视阈下的中国海洋能源国际合作探析》，《太平洋学报》2018年第11期。

海洋治理理论的重要路径。

2. "海洋命运共同体"理念

当前海洋治理中主体的单边主义普遍存在，一些国家基于自身海洋利益的考虑选择"搭便车"，以逃避在全球海洋治理中应承担的责任，这些现象的出现严重影响了全球海洋治理的效果。中非海洋文化合作不仅是中非"蓝色伙伴关系"的重要组成部分，也将对在全球治理层面实现"海洋命运共同体"起到示范作用。目前，中非达成了包括"政府间文化合作协定"在内的多项协议，双方文化合作与交流机制逐渐完善，为中非加强海洋文化合作提供了良好的制度保障。

3. 海洋强国战略

在 2013 年中共中央政治局第八次集体学习时，习近平主席提出要建设海洋强国，此后又在十八大报告中将海洋强国战略思想进行了系统化的丰富和完善。海洋强国战略是基于当前中国所面临的复杂国际海洋形势和国内内生发展动力不足的情况提出的，因此，面对国内外双重压力，海洋强国是以"五位一体"和"四个全面"为总指导思想，加快推进海洋经济、科技、资源、文化、生态等多领域、全视角的发展，[①]实现谋海济国的宏伟蓝图。不难看出，在中国海洋强国战略的指导下，中非将进一步认知海洋、利用海洋、建设海洋生态文明、有效管控海洋、推动和谐海洋建设。在此过程中，也会加快建设中国特色的海洋强国。目前，国际社会对中国海洋强国建设的曲解仍不绝于耳，中非之间的海洋合作以实践表明中国海洋强国建设的和平性、合作性以及和谐性的坚定立场。因而，海洋强国战略思想对中非海洋合作具有重要的指导意义，中非海洋合作的实践也有利于海洋强国战略思想具体目标的实现。

4. 新"海洋观"

和平、合作、和谐是新海洋观的核心意涵。在新"海洋观"指导

---

① 吴磊、詹红兵：《全球海洋治理视阈下的中国海洋能源国际合作探析》，《太平洋学报》2018 年第 11 期。

下，中非之间海洋政治合作有利于建构更为公平合理的国际海洋政治关系，为后发型海洋国家赢得了更多的话语权。深入开展中非蓝色海洋经济合作不仅是推动双方"蓝色伙伴关系"构建的利益基础，同时有助于实现全球蓝色海洋经济可持续发展与包容性增长。因而，在新"海洋观"指导下，中非经济海洋合作有利于全球蓝色经济可持续发展。比如，不断创新中国与非洲海洋生态与环境保护合作模式：参与国际涉海组织对非洲的海洋开发与保护能力建设，如沿海、海岛、离岸海洋保护区建设；政府支持下的企业和投资机构对非直接投资，涵盖海洋重大工程、海洋产业化开发项目等。

5. "21 世纪海上丝绸之路"

"21 世纪海上丝绸之路"作为中国参与全球海洋治理的重要抓手，也给中非"蓝色伙伴关系"的建构注入了新的动力。一方面，"21 世纪海上丝绸之路"的推进将有力推动涉海国际合作全方位的展开，进一步提升其在国际双边和多边海洋治理体制中的地位，它还为中国参与全球海洋治理创造了更多的机会和条件。非洲是"21 世纪海上丝绸之路"的自然延伸，对"一带一路"表现出了较高的参与热情，应当成为中国"蓝色伙伴关系"倡议的重点关注对象。另一方面，"21 世纪海上丝绸之路"本着"共商、共建、共享"的原则，倡导全方位、高层次、多领域的"蓝色伙伴关系"，[1] 为实现世界范围内的海洋可持续发展做出贡献。此外，"21 世纪海上丝绸之路"为推进中国积极创设新的海洋话语平台提供了契机，使中国更深入地参与海洋事务，不断增强了中国在全球海洋治理和中非"蓝色伙伴关系"中的能力建设。

（二）非洲海洋战略与政策的主要内容

非洲通过制定非洲联盟 2050 年综合海事战略（2050 AIMS）、非洲联盟（AU）《2063 年议程》、2016 年《洛美宪章》、非洲主要沿海国的海洋战略与政策等海洋战略政策，增强了自身发展海洋的战略政策基

---

① 楼春豪：《中国参与全球海洋治理的战略思考》，《中国海洋报》2018 年 2 月 14 日第 2 版。

础。在此基础上，中非海洋合作将在非洲沿海国家的自身海洋利益发展特征和非洲海洋国家的发展意愿之上进一步展开。

1. 非洲联盟 2050 年综合海事战略（2050 AIMS）

非洲联盟 2050 年综合海事战略于 2015 年 1 月通过，是非盟成员国海洋治理和更大范围区域合作的框架。它将安全与非洲海事部门的经济潜力联系起来（如港口基础设施、造船、旅游、石油和天然气、水产养殖、渔业和可再生能源），突出了具体问题领域（如海盗、非法捕鱼、海洋污染及防御），强调非盟成员国共享海上机会和共面事实挑战，并呼吁要更加注重海上研究和能力建设。非洲联盟 2050 年综合海事战略确定了非洲海洋领域"创造财富的巨大潜力"的主要前提，表达了对与海洋有关的关注以及几乎所有非洲国家都面临的问题，即海上非法活动的多元化，包括海上倾废、处理非法原油、武器和贩毒、贩运人口和海上走私、海盗和武装抢劫、能源开发、气候变化、环境保护和保护与安全海上有关的生物和财产。①

2. 非洲联盟（AU）《2063 年议程》

非洲联盟（AU）《2063 年议程》（以下简称《2063 年议程》）也认识到了海洋经济可以为增长和发展做出重大贡献。《2063 年议程》中明确提到，要全面、可持续发展繁荣的非洲，发展非洲特色的自然资源、环境和生态系统，其中包括野生动物和野地荒地的可持续发展以及积极适应气候变化的经济和社区等。并强调不断寻求与其他地区和大陆建立互利关系和伙伴关系，在伙伴关系中加强双边共同关心的话题达成更多一致。可以预见，在《2063 年议程》的框架下，中非海洋合作和伙伴关系也将得到进一步加强。

3. 2016 年《洛美宪章》

非盟支持更健康的海洋承诺是积极的，因为非洲海洋的可持续利用是非洲社会经济转型的重要组成部分。这一概念在 2016 年《洛美宪

---

① Satgar Vishwas, *The Climate Crisis: South African and Global Democratic Eco-socialist Alternatives*, Johannesburg: Wits University Press, 2018.

章》中也很明显，将健康的海洋与安全和发展联系起来，制定西非、东非和南部非洲更具体的海上发展战略。宪章强调要通过多边治理平台对非洲海洋环境建设作出实质性的举措。① 此外，在《洛美宪章》框架内各国应当积极发展海洋经济，着力提升海产品深加工的技术，最大限度地提升海产品的附加值，同时促进就业与社会稳定。②

4. 非洲主要沿海国的海洋战略与政策

此外，以肯尼亚、毛里求斯、尼日利亚、南非等为代表的非洲国家的海洋政策也体现出了明显的海洋合作需求。中国与肯尼亚可在"21世纪海上丝绸之路"框架下，进一步促进中国"海洋强国建设"和肯尼亚"2030年愿景建设"的结合，逐步建立"蓝色伙伴关系"。根据相关数据统计，内陆国家的运输成本要比沿海国家总体高出55%。此外，经统计，非洲国家由于内陆的交通基础设施建设落后，导致其比拉美和亚洲其他发展中地区的运输成本要高出很多。对此，发展海上港口即交通基础设施对非洲沿岸国家来说显得尤为重要。肯尼亚在对接中国"21世纪海上丝绸之路"战略过程中，就很好地发挥了港口合作在中非合作中的作用。蒙巴萨港是肯尼亚唯一的深水海港，并且可以通向卢旺达、乌干达和布隆迪、刚果、苏丹等经济腹地，其辐射面积极广，是非洲东海岸上的重要海港。③ 尽管该港口拥有广阔腹地作为其未来发展可支撑的空间和市场，但是蒙巴萨港的总体运营效果仍低于国际标准，它的集装箱处理量仅为德班港的1/4，仅占新加坡和香港的港口处理量的2%。这种低效率的运营方式导致蒙巴萨港不能很好地发挥出非洲东海岸重要港口的作用，因而与"21世纪海上丝绸之路"进行合作，采用中方先进的港口设施和运营技术，利用"21世纪海上丝绸

---

① 《非盟海事安全特别峰会通过〈洛美宪章〉》，新华社，2016年10月16日，http://www.81.cn/gjzx/2016-10/16/content_7303307.htm。

② 《非盟海事安全特别峰会通过〈洛美宪章〉》，新华社，2016年10月16日，http://www.81.cn/gjzx/2016-10/16/content_7303307.htm。

③ Victor Oyaro Gekara and Prem Chhetri, "Upstream Transport Corridor Inefficiencies and the Implications for Port Performance: A Case Analysis of Mombasa Port and the Northern Corridor", *Maritime Policy & Management*, Vol. 40, No. 6, May 2013, p. 562.

之路"加快推进蒙巴萨港腹地基础设施互联互通建设，以此提高蒙巴萨港的整体运营能力和吞吐量。由此，中国与肯尼亚的海洋合作就显得尤为必要。

毛里求斯从2014年开始将海洋经济纳入其国家发展计划。近年来，中毛在深挖双方海洋领域的合作潜力方面不断努力，两国在海洋领域的合作需求不断增加。因而，中非海洋合作不仅是实现《2063年议程》的需要，也是非洲一些国家海洋发展政策的要求。毛里求斯由于其特殊的海上地理位置，拥有230万平方千米的专属经济区，海洋渔业资源十分丰富，过去半个多世纪里，毛里求斯及其附属岛屿的海洋渔业总量为682392吨，但由于毛里求斯的捕捞作业技术更新缓慢，渔民多采取对海洋环境破坏度极高和非可持续的捕鱼方式，主要是使用炸药捕鱼和细网捕捞，① 这给毛里求斯海洋渔业的可持续经济发展带来了较大问题。未来中国与毛里求斯可就海洋渔业发展、海捕技术、海洋生态环境保护等领域充分展开合作。

南非对外贸易95%以上是通过海运来完成的，为了更好地发展南非海洋贸易与保护来往商船的航行安全，南非于2003年就颁布了《海事宪章》，《宪章》计划到2014年将南非发展成为世界前35的海事大国之一，同时《宪章》呼吁制订具有明显保护主义色彩的南非货物运输计划，这些计划线路力求通过南非港口，并由南非的船只运输，以此提升南非的海洋贸易量和贸易总价值。② 2014年，南非宣布展开"帕基萨行动"（Operation Phakisa），重点关注南非广阔海域的经济利益，以刺激南非的蓝色经济发展，重点发展海洋运输和制造业、沿海的油气资源开发、水产养殖以及海洋生态保护和海洋治理。③

---

① Boistol, Lea, et al. , "Reconstruction of Marine Fisheries Catches for Mauritius and Its Outer", *Fisheries Centre Research Reports*, Vol. 19, No. 4, 2011, pp. 125 – 126.

② Mihalis G. Chasomeris, "South Africa's Maritime Policy and Transformation of the Shipping Industry", *Journal of Interdisciplinary Economics*, Vol. 17, No. 3, April 2006, pp. 269 – 288.

③ Jo-Ansievan Wyk, "Defining the Blue Economy as a South African Strategic Priority: Toward a Sustainable 10th Province?", *Journal of the Indian Ocean Region*, Vol. 11, No. 2, August 2015, p. 155.

尼日利亚位于几内亚湾沿岸，海岸线长达 853 千米，其海陆地缘位置极为优越，通过发展西非海上贸易、海洋转口贸易等能获得巨大的海洋经济收益。截至 2019 年，尼日利亚占西非和中非地区海上运输总量和总价值的 60% 以上。尼日利亚主要根据 1982 年《联合国海洋法公约》管辖、治理其所属海域，并根据公约制定其国内海洋法律法规。1999 年《尼日利亚联邦共和国宪法》赋予了联邦政府对涉及该国领土主权、确定海洋边界、运输、航行、勘探、石油开采等事务的专属权利。此外，尼日利亚通过国民议会法案，使 1982 年《海洋法公约》国内化，并废除其制定的《专属经济区法》和《石油法》，以使公约在尼日利亚境内充分适用。[①] 此外，尼日利亚还在 2003 年通过《沿海和内陆航运（破坏）法》以及尼日利亚海事安全和管理局颁布的《2018—2019 尼日利亚海事行业预测：机遇与挑战并存》等文件，以此保护尼日利亚国内发展海洋经济，拓展海洋利益。

未来，非洲重点海域沿岸国家的海洋发展将呈现出海洋发展势头猛、拓展范围宽、海洋开发功能全、海洋治理迫在眉睫、海洋合作需求大等特征，中非海洋合作将基于非洲沿海国家的自身海洋利益发展特征和非洲海洋国家的发展意愿并进一步展开。

四 非洲经济的增长为中非海洋合作提供了经济基础

近年来，非洲大陆经济呈现了良好的发展态势，主要体现在经济持续增长、投资猛增、国家财政状况好转以及经济自主能力增强等方面。

（一）国外投资增长助力中非海洋合作

近年来，非洲国家的国外投资不断增长，经济基础不断增强。主要包括：外国直接投资（FDI）逐年增长和外国企业、私人投资不断增多，使得非洲成了世界上外国投资回报最高的国家，在一定程度上改

---

① Chinyere Anozie, et al., "Ocean Governance, Integrated Maritime Security and its Impact in the Gulf of Guinea: A Lesson for Nigeria's Maritime Sector and Economy", *Africa Review*, Vol. 11, No. 2, July 2019, pp. 190 – 207.

善了非洲的经济发展，为海洋经济和海洋科技发展奠定了基础。

1. 外国直接投资（FDI）逐年增长

来自中国、欧洲等地区的外国投资近年来不断增加，极大地改善了非洲国家自身的经济贫困面貌，也促进了非洲国家资源开发、产品贸易等经济活动的发展。[①] 2014 年，非洲的外国直接投资就达到了 800 多亿美元，同时 FDI 的投资目的地多位于尼日利亚、南非等国内社会稳定、政治情势明朗的国家。[②] 欧洲、中国、美国是对非直接投资的几个主要国家和地区。非洲国家自身的通信、金融等基础设施的逐渐完善对吸引外国直接投资（FDI）也起到了很大的助推作用。[③] 这其中，金砖国家组织（BRICS）和经合组织（OECD）是流入非洲的外国直接投资的主要来源。[④]

2. 外国企业、私人投资不断增多

近年来，随着非洲地区的不断开发，各类资源、市场、人力的优势开始不断显现出来。国外的企业、私人投资也随之不断增多。从分布地区来看，南非依旧是各类投资者的热土，主要是受到采矿业和原材料获取的驱动，因为南非是世界上最大的金、铂、铬的产地国。此外，投资者对北非的石油投资也十分有兴趣，诸如阿尔及利亚、埃及、利比亚、毛里塔尼亚等国都汇聚了世界各地的石油公司、勘探公司等大型能源型企业。根据海外私人投资公司（OPIC）的相关数据显示，非洲是世界上外国投资回报最高的地区，[⑤] 因此吸引了大批投资者到非洲

① Ivar Kolstadand Arne Wiig, "Better the Devil you Know? Chinese Foreign Direct Investment in Africa", *Journal of African Business*, Vol. 12, No. 1, March 2011, pp. 31 – 50.

② David Parkes, Barri Mendelsohn and Ofei Kwafo-Akoto, "Overview of Foreign Direct Investment in Africa", *King & Wood Mallesons*, Oct. 14, 2014, https: //www. kwm. com/en/uk/knowledge/insights/overview – of – foreign – diect – investment – in – africa – 20160101.

③ Muazu Ibrahim et al., "Networking for Foreign Direct Investment in Africa: How Important Are ICT Environment and Financial Sector Development?", *Journal of Economic Integration*, Vol. 34, No. 2, June 2019, pp. 346 – 369.

④ Samuel Adams and Eric Evans Osei Opoku, "BRICS Versus OECD Foreign Direct Investment Impact on Development in Africa", *Foreign Capital Flows and Economic Development in Africa*, New York: Palgrave Macmillan, 2017, pp. 147 – 161.

⑤ Justin Kuepper, "How to Invest in Africa", The Balance (Fall 2020), https: //www. thebalance. com/how – to – invest – in – africa – 1979046.

"开疆拓土"。

（二）非洲国家经济增长后劲足，为中非海洋合作提供了条件

非洲国家财政收入逐年递增、经济自主性不断增强为非洲新兴海洋经济的发展提供了新模式，大大促进了非洲海洋经济的增长。

1. 非洲国家财政收入逐年递增

非洲国家近年来通过发展资源经济、旅游经济、海洋经济等促进了其财政收入由负转正。以非洲旅游业为例，非洲旅游业近年来对非洲经济发展贡献巨大，由于非洲国家的统一规划，制定了明确的旅游发展目标，并将其纳入国家计划，同时促进了非洲旅游的区域一体化，努力打造非洲全域旅游模式，大大促进了非洲旅游经济的增长，成为非洲经济发展的新引擎。[①]

2. 非洲国家的经济自主性不断增强

自20世纪60年代非洲大陆独立以来，西方国家提供了大量经济援助的同时，也极大地损害了非洲国家的经济主权。近年来，非洲国家通过自主管理经济各领域的事务，与中国建立了平等、互助的伙伴关系，其自力更生，并在国内国际事务中拥有了更多的自决权，经济主权也得到了极大的巩固。[②] 非洲经济在推动经济多样化发展的同时，也不断利用自身的文化、旅游、能源等资源优势，将资源优势转换为经济优势，不断发展具有非洲特色的经济自主发展模式。[③] 非洲经济的增长为中非海洋合作提供了良好的经济基础。

五　非洲一体化程度的提高有利于深化中非海洋合作

非洲一体化进程有助于形成非洲地区和平稳定的安全形势，同时中国和非洲的各类区域性机制建立有助于中非海洋合作更加有序，通过

---

① Peter, U. C., Dieke, "Tourism in Africa's Economic Development: Policy Implications", *Management Decision*, Vol. 41, No. 3, April 2003, pp. 287 – 295.

② Anshan Li, "African Economic Autonomy and International Development Cooperation", *New Paths of Development*, Springer, Cham, pp. 43 – 53.

③ 杨立华：《非洲联盟十年：引领和推动非洲一体化进程》，《西亚非洲》2013年第1期。

多领域、多途径与多元化的形式实现非洲一体化进程，将能够更好地为中非海洋合作而服务。而中非海洋合作也可以推动非洲一体化进程的加速。

（一）非洲一体化进程有助于形成非洲地区和平稳定的安全形势

近年来，非洲产生的各类安全问题促使非洲国家"抱团取暖"，非洲诸多单个国家存在治理能力不足等问题，推动非洲一体化进程不断加快，有助于形成非洲地区和平稳定的安全形势。

1. 各类安全问题促使非洲国家"抱团取暖"

非洲地区共有 50 多个国家，各国经济发展水平、政治安全环境、自身海洋发展战略和海洋能力建设存在不同程度的差异。就经济而言，南非、埃及、尼日利亚等作为非洲主要经济体，能够为中非海洋合作提供较好的经济基础。就政治安全环境而言，非洲一些国家政局不稳，内部冲突与动乱多发，并产生"外溢"效应，给相关国家带来了影响。比如埃及、布隆迪、刚果、肯尼亚等非洲国家存在选举暴力多发带来的政局不稳现象，可能会影响建构中非海洋合作的连续性。以索马里等为代表的部分非洲国家常年面临着恐怖主义的威胁，也给该地区的安全与稳定带来了威胁。这些安全威胁迫在眉睫，迫使非洲国家之间加强合作，不断联合，不断形成区域一体化发展模式，如此，便增强了非洲国家集体应对的能力。

2. 非洲一体化有助于弥补单个国家治理能力不足等问题

此外，非洲地区大多数国家海洋管理能力欠缺，多数不具备完整的国家安全和国防能力，更不用说在非洲海域能够有多少能力对海上安全问题进行有效应对。目前，只有南非拥有一支完整的海军力量。[①] 在此背景下，非洲一体化不断增强有利于更好地推动中非海洋合作的点面结合，不仅减轻了中非海洋合作的难度，更有助于增强非洲国家单一的海洋治理能力和增强它们的海上力量。通过对非洲国家的海上力

---

① 刘立涛、张振克：《"萨加尔"战略下印非印度洋地区的海上安全合作探究》，《西亚非洲》2018 年第 5 期。

量进行定期培训、交流，使它们更加顺畅地融入区域机制中去，也有助于提升区域性海洋机制、组织的有效性，为更好地助力中非海洋合作而服务。

（二）各类区域性机制建立有助于中非海洋合作更加有序

一方面，各类区域组织的建立可以为中非海洋合作提供支持，如非盟（African Union）、非洲大陆自贸区（African Continental Free Trade Area）等，使得中非海洋合作平台机制更加完善。另一方面，各类机制、协定的签署可以为中非海洋合作提供规则服务，从而推动中非海洋合作更加有序。

1. 各类区域组织的建立为中非海洋合作提供支持

2002 年非盟（African Union）的正式成立标志着非洲一体化进程开始加速。非盟的前身是 1963 年成立的非洲统一组织（Organisation of African Unity），相较于非洲统一组织而言，非盟拥有更加强大的行政管理和内部运行机制，同时在干预非洲国家内部事务的过程中也拥有较大的权力。① 非盟自成立以来一直在努力寻求建立综合性的框架平台来推动治理非洲安全和发展问题。② 非洲大陆自贸区（African Continental Free Trade Area）是非洲地区和国家实现区域一体化的又一次重大进程。目前，非洲大陆自贸区几乎覆盖了整个非洲地区，其 GDP 总计将达到 2.2 万亿美元。③

2. 各类机制、协定的签署为中非海洋合作提供规则服务

除了现有的商品贸易流量将不断增大，《非洲自贸协定》的实施将为整个非洲大陆带来巨大的经济效益。具体表现为：资源分配的优化促进效率和生产率的提高，跨境投资流量的增加以及因技术转让而产生的收入增加。通过不断提高的海关程序效率，减少了广泛的基础设

---

① Mark Paterson, "The African Union at Ten: Problems, Progress and Prospects", *Center for Conflict Resolution*, August 2012, p. 18.

② 杨立华：《非洲联盟十年：引领和推动非洲一体化进程》，《西亚非洲》2013 年第 1 期。

③ Abrego, L., De Zamaróczy M. and Gursoy, T., et al., "The African Continental Free Trade Area: Potential Economic Impact and Challenges", International Monetary Fund, May 2020.

施差距并改善其商业环境，以此减少其他领域的贸易壁垒。这也标志着非洲大陆将迈向更加深入的一体化进程，非洲地区也有望成为自世界贸易组织（WTO）诞生以来缔结的最大的经济一体化协议。[①] 非洲大陆自贸区协议的签署及启动凸显了非洲国家希望通过经济一体化，以团结的力量迎接国际环境变化带来的挑战。[②] 通过多领域、多途径、多形式实现非洲一体化进程，将能够更好地为中非海洋合作而服务。

第二节　新时代中非海洋合作面临的挑战

中国与非洲的海洋合作也并非一帆风顺，在诸多领域和环节都面临着众多的问题和挑战。总体来说，中非海洋合作功能性失衡导致"畸形发展"、中非海洋合作面临话语困境、海洋大国的竞争加剧给中非海洋合作带来负面影响以及全球海洋问题和全球海洋治理机制带来不利影响等挑战，在一定程度上阻碍了中非海洋合作广度和深度的增加，对中非海洋合作造成了不利影响。

一　中非海洋合作功能性失衡导致"畸形发展"

中非海洋合作存在功能性失衡的问题，而这一重要问题直接导致中非海洋合作"畸形发展"。海洋合作功能性失衡主要表现在对海洋文化、海洋教育、海洋历史等领域关注较少、发展不足等方面。此外，从中非各自的发展功能领域对比来看，中国并不具备完整的海洋发展功能体系和价值体系，偏重实用性，忽视内涵。以上都给中非海洋合作带来了挑战。

（一）海洋合作功能性失调的表现

目前，中非海洋合作集中于海洋经济、海洋安全以及其他关切各国

---

① Regis Y. Simo, "Trade in Services in the African Continental Free Trade Area: Prospects, Challenges and WTO Compatibility", *Journal of International Economic Law*, Vol. 23, No. 1, January 2020, pp. 65–95.

② 贺文萍：《非洲：政治趋稳向好，大国竞逐加剧》，《世界知识》2019 年第 24 期。

切身利益的看得见的领域，诸如海洋渔业、海上通道、海上港口合作等，而对于那些短期见不到效益或者具有长期性的隐性领域，诸如海洋文化、海洋教育、海洋历史等领域则关注较少，发展也不足。这种偏重海洋的工具性而忽视甚至无视海洋内在价值的状况将会导致中非海洋合作的功能性失调，最终导致海洋合作的不可持续性。从《中非合作论坛—约翰内斯堡行动计划（2016—2018 年)》确立的中非双方在海洋发展各领域的合作规划来看，中非双方将加强在海洋渔业、运输业、造船、港口、油气资源开发、蓝色经济发展等领域的经验互鉴与合作，助力非洲地区和国家培育新的经济增长点，[①] 这已经明显地呈现出"畸形发展"特征。

（二）中非各自的发展功能领域对比

就中国海洋产业发展现状来看，当前中国的海洋产业被划分为 12 个子行业。从产业结构划分来看，主要包含海洋渔业、海洋开发、海洋造船、工程、海洋旅游等产业。从能源资源利用情况划分来看，主要包括海洋石油、天然气、采矿、海水利用、海洋化学等多个可再生和不可再生的能源领域。[②] 尽管中国已经具备了门类齐全、功能完备的海洋产业体系和产业链，但却不具备完整的海洋发展功能体系和价值体系，偏重实用性，忽视内涵。而非洲国家由于在 20 世纪长期受到殖民主义者的压迫和掠夺，导致其海洋经济和产业发展起步晚、起点低，有的领域甚至处于零开发状态。从当前中非海洋经贸产业发展来看，非洲对海洋基础设施等领域的开发与投资显得不足。由于非洲缺乏完备的产业发展所需的基础设施和基本产业体系，目前中国在非洲的投资主要也集中于能源和基础设施层面。[③] 未来较长一段时间内，中非之间的海洋

---

①　张艳茹、张瑾：《当前非洲海洋经济发展的现状、挑战与未来展望》，《现代经济探讨》2016 年第 5 期。

②　Yixuan Wang and Nuo Wang，"The Role of the Marine Industry in China's National Economy：An Input-output Analysis"，*Marine Policy*，Vol. 99，2019，p. 43.

③　Allcia GarcÍa-Herrero，JianweiI Xu and Bruegel，"China's Investment in Africa：What the Data Really Says，and the Implications for Europe"，*The Bruegel Newsletter*，Jul 22，2019，https：//www. bruegel. org/2019/07/chinas－investment－in－africa－what－the－data－really－says－and－the－implications－for－europe/.

合作发展功能失调、"畸形发展"的情况将持续存在。

二 中非海洋合作面临话语困境

目前中非海洋合作面临中国国际话语力量不强、西方国家借中非合作对中国进行污蔑的话语困境，对中非海洋合作造成了不利影响。只有减少话语困境，才能够更好地与其他国家实现高效率的交流合作，对中非合作才会更加有益。

（一）中国国际话语力量不强

中国国家话语力量不强主要表现在中国对国际话语建设投入不足、中国对外话语的不自信，致使中国在国际海洋话语中依然未能谋得实际的一席之地。

1. 中国对国际话语建设投入不足

中国在国际话语中未能谋得实际的一席之地。这主要是因为几十年来从20世纪的"关起门来搞建设"，到后来的"韬光养晦"，中国国际合作较为低调。尽管近年中国在政策上发生了一些转变，但是在国际社会中，中国的存在感并不强，国际社会不能很好地了解中国。这种低调也导致了今天中国在国际话语中的尴尬境地。

2. 中国对外话语的不自信

中国在对外话语中也存在着一定的不自信情况。面对西方大国的战略挤压，中国因缺少话语权，有时会被西方国家牵着走。具体到中非海洋合作领域，在中非海洋合作初期，面对海上维和的复杂态势，中国维和舰队选择了单打独斗，不与外国海上力量合作，信息也不互通有无，一定程度上导致了对海盗、海上劫掠等违法行为的治理效能低下，海盗往往是这边打下去那边又出来，治标不治本。后来的维和行动中，中国开始主动与其他国家的海上维和部队、护航舰队等共享信息、共同分担治理责任、共同应对海上安全问题，这实际上也是中国话语自信的一种表现。只有实现话语自信，才能够更好地与其他国家实现高效率的交流合作，对中非合作才会更加有益。

（二）西方国家对中国进行污蔑

西方国家将中国在非洲的存在视为"新型干涉"以及部分非洲国家受到西方国家的蛊惑对中非合作产生疑虑和不信任等因素，是西方国家借中非合作对中国进行污蔑的重要因素，加深了中国在非洲陷入"新殖民主义"陷阱的危险程度。

1. 西方国家对中国在非洲的存在视为"新型干涉"

西方媒体几乎无孔不入，一些西方国家指名道姓地批评中国在非洲的"新型干涉"行动，指责中国抢夺非洲的资源，以不干涉为幌子支持非洲独裁和腐败政权，使用"黑箱操作"对非洲的资源和市场进行"巧取豪夺"，认为这对非洲以及西方国家的利益产生了极大的威胁。[1] 20 世纪末，中非之间的经济联系逐渐密切起来，中国产品开始不断涌入非洲，并占有一席之地，甚至在一些行业出现了领先欧美的情况。这样的情况被一些域外势力甚至非洲本土反对势力称为中国的"新殖民主义"，[2] 并将这种在非洲新的开发形式污蔑为中国对非洲的新威胁。也有西方媒体认为中国与非洲的持续交往与欧洲对非洲的殖民主义虽然在战略上存在不同，但是其动机和目标与欧洲殖民者颇为相似。将中国与非洲国家的双边协定和投资视为中国对非洲的间接殖民方式，诬陷中国是一个"新殖民主义"国家。[3]

2. 西方国家的不良舆论阻碍中非互信建设

由于文化习俗和生活习惯上的差异，部分中国企业在非洲的经营和运行模式也一定程度受到了非洲国家当地社会的排斥和不满，认为中国企业虽然带去了大量的资金和机会，但是非洲当地社会和居民得到的并不多。此外，中国国内的"加班文化"在非洲当地也饱受诟病，

---

① Fantu Cheru and Cyril Obi, "De-coding China-Africa Relations: Partnership for Development or '(neo) Colonialism by Invitation'?", *The World Financial Review*, 2011 (Sep. 10), pp. 72 – 75.

② Tukumbi Lumumba-Kasongo, "China-Africa Relations: A Neo-imperialism or a Neo-colonialism? A Reflection", *African and Asian Studies*, Vol. 10, No. 2 – 3, January 2011, pp. 234 – 266.

③ Antwi-Boateng, Osman, "New World Order Neo-Colonialism: A Contextual Comparison of Contemporary China and European Colonization in Africa", *Journal of Pan African Studies*, Vol. 10, No. 2, April 2017, pp. 177 – 192.

非洲工人认为这是对他们人身自由的侵占和时间上的"掠夺"。① 种种迹象都表明，由于西方国家的诱导，中国在非洲面临陷入"新殖民主义"话语陷阱的危险。

三　海洋安全问题与域外大国竞争给中非海洋合作带来负面影响

非洲海域海洋安全问题的复杂化阻碍了中非海洋合作进程，加之域外大国竞争加剧，中非海洋合作面临更多阻力。

（一）非洲海域海洋安全问题频发

非洲海域海洋安全问题频频发生。首先，海上恐怖主义与海盗威胁导致中非合作受阻。其次，海上通道安全问题频发，给中非海洋合作造成了严重损失。因此中非海洋合作正面临不断加深的安全困境。

1. 海上恐怖主义与海盗威胁导致中非合作受阻

恐怖主义与海盗问题是国际社会和国际组织一直以来都密切关注和亟待解决的海上安全问题。海盗劫掠行为不仅对非洲地区海上经济贸易安全造成影响，对整个全球海洋经济发展都产生了极大的负面影响。② 其中，非洲地区附近几个海域是发生这类安全事件的重点区域，诸如索马里海域、亚丁湾、几内亚湾等。据统计，全球海上劫掠事件每年给国际社会造成的损失高达120亿美元。③ 中国是几内亚湾国家（包括西非、东非经济共同体成员）重要的合作伙伴，在这一区域拥有众多的投资。中国支持"非洲人以非洲方式解决非洲问题"，除派出维和部队外，也长期向非盟、几内亚湾国家提供包括海军舰艇在内的军援。

2. 海上通道安全问题给中非海洋合作带来阻力

索马里海盗除了危害东非海上交通秩序外，也使往来于此的船只所

---

① 胡承志:《中国与毛里求斯经贸关系发展中的主要障碍及对策》,《知识经济》2015 年第 10 期。

② Xiaowen Fu, Adolf, K. Y., Ngand Yui-Yip Lau, "The Impacts of Maritime Piracy on Global Economic Development: The Case of Somalia", *Maritime Policy & Management*, Vol. 37, No. 7, December 2010, pp. 677 – 697.

③ Anna Bowden, "The Economic Costs of Maritime Piracy", *One Earth Future Working Paper*, December 2010, p. 2.

属国遭受巨大的经济损失。东非海洋经济在很大程度上依赖海上交通，七大世界航运要塞之一——曼德海峡就在这里，每年有数以万计的船只经过这里，但盘踞在此的恐怖主义势力则让往来的商船都忧心忡忡。由于国际社会对《海洋法公约》在公海活动的法律规制不完善和大国之间的互不妥协，造成对国际海盗在公海的违法行为监管不力，为日益猖獗的海盗行为提供了漏洞。[①] 恐怖主义与海盗问题由此也给中非海洋经贸合作带来了极大的负面影响。

（二）域外大国在非洲海域争夺海洋权利和权力

域外大国在非洲海域争夺海洋权利和权力为中非海洋合作增大了挑战。主要包括：欧洲巩固在非洲海域的力量存在，捍卫其"殖民地"利益；美国强力介入非洲海域，与中国形成海上竞争态势；日本积极参与非洲海洋事务，拓展其海洋权益。

1. 欧洲巩固在非洲海域的力量存在，捍卫其在前"殖民地"的利益

非洲地区尤其是地中海南岸的北非地区紧邻欧盟，是欧盟苦心经营的"大后方"。这一地区的不稳定以及恐怖主义和移民问题等直接影响法国、西班牙、意大利等欧盟国家的安全。在经济上，北非地区的石油和天然气储量可观，是欧盟的主要能源供应地。为确保能源安全与运输畅通，地中海海域以及周边海峡等都是欧盟的战略重心所在。而中国在这一海域的出现必然会与欧洲海洋强国产生海上安全互动，且不论这种互动将以何种形式出现。仅就中国在亚丁湾护航，北非、几内亚湾海域"争夺"石油这些"刺眼"的动作，就已经让欧洲强国难以忍受。欧洲海洋强国之所以对中国"介入"非洲海域尤其是北非地中海南岸和西非几内亚湾如此敏感，是因为其自认为在该海域拥有"固有的"海洋利益。尽管中国是以"援助＋合作"的方式在渔业资源开发、反海盗、海上能

---

① Bpa Amarasinghe, Anastasia Glazova, "Pirates of the Arabian Sea: Somali Piracy in the High Seas and Its Challenges Upon International Maritime Security", International Research Conference, January 2018, pp. 6–9.

源开发等非传统海洋安全领域"低调介入",但它们仍对此抱有严重戒心。利比亚动乱之后,英法等老牌殖民主义国家强力介入北非,积极对利比亚进行军事干预,两国将海军战略力量迅速投射至北非海岸附近海域,并部署武装直升机对利比亚进行海空封锁。此举一方面是维护和巩固它们在非洲的传统利益,特别是石油利益,保障欧洲石油供给量和海上供给交通线的安全与稳定;另一方面则有防止其他域外大国趁机介入,从而保持其对非洲的传统优势地位。中非海洋安全合作必然要考虑到欧洲大国的因素,否则欧洲因素将成为中非间海洋安全合作最大的不安全因素。

2. 美国强力介入非洲海域,与中国形成海上竞争态势

通过掌控关键的地缘战略带,形成对全球地缘政治格局的控制,甚至借助特定的地缘战略手段制造对敌对或竞争对手国家的战略压力是当今世界霸权主义和强权政治的重要战略手段。[①] 对于美国来说,确保国家对海洋的权力,首先要确保对周边海上交通要道和关键海域的权力。美国如果控制索马里,不但可以控制曼德海峡,还可控制苏伊士运河航线,对干涉东非和北非地区的事务有重要的战略价值。[②] 美国长期盘踞在非洲重要海域主要出于三个方面的考量,即石油、驻军和反恐。[③] 20 世纪以来,美国越发注重在非洲的石油利益。早在 2001 年,"切尼报告"就指出,非洲石油在美国能源进口"多元化"战略中应当特别关注。"加大从非洲进口石油应当被视为国家安全问题,非洲石油对美国而言是'国家战略利益',并会伴随美国的发展越来越重要。"[④] 美国不断加强对非洲主要产油国家的援助,尤其是北非和西非几内亚湾沿岸国家。在 2001—2009 年的 9 年里,美国国务院及美国国际开发

① 鞠海龙:《中国海上地缘安全论》,中国环境科学出版社 2004 年版,第 9 页。

② Kenneth M. Pollack, "Securing the Gulf", *Foreign Affairs*, Vol. 82, No. 4, July-August 2003, pp. 2 – 16.

③ 贺文萍:《大国的非洲石油外交》,载杨光《中东非洲发展报告:防范石油危机的国际经验》,社会科学文献出版社 2005 年版,第 117 页。

④ Michael T. Klare and Daniel Volman, "Africa's Oil and American National Security", *Current History*, Vol. 103, No. 673, May 2004, pp. 226 – 227.

署（USAID）对撒哈拉非洲的外交援助上升至 55 亿美元，增长为 340％。[1] 不仅如此，美国还帮助这些国家培训军事人员，更新武器装备。与非洲多国进行海上军事演习，美其名曰提升沿岸国家的海上防御能力，实质是借军事援助和保护能源安全之名，强化美国在非洲的军事力量渗透，最后达到美国军事力量可以在非洲具有重要战略地位的海域和海峡自由进出不受阻碍，取得重要海上通道的控制权的目的。自"911"事件以来，恐怖势力异常活跃，亚丁湾、地中海、几内亚湾的海盗十分猖獗。美国巧妙地借海上反恐之名加强与非洲国家的反恐军事合作，趁机派兵进驻非洲重要海域，美其名曰要实现"全球反恐"。伴随着 200 海里专属经济区制度的建立，世界海洋面积的 35.8％划归沿海国管辖，扩大了沿海国的海洋权益。[2] 然而美国军舰无视非洲沿岸国家对于所管辖海域权利的申诉，以反恐为由时不时非法闯进非洲海岸国家的专属经济区甚至领海。联合国安理会为了打击索马里海域日益猖獗的国际海盗，授权各国在该片海域打击海上劫掠行为。值得注意的是，联合国授意各国在有必要的情况下也可以在索马里领海和领土采取此类行动。[3] 这无异于是给美国进行海外行动和强化在"非洲之角"军事存在提供了一个"口惠而实至"的绝好理由。

3. 日本积极参与非洲海洋事务，拓展其海洋权益

日本真正关注非洲始于 20 世纪 70 年代的石油危机，且其主要关注点在于非洲的能源资源。日本在非洲的战略利益主要由经济驱动，[4] 20 世纪末开始逐渐转向对非经济、政治战略利益并重的态势。日本的能

---

① Almquist，Katherine J.，"U. S. Foreign Assistance To Africa：Securing America's Investment For Lasting Development"，*Journal of International Affairs*，Vol. 62，No. 2，Spring/Summer 2009，p. 19.

② 高伟浓：《国际海洋开发大势下东南亚国家的海洋活动》，《南洋问题研究》2001 年第 4 期。

③ Men Jing and Benjamin Barton，*China and The EU：Partners or Competitors in Africa?*，Social Sciences Academic Press（China），2011，p. 120.

④ 潘华琼：《二战后法国、美国和日本在非洲的战略综述——兼分析比较三国的战略利益及其影响》，《中国非洲研究评论（2014）》总第四辑，社会科学文献出版社 2015 年版，第 49 页。

源资源极度匮乏，而其消费量又十分巨大，其能源自给率仅为 16%，[①]
远低于各主要能源消费国的能源自给水平。为弥补其国内资源极度紧
缺的"致命性"先天缺陷，日本不得不想方设法从海外各地寻觅资源，
拓宽其能源进口来源和渠道，而非洲则不可避免地成了其海外最佳能
源进口渠道之一。强化在非洲海域的存在在这样的环境下似乎就理所
当然、名正言顺了。日本谋求在非洲的海洋存在主要是借助联合国的
海外维和行动等国际平台，2011 年 6 月，日本以维护地区稳定、履行
联合国成员国际义务为名，在"非洲之角"吉布提建立了首个海外军
事基地，通过海上反恐、打击海盗的方式实现了其在非洲海域的力量
存在，强化了其国际影响力，为其实现东亚领头羊的战略意图迈出了
重要一步。2016 年 8 月 27 日，日本首相安倍晋三在第六届非洲发展东
京国际会议上对非洲领导人表示，日本将提供 300 亿美元的援助，支持
非洲国家基础设施建设。同日，安倍在该会发表主旨演讲，表明了日本
重视从太平洋到印度洋的海洋安全以及非洲发展这一新外交战略的意
向，安倍提出的新战略名为"自由开放的印度洋太平洋战略"，主要理
念是在致力于海洋安全的同时，推动非洲走向稳定与繁荣。[②] 此举被媒
体解读为旨在与积极援助非洲的中国相抗衡。可以预见的是，日本在
处理非洲海洋安全事务的过程中不会与中国有太多愉快的合作，与中
国进行竞争甚至某种程度的对抗似乎已成为其对中战略的定式思维。
中国对非海洋安全战略在非洲的实践将因日本的存在而添变数。

　　近年来非洲发展潜力不断释放，吸引了各大国的关注，大国竞逐非
洲态势加剧。展望未来，随着美国对外战略从反恐转向大国竞争，围绕
非洲的大国博弈也将不断升温。在此背景下，中非海洋合作也会面临
更多来自部分国家不良舆论的干扰。在欧美国家长期舆论"渲染"下，
"中国威胁论""债务危机""新殖民主义"等不良舆论对中非全面战

---

① 张彬彬：《日本的非洲能源战略及其对中国的挑战》，《日本研究》2012 年第 4 期。
② 《外媒：安倍访非承诺援助 300 亿美元 欲在非抗衡中国》，中国网，2016 年 8 月 29 日，http：//news. china. com. cn/world/2016 – 08/29/content_ 39182438. htm。

略伙伴关系的深化带来了隐形的不良影响。不久的将来，域外竞争势力加剧也会对中非海洋合作和"蓝色伙伴关系"的建立带来负面作用。

四　全球海洋问题和全球海洋治理机制的不利影响

全球海洋问题频发，全球海洋治理机制存在较多不足，都为中非海洋合作带来了不利影响。主要包括：全球海洋问题复杂化导致中非海洋合作困难重重；非洲国家资源有限性与大国需求无限性之间的矛盾凸显；全球海洋治理机制的缺陷将对中非海洋合作带来不利影响。

（一）全球海洋问题复杂化导致中非海洋合作困难重重

在"百年未有之大变局"背景下，全球海洋治理问题频发，全球海洋问题逐渐复杂化。如：全球海洋问题的复杂化将在不同程度上影响全球海洋治理的效果，海洋的流动性、跨界性导致中非海洋合作复杂化。

1. 全球海洋问题的复杂化将在不同程度上影响全球海洋治理的效果

全球海洋问题的复杂化给中非"蓝色伙伴关系"的建构带来负面影响。全球海洋问题发生频率高，持续时间长，影响范围广，受人为因素影响大，人类对海洋问题的了解受到主观和客观原因的限制。再加上国际协调和决策过程的复杂性，全球海洋治理的难度正在上升。加之对全球海洋治理并没有统一的机制、机构来协调，也导致因治理范围受限（只能在主权国家所管辖的地区进行有效治理）、治理周期长（由于海洋问题和大气污染都具有全球性特征，而这类全球问题又容易引起集体行动的困境，且目前又没有统一的最高权威来对全球事务进行管理，导致治理时间上的不可预测）。

2. 海洋的流动性、跨界性导致中非海洋合作复杂化

海洋的流动性使海洋利益分配呈现全球化特征，海洋危机也会向更广泛的范围扩散，涉及更多的利益主体。全球海上公地问题开始凸显，如何解决公海的利益分配和协调问题也成为中非海洋合作面临的一大难题。[①]

---

① Marin Chintoan-Utaand Joaquim Ramos Silva, "Global Maritime Domain Awareness: A Sustainable Development Perspective", *WMU Journal of Maritime Affairs*, Vol. 16, No. 1, August 2017, pp. 37 – 52.

非洲有大大小小50多个国家，非洲沿岸国家都可能存在与中国在海上公域的合作和利益分配问题。此外，由于海洋问题涉及跨界流动的问题，加之非洲一些沿海国家之间的海洋划界争端还未解决，也导致了海洋利益的分配和海洋治理责任的分担无法有效明确，这对中非之间"蓝色伙伴关系"的构建可能产生多方利益协调的矛盾与困境。

（二）非洲国家资源有限性与大国需求的无限性之间的矛盾凸显

非洲国家海洋资源日渐枯竭以及大国对资源的需求日益增加凸显了非洲国家资源有限性与大国需求的无限性之间的矛盾。

1. 非洲国家海洋资源日渐枯竭

随着陆地资源的枯竭，人们正把目光转向海洋，人为因素带来的海洋领域资源开发与保护间的失衡不断加剧。中非之间同样存在着不同程度的渔业纠纷与冲突。据数据显示，仅在西非海域，由于非法捕鱼引起的非法渔业贸易给非洲造成的损失每年高达5.9亿美元。[1] 而这其中中国远洋船队捕捞量最大，每年高达300余万吨的捕捞量，这其中可能包含IUU捕捞方式。尽管中国获得在部分非洲国家的专属经济区的捕鱼许可，但是也同样存在捕捞过度和捕捞方式不符合非洲国家的标准等问题。[2]

2. 大国对资源的需求日益增加

掌握了资源，某种程度上来讲就是掌握了权力，对于全球权力的争夺始终都是大国政治的核心。随着全球化不断加速，世界发展步伐也不断加快，各国经济、社会发展都需要巨大的资源来支撑。大国更是如此，美欧等国家为了维持权力，保证其地区、全球主导地位不被超越，在全球各地展开资源争夺行动。美国"触角"已伸到世界各个角落，其目的就是攫取更多的资源以服务于其国内生产和国际主导权。非洲是资源拥有种类和保有量最多的一个大洲，而又由于非洲国家的发展

---

① U. Rashid Sumaila, "Illicit Trade in the Marine Resources of West Africa", *Ghanaian Journal of Economics*, Vol. 6, No. 1, December 2018, pp. 108 – 116.

② Pauly and Danielet al, "China's Distant-water Fisheries in the 21st Century", *Fish and Fisheries*, Vol. 15, No. 3, 2014, pp. 474 – 488.

起步晚、起点低，对资源的开采技术较为落后，诸如海洋渔业、海底勘探、海上油气开发等，多是和外国大型专业资源开采公司合作进行开发。因此，目前其资源保有量仍位居世界几大洲前列，这引起了世界各大国的极大兴趣。也因此，非洲和非洲附近海域成为大国争夺的焦点。

（三）全球海洋治理机制的缺陷将对中非海洋合作带来不利影响

当前全球海洋治理机制存在诸多缺陷，如全球海洋治理相关机制内容模糊，机制的运行缺乏有效、统一的力量等，使中非"蓝色伙伴关系"的建构面临更多的风险。

1. 全球海洋治理相关机制内容模糊

《联合国海洋法公约》虽然作为全球海洋治理的重要规范，但它处理国际海域划界争端和岛礁主权争议等问题的适用性明显不足。《联合国海洋法公约》缺少足够的法律约束力，无法对某些违反国际规制原则的行为进行有效制裁，其在全球海洋治理中的权威也在不断降低。[1]全球海洋治理机制在管理上也存在缺陷。[2] 全球海洋治理的目标体现了一定的公共目的，其在管理体制上也同样面临着国际公共产品的供给和管理方面的困境，使中非"蓝色伙伴关系"的建构面临更多的风险。

2. 机制的运行缺乏有效、统一的力量

目前各国海上执法系统尚未统一。海上执法力量的角色和定位在不同国家有所差别，有些是军事化和准军事化的，有些则偏向政府管理的地位，全球性海上执法多边合作机制的构建进展艰难。对于非洲海域的海上执法力量，目前有"国家队"——以主权国家为代表的主要海上力量，也有"国际队"——一些政府和非政府国际组织的海洋机制，诸如国际海事组织（International Maritime Organization）、绿色和平组织（Greenpeace）等都是联合国下属的专门负责海洋船舶污染和海洋

---

① 王琪、崔野：《将全球治理引入海洋领域——论全球海洋治理的基本问题与中国的应对策略》，《太平洋学报》2015 年第 6 期。

② ［英］托尼·麦克格鲁：《走向真正的全球治理》，陈家刚译，《马克思主义与现实》2002年第 1 期。

环境保护的专门性组织，也有"地方队"——一些区域性的海洋机制，如印度洋委员会（Indian Ocean Commission）、非洲之角海事安全中心（Maritime Security Center of the Horn of Africa）等区域性海洋治理机制。对于如何协调这些海洋机制，使它们形成合力，发挥最大作用，也是亟须解决的问题。

第三节　案例分析：中国与南非的海洋合作

南非作为联合国、金砖国家（唯一的非洲国家）、国际海事组织等双边和多边合作组织的成员之一，其也是非洲主要的新兴经济体，在非洲和国际事务上的影响力日渐凸显。与其他非洲国家相比，中国与南非的合作起点更高，水平更高，合作的多方位和多层次特点也更加突出。根据《中国和南非5—10年合作战略规划2015—2024》等中国与南非合作官方文件的规划，海洋合作将是未来中国与南非经济合作的优先领域之一。其中，中国与南非在海洋经济、海上安全、海洋能源、海洋生态与环境以及海洋科技五大重点领域的合作存在广阔的前景，也将进一步丰富新时代中国与南非全面战略合作伙伴关系的内涵和外延。

一　中国与南非海洋合作的进程与特点

自1998年中国与南非正式建立外交关系至今，两国政治互信水平不断提高的同时，海洋合作也呈现出了机制化、与双方整体关系发展相互促进、多边层面与双边层面并行的特点。

（一）中国与南非海洋合作的进程

第一阶段是从1998年中国与南非建立外交关系至2010年中南双边关系正式提升为全面战略伙伴关系。在这一阶段，中国与南非以发展双边关系为主，就双方海洋合作进行了初步探索与合作，具体的领域涉及港口、水产养殖、海关事务、海运、水资源等。在此期间，中国与南非政治外交关系的稳步推进为双方海洋合作提供了良好的环境。

第二阶段是 2011—2013 年中国与南非《中华人民共和国政府与南非共和国政府海洋与海岸带领域合作谅解备忘录》的签署。2013 年中国与南非达成的《中华人民共和国政府与南非共和国政府海洋与海岸带领域合作谅解备忘录》是中国与非洲国家签署的首个海洋合作文件，同年在浙江杭州召开了第一届"中国—南非海洋合作联委会会议"。在这一阶段，中国与南非在深化海洋合作领域的同时，也实现了海洋合作领域的广泛化和多样化。在"金砖国家"合作机制的框架下，中国与南非不仅将原有的涉海合作领域持续深化，还不断拓展在海上安全、海洋旅游业、海洋气候变化等方面的合作。

第三阶段是从 2014 年至今，中国与南非的海洋合作进入了加速发展的新阶段。随着中国"一带一路"倡议的开展，中国与南非也逐步加快了在"21 世纪海上丝绸之路"框架下海洋合作的进程。2014 年南非推出"费吉萨"计划（Operation Phakisa）以来，中国与南非不断加强在"蓝色经济"方面的合作。2017 年，在南非开普敦举行"中国浙江—南非经贸合作交流会"期间，双方就海洋港口经济的合作达成进一步共识。2018 年，金砖国家领导人第十次会晤并达成了《金砖国家领导人第十次会晤约翰内斯堡宣言》，其中就加强包括中国和南非在内的金砖国家在海洋运输、造船、近海石油勘探等战略领域的合作提出具体要求。

（二）中国与南非海洋合作的特点

进入新时代，中国与南非海洋合作日渐呈现出海洋合作机制化建设不断加强、海洋合作与双方整体关系发展相辅相成以及海洋合作多边层面与双边层面并行的特点。

1. 中国与南非海洋合作机制化建设不断加强

2013 年《中华人民共和国政府与南非共和国政府海洋与海岸带领域合作谅解备忘录》的签订，标志着中国与南非的海洋合作进入了机制化建设阶段。2014 年中国与南非共同签署了《中国和南非 5—10 年合作战略规划 2015—2024》等在内的重要双边协议及文件，并就启动

《中国—南非海洋科技合作规划（2015—2020）》的编制工作达成共识。2015 年 12 月，中南两国再次签署 26 项双边协议，不断推动双方在海洋经济、能源、基础设施建设等领域合作的机制化建设。①

2. 中国与南非海洋合作与双方整体关系发展相辅相成

随着中国和南非互信水平不断迈入新台阶，双方海洋合作面临着趋好的政治外交环境。同时，中国与南非的海洋合作也在不断深化和拓展中南外交关系的内涵和外延。不难发现，每当中国与南非双边关系步入新台阶时，两国在海洋领域的合作也往往会更上一层楼。2018 年以来，中国与南非的政治外交关系步入了下一个 20 年，中国与南非的海洋合作成了双边合作的重要方面。同时，中国与南非海洋命运共同体的建设也成了新时代中国与南非更加紧密共同体的重要组成部分。

3. 中国与南非海洋合作多边层面与双边层面并行

中国与南非的海洋合作并不仅限于双边协议与共识的达成，作为世界两大新兴经济体，中国和南非同为联合国、金砖国家、中非合作论坛共同主席国、二十国集团（G20）、基础四国、国际海事组织等重要国际机制的成员国。中国与南非在联合国、南南合作、金砖合作、G20、中非合作论坛框架下也进行了广泛的多边海洋合作。比如以 2017 年联合国教科文组织政府间海洋学委员会西太平洋分委会国际科学大会为契机，中国与包括南非在内的众多海洋领域专家进行了沟通与交流。② 可以预见，随着中国与南非包括海洋领域在内的国际事务的深入参与，两国的海洋合作不仅会在双边层面得到进一步的深化，也会通过多边得以拓展。

二 中国与南非海洋合作的主要领域

基欧汉和约瑟夫·奈通过对海洋政治议题变化的解读，将以往属于

---

① 《习近平抵达南非 中南签署 26 项协议价值 940 亿兰特》，新浪网，2015 年 12 月 3 日，http://finance. sina. com. cn/roll/20151203/111623922029. shtml。

② 《联合国教科文组织政府间海洋学委员会西太平洋分委会第十届国际科学大会在青岛召开》，青岛市海洋发展局网站，2017 年 4 月 18 日，http://ocean. qingdao. gov. cn/n12479801/n31588797/170418164718624435. html。

"低级政治"领域的海运、石油钻探、捕捞、海洋环境保护等问题纳入世界海洋政治的研究范畴。根据中非、中国与南非主要官方文件（倡议）涉及的海洋合作领域，中国与南非海洋合作应当包括海洋经济、海上安全、海洋能源、海洋生态与环境以及海洋科技五大主要领域。其中，得益于良好的合作基础，海洋经济可为中国与南非海洋合作提供物质保障，也是双方海洋合作最务实的领域；海上安全直接涉及中国与南非海上共同利益，可为双方海洋合作提供良好的环境和巨大的合作张力；海洋能源是中国与南非海洋合作亟待加强的领域，也是双方极具合作潜力的领域；海洋生态与环境是中国与南非海洋合作的"低敏感度"领域，可有力推动中国与南非海洋合作共识的深化；海洋科技可为中国与南非的海洋合作提供智力支持，双方在海洋科技上有着美好的合作前景。

（一）中国与南非海洋经济合作稳中向好

在功能主义者看来，经济领域是最能产生外溢效应的领域，推动合作扩展到政治等其他领域。从中国与南非的海洋产业状况来看，双方的海洋产业发展方向既有较大一致性，也存在一定互补性，中国与南非海洋经济的合作呈现稳中向好的趋势。未来，双方可将海洋渔业、水产养殖和濒海旅游业作为海洋经济合作的"试验田"。

1. 中国与南非海洋渔业合作

一方面，中国和南非可在渔业的开发、管理与保护方面进行更加切实的合作与交流。中国与南非的渔业合作方式以渔业贸易为主，双方可进一步创新和丰富渔业合作方式，加快双边不同层面渔业捕捞协定的制定和完善。当前南非的渔业普遍存在非法捕捞和破坏生态行为的现象，中国可帮助南非进一步完善其渔业管理制度，进一步加大对南非海事技能和教育领域的投资。[①] 目前有组织的非法捕捞和鲍鱼贸易的增加破坏了南非稳定的配额管理渔业，中国也应帮助南非重新审视其鲍

---

① 贺鉴、王雪：《全球海洋治理视野下中非"蓝色伙伴关系"的建构》，《太平洋学报》2019年第2期。

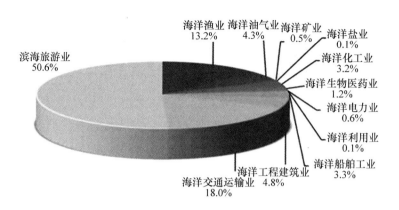

图 2 - 1 中国 2019 年主要海洋产业增加值构成

资料来源：《2019 年中国海洋经济统计公报》，中国政府网，2020 年 5 月 9 日，http：//
gi. mnr. gov. cn/202005/t20200509_ 2511614. html。

鱼渔业管理范式，帮助其采用更综合的方法进行渔业治理。[①] 另一方面，
中国和南非在水产养殖方面具有较大合作空间。目前南非的水产养殖
业存在一定问题，比如淡水鱼养殖技术匮乏、水产养殖没有得到法律
法规的有效监管，缺乏具备水产养殖技术和技能的人员，缺少水产养
殖业认证制度，在水产养殖饲料和肥料的管理上也是匮乏的，目前南
非官方也没有批准的水产养殖药物清单，农民和企业可以自由使用药
物。[②] 因此，中国可帮助南非推广淡水鱼养殖，制定更加具体的水产养
殖法案、有关水产养殖相关产品或物种进出口的具体标准以及药物清
单，甚至帮助南非建立相关水产养殖实验室，为南非水产养殖提供技
术支持。此外，中国还可在南非圣赫勒拿湾、萨尔达尼亚、开普敦建设
大中型渔港、冷库设施，发展渔业加工和近海养殖以及技术培训合
作等。

① Raemaekers, S., Hauck, M., Bürgener, M., et al., "Review of the Causes of the Rise of
the Illegal South African Abalone Fishery and Consequent Closure of the Rights-based Fishery", *Ocean &
Coastal Management*, Vol. 54, No. 6, 2006, pp. 433.

② Nathalie Cliquoti, Lauren Hermanusiand Rushka Ely, "Boosting Skills for Greener Jobs in the
Western Cape Povince of South Africa", OECD Green Growth Papers, January 2018, pp. 30 - 31.

2. 中国与南非的海洋港口合作

虽然当前南非港口的城市体系、港城规模关系、开展港口投资的成熟度较为理想，但海洋方面的基础设施建设规模和水平并未达到南非经济发展的需求。海洋港口建设是"费吉萨"的重要目标之一。但由于财政的限制，南非基础设施建设的任务依然任重而道远。中国在港口建设方面积累了丰富的经验、资金和技术优势。第一，"一带一路"建设过程中，中国与沿线港口城市的互联互通具有重要意义，中国可充分发挥南非主要港口在双方海洋合作中的重要作用，扩大港口投资和能力。在航线密度高的德班港和开普敦港合作建设船舶补给基地、连接各大经济中心的通道以及内陆资源出运通道建设项目等，以满足南非矿产资源出运需求。第二，促进小港口的改造、升级和修复。考虑到由于高价值物品和商品的聚集，港口容易发生犯罪、恐怖袭击等非法活动，成为毒品贩运、走私、盗窃货物和偷渡的关键点。中国与南非应加强在港口的控制、监督、管理与联合执法等，保持更为安全的港口环境。第三，中国可积极参与南非耗资较大的"超级拖船"建造计划，与南非在翻新滑道和添置大型船只起重机等方面展开合作。

3. 中国与南非濒海旅游业合作

2018年10月，为了进一步推动与中国旅游业的共同发展，南非实施了诸多措施简化中国公民的签证流程。濒海旅游业同为双方海洋经济发展的重要引擎，南非优质的旅游资源与中国濒海旅游业"走出去"发展也存在一定的合作空间。未来中国濒海旅游业的发展将更加强调对海洋旅游文化内涵的挖掘，以及海岛旅游品位的提高。南非濒海旅游业也是其旅游业发展新的增长点，中国有着巨大的客源市场，可以加大对南非濒海旅游业的投资，促进双方在旅游文化和海岛旅游方面的交流与合作，实现两国在滨海旅游业方面的合作共赢。

（二）中国与南非海上安全合作前景广阔

在中南海上安全利益交会点不断增大的情况下，两者海上安全合作前景广阔。根据《"一带一路"建设海上合作设想》和"海洋命运共同体"

具体要求，双方可在传统安全和非传统安全两大领域开展海上安全合作。

1. 中国与南非共同的海上安全利益

经马六甲海峡进入印度洋、红海，过苏伊士运河，入地中海，进入大西洋的海上航线，对中国的海外贸易具有重要意义，中国也因此成为受索马里海盗活动危害最大的国家之一。[①] 同时，海盗和武装抢劫是南非主要的海上安全威胁。目前，索马里和亚丁湾的海盗活动呈现由北向南扩展的趋势，这给南非海洋事业的发展带来了巨大威胁。2013年，南非宣布打算在南部非洲的西岸部署一艘海军舰艇以减缓几内亚湾海上安全局势的恶化。2016年，南非国防部长在预算演讲中强调与纳米比亚和安哥拉等国家合作，共同遏制非洲西海岸的海盗威胁。[②] 中国与南非的海上安全合作范围涉及印度洋和南大西洋，合作的具体领域包括海洋传统安全和海洋非传统安全。

2. 中国与南非海上传统安全合作

在海洋传统安全方面，中国与南非可加强双方海军建设的合作。为了实现"蓝水海军"的目标，南非不仅通过一系列海军首脑会议加强与南部非洲地区国家海军的合作，还积极开展国际合作。目前南非的海岸警卫队在有效控制和监测沿海水域和专属经济区方面面临着较大挑战，相比于南非在印度洋的积极参与，海军能力的不足限制了其在南大西洋海上安全的表现。[③] 中国可协助南非在海军、国防和安全部队方面的建设，加强双方海军在联合军演、监视和侦察、海军联合作战、海上安全巡逻、远洋海运业务后勤支持等方面的协作，实现《中华人民共和国政府和南非共和国政府关于海关事务的互助协定》的具体要求。

① Cliquot, N., Hermanus, L., Ely, R., "Boosting Skills for Greener Jobs in the Western Cape Povince of South Africa", *OECD Green Growth Papers*, January 2018, p. 15.

② Coelho, J. P., "African Approaches to Maritime Security: Southern Africa", *Friedrich-Ebert-Stiftung Mozambique*, December 2013, p. 356.

③ Coelho, J. P., "African Approaches to Maritime Security: Southern Africa", *Friedrich-Ebert-Stiftung Mozambique*, December 2013, p. 356.

3. 中国与南非海上非传统安全合作

在海洋非传统安全领域，中国与南非应加强双方在反恐、反海盗、海洋监测等方面的合作。索马里海盗装备精良，具备包括突击步枪、重型和轻型机枪、火箭推进式手榴弹（RPG）等在内的各种各样的作战武器。[①] 中国与南非可以合作主导制定关于打击海盗行为的区域行动计划指导方针，积极参与印度洋和南大西洋海事制度安排，共同为印度洋和南大西洋海洋秩序的规范做出贡献。此外，中国与南非在建立海洋安全信息共享平台、建立通信联合反应机制、提高中南海上搜救合作层次等领域的合作还有一定的拓展空间。

（三）中国与南非海洋能源合作有待进一步加强

2016 年 1 月 29 日，由科学技术部（DST）和南非海上石油协会（OPASA）联合发起的南非海洋研究和探索论坛（SAMREF）成立，旨在提供科学界与石油和天然气行业之间合作的平台。中国与南非海洋能源的合作有利于中国"一带一路"框架下能源合作与伙伴关系建设，促进南非海洋能源的开发以及能源消费结构的转变。目前中国与南非的海洋能源合作有待进一步加强，双方在海上石油与天然气、海洋矿业以及海上风力发电等方面的合作存在较大潜力。

1. 中国与南非海上石油和天然气合作

南非周围的海上石油和天然气储量相当大，据估算，南非可用的潜在海底资源可能相当于 90 亿桶石油，相当于当地约 40 年的消费量。根据最初南非"费吉萨"海洋经济计划，南非需要在未来 10 年内钻探 30 口勘探井。[②] 一方面，中国可加强在南非近海石油、天然气勘探和海底采矿方面的投资，促进双方在钻井平台、海洋油气勘探开发和管道路线的合作。另一方面，中国可参与海洋油气工程设施建设和设施提供，

---

① Francois Vrey, A Blue BRICS. "Maritime Security, and the South Atlantic", *Contexto Internacional*, Vol. 12, No. 1, August 2016, p. 92.

② Thean Potgieter, "Oceans Economy, Blue Economy, and Security: Notes on the South African Potential and Developments", *Journal of the Indian Ocean Region*, Vol. 14, No. 1, January 2018, p. 55.

并寻找直接参与勘探开采、石油服务基地以及油气相关产业合作的机会，参与萨尔达尼亚油气服务基地建设。

2. 中国与南非海上矿业合作

矿产品在南非对中国出口总额的比例中高达69%，[①]但南非对中国出口的矿产品以砂矿为主，考虑到中国与南非矿产品贸易的良好基础和对南非矿产品的需求，中国与南非也应将海洋矿业打造成为双方海洋合作的一个新增长点。但目前南非海底采矿行业的发展因南非环保主义者的抵制进展艰难，[②]中国应帮助南非展开海洋环境的评估，加强对海底采矿的监管，减轻来自环境保护要求的压力。

3. 中国与南非海上风电合作

海上风电是海洋新能源发展的重点领域之一，目前中国海上风电累计装机容量位居全球前列。[③]然而南非经济发展深受电力供应不足的限制，为改善南非国内电力供给情况，南非不断完善电力设施建设，扩大电力进口，充分利用可再生能源。[④]南非对可再生能源的需求正在增长，尽管沿海条件良好，但海上风力发电装置配备不足。[⑤]在此背景下，中国可帮助南非进行海上风电的开发，积极开展海上风能的勘测评价，加快在建和规划项目的建设，为南非提供更多的就业机会。

（四）中国与南非海洋生态与环境合作亟待加强

中国与南非的海洋生态与环境合作具备良好的合作基础，新时代下双方海洋生态与环境合作的深化有利于进一步强化"海洋命运共同体"

---

① 商务部综合司、商务部国际贸易经济合作研究院：《2018年南非货物贸易及中南双边贸易概况》，中华人民共和国商务部，2019年2月21日，https：//countryreport. mofcom. gov. cn/record/view110209. asp? news_ id=63034。

② 《南非环保主义者反对海底采矿》，《中国矿业报》2015年12月27日，http：//db. cnmn. com. cn/NewsShow. aspx? id=335015。

③ 林伯强：《中国与南非能源合作前景广阔》，21世纪经济报道网站，2017年9月5日，http：//www. 21jingji. com/2017/9－5/3MMDEzNzlfMTQxNjQ3MQ. html。

④ 吴磊、詹红兵：《全球海洋治理视阈下的中国海洋能源国际合作探析》，《太平洋学报》2018年第11期。

⑤ Thean Potgieter, "Oceans Economy, Blue Economy, and Security: Notes on the South African Potential and Developments", *Journal of the Indian Ocean Region*, Vol. 14, No. 1, January 2018, p. 59.

和"蓝色伙伴关系"的共识。

1. 中国与南非合作建设海洋保护区

当前中国主要的海洋生态系统处于亚健康水平，44 个大中型海湾在全年一半的时间里出现劣四类海水水质。[1] 南非"费吉萨"计划可能导致新一轮的海洋污染问题，不仅威胁到南非近海的生存能力，也对印度洋和大西洋的海洋体带来危险。随着南非对海洋带来的发展机遇的进一步利用，海上采矿和海运贸易的增加将给海洋和沿海栖息构成新的威胁。[2] 南非有 23 个沿海海洋保护区，占大陆专属经济区的 0.46%。南非的《海洋空间规划法案》以立法的形式规定海洋空间的规划需要协调所有海事活动。[3] 2019 年，南非为庆祝世界海洋日，宣布建立 20 个新的海洋保护区。一方面，中南可通过改善和扩大国家海洋保护区（MPA）网络化建设和空间规划，减少海洋空间中的非法和不受管制的活动以及减少污染风险，重点关注恢复野生鱼类和沿海植被栖息地。另一方面，中国应加强和协调双方的海上执法方案，发展两国海洋和沿海信息系统，并扩大相关的海洋观测能力，制订国家海洋和沿海水质监测计划。[4]

2. 中国与南非海洋生态环境监管与风险防范体系建设

目前中国与南非的海洋生态威胁主要包括海洋生物多样性的破坏、物种入侵、海洋垃圾、塑料污染等。南非在塑料污染的防治方面成就显著，英联邦垃圾计划（STOMP）就南非在减少和消除塑料废物做出的贡献授予其创新奖。[5] 中国和南非通过海洋保护区建设、海洋垃圾与塑料污染的防治、海洋生态环境监管与风险防范体系等领域的合作可保

---

[1]　Peter Chalk, "Piracy off the Horn of Africa: Scope, Dimensions, Causes and Responses", *The Brown Journal of World Affairs*, Vol. 16, No. 2, Spring/Summer 2010, pp. 89 – 108.

[2]　Eugene Nyman, "Evaluating the Need for Ocean Literacy in South Africa", *World Maritime University Dissertations*, September 2018, pp. 46.

[3]　Eugene Nyman, "Evaluating the Need for Ocean Literacy in South Africa", *World Maritime University Dissertations*, September 2018, pp. 46.

[4]　Eugene Nyman, "Evaluating the Need for Ocean Literacy in South Africa", *World Maritime University Dissertations*, September 2018, pp. 46.

[5]　Commonwealth Litter Programme Announces STOMP Awards for South African Innovations that will Help Reduce and Eliminate Plastic Waste-iAfrica. com, https: //www. iafrica. com/commonwealth – litter – programme – announces – stomp – awards – for – south – african – innovations – that – will – help – reduce – and – eliminate – plastic – waste/.

护海洋环境免受非法活动影响并带来诸多社会经济效益。首先，中国与南非可加强双方海洋生态环境监管与风险防范的应急机制建设，完善污染源监测与控制制度，进行海洋生态治理技术和信息的共享。其次，中国可通过援助南非相关生物可分解塑料等替代原料，协助南非制订减少海洋塑料垃圾行动计划。同时，在"21世纪海上丝绸之路"框架下加强中国与南非在全球海洋环境观测，应对气候变化等方面的合作。

（五）中国与南非海洋科技合作前景广阔

中国与南非海洋科技合作成就突出，新时代背景下，双方在南极事务上的科技合作前景广阔。

1. 中国与南非海洋科技合作成就

为落实中国与南非关于海洋与海岸带合作谅解备忘录的具体要求，中国与南非多次举办"中国—南非海洋科技研讨会"，就双方普遍关心的海洋热点问题进行商讨。通过成立专家组、设立政府海洋奖学金等形式助力南非海洋能力建设。目前中国与南非在海洋科技人才培训方面合作成果丰硕，未来双方可在海洋能源和深海采矿方面加强技术合作。

2. 中国与南非在南极事务上的科技合作

南非对南极科考怀有浓厚的兴趣，并积极制定本国南极科研战略。目前南非在南极事务的发展方面，内部深受国内管理机制和协调机制不完善、经济下行趋势的限制，外部承受着传统大国压力。2018年11月，中国"雪龙"号极地考察船进行了第35次南极科考，创下南极中山站冰上和空中物资卸运的历史纪录。因而中国与南非在南极事务上的技术合作存在广泛的空间。

3. 中国与南非海洋科技合作的发展趋势

第一，中国应积极通过南非海洋科学研讨会（SAMSS）、"中国—南非海洋科技研讨会"等平台，促进南非在海洋和沿海科学的跨学科研究，为双方海洋合作的重点领域和全球海洋治理提供建设性意见。

第二，在《中非合作论坛—北京行动计划（2019—2021 年）》框架下，双方应共同关注和参与国际印度洋考察等重大国际海洋计划，切实加强双方在海洋通信、海洋遥感、海洋观测等领域的交流与合作。第三，中国应加强与南非产业园区海洋技术开发中心的合作，为双方的海洋科技青年进行相关培训。

三　中国与南非海洋合作的发展前景与推进路径

中国与南非高度的政治互信为双方"蓝色伙伴关系"的建构打下良好基础，中国与南非诸多交流合作机制能为双方海洋合作提供机制保障，以及中国与南非海洋利益交会点的不断增多能坚定双方海洋合作的信心，因此中国与南非海洋合作前景广阔。具体来说，中国与南非应对中南海洋合作中不利因素进行预判、做好双方海洋发展战略的衔接以及中南海洋合作方式的创新，共同推动中国与南非海洋合作实现飞跃发展。

（一）中国与南非海洋合作的发展前景

总体来说，可以预见中国与南非海洋合作前景广阔而美好。

1. 中国与南非高度的政治互信为双方"蓝色伙伴关系"的建构打下良好基础

1998 年中国与南非正式建立外交关系，截至 2019 年，南非总统六次访华，① 中国元首也对南非进行了五次国事访问。② 中国与南非高层频繁的互访有力地推动了双方政治互信水平不断迈向新台阶，也使南非成为"一带一路"建设中最务实的非洲国家。中国与南非较高的互信水平不仅可为双方开展海洋合作营造良好的外部环境，也一定能推动中非"蓝色伙伴关系"的健康发展。

2. 中国与南非诸多交流合作机制能为双方海洋合作提供机制保障

作为世界两大新兴经济体，中国和南非通过海洋领域合作联委会进

---

① 南非总统六次访华的时间是 1999 年、2001 年、2011 年、2012 年、2014 年和 2018 年。
② 中国元首于 2000 年、2007 年、2013 年、2015 年、2018 年对南非进行了国事访问。

行沟通协作。2017年4月，中国与南非启动高级别人员交流机制，南非因而成为世界第六个、非洲唯一一个与中国有此类交流机制的国家。① 此外，中国与南非还达成了一系列重要的双边协议及文件。因而，我们有理由相信，中国与南非诸多交流机制的存在也会为双方海洋合作提供良好的机制保障，推动双方在海洋领域的进一步务实合作和互利共赢。

3. 中国与南非海洋利益交会点的不断增多能坚定双方海洋合作的信心

"海洋世纪"的到来为中国与南非海洋合作提供了有利的时代背景，南非"费吉萨"（Phakisa）计划的提出表明其已意识到蓝色经济的发展潜力，未来双方在海洋经济领域的利益重叠区将不断扩大，海洋经济领域将是未来中南合作中极具潜力的发展方向。另外，双方在海洋能力建设方面互补性强。尽管南非近年来海洋事业迅猛发展，但总体水平并不高，迫切需要加快其海洋能力建设。中南已经通过多种场合表明双方在海洋合作领域的共识，这些共识的背后，反映了中南在海洋方面利益交会点的不断增多。未来双方更广泛和更深入的互利合作，必定能极大地增强中国与南非海洋合作的信心。

（二）中国与南非海洋合作的推进路径

在合理规划中南海洋合作重点领域的同时，中国与南非应从以下三个路径共同推进海洋合作。

1. 做好中南海洋合作中不利因素的预判

一是经济层面。尽管南非已然是非洲地区乃至全球范围内重要的经济体，但受各方面因素的综合影响，南非经济的发展也面临着一定的风险，并可能影响到中国与南非海洋合作的展开。当前南非经济发展遇到的瓶颈主要包括：大宗商品的单价下跌、失业率不断上升和货币疲软等。未来南非将持续面临汇率贬值及极端天气引发通货膨胀的可能等。与此同时，中国与南非海洋经济合作也会受到影响。

---

① 周培源、朱瑞娟：《中外人文交流机制的"人本化"传播模式探索——以中国—南非高级别人文交流机制为例》，《国际传播》2017年第4期。

　　二是政治制度和文化层面。与大多数非洲国家类似，南非的政治制度和文化与中国有着诸多差别。其一，南非党派林立，存在一定程度的政府腐败问题，国家管理有待进一步规范。其二，南非的工会势力较强，工人维权意识较强，可能引发罢工现象。南非的环保主义者对海洋开发中的环境保护也有较高要求，可能会通过游行示威、破坏施工设施等方式阻止施工进行。其三，南非是一个多民族、多种族的国家，非洲人种、有色人种、白种人占比分别为 80.7%、8.8%、8.1%，亚裔人占比 2.5%。[①] 白人掌握着经济，而黑人掌握着政治，政策未必被有效贯彻落实。同时其宗教信仰比较多元化，存在一定的宗教风险。来自政治制度和文化层面的不利因素会给中国在南非的海洋投资带来一定挑战。

　　三是社会舆论层面。中南海洋合作也会面临来自南非国内和部分域外国家不良舆论的干扰。在欧美国家长期舆论"渲染"下，"中国威胁论""债务危机""新殖民主义"等不良舆论对中国和南非全面战略伙伴关系的深化带来了隐形的不良影响，也会对中南海洋合作和"蓝色伙伴关系"的建立带来负面作用。在法律、政治制度与文化、社会舆论等因素的作用下，中国应提前做好预判，充分了解其潜在风险和危害，并做好各类风险的防范。

　　四是法律层面。中南建立了不同的法律制度和立法体系，通过该法案对外资企业在南本地化及黑人持股比例等方面提出硬性要求。[②] 2015 年南非内阁通过了《投资促进与保护法案》修正案，在中南海洋合作过程中制定双边投资保护协定谈判时，南非政府可能会将更多的公共卫生、环保、劳工等公共利益内容纳入其中。[③] 中国远洋渔业的管理要符合南非渔业管理的规定，避免中国渔船被南非扣留的情况发生。同时，南非的劳工标准超前，也会在不同程度上给中国在南非的海洋投

　　① 任航、张振克、蒋生楠、王卿、胡昊：《非洲港口城市分布特征及其港城规模关系比较》，《人文地理》2018 年第 6 期。
　　② 任航、张振克、蒋生楠、王卿、胡昊：《非洲港口城市分布特征及其港城规模关系比较》，《人文地理》2018 年第 6 期。
　　③ 张梅：《南非：投资非洲的重要门户》，《商业观察》2018 年第 4 期。

资带来负面作用。

2. 做好双方海洋发展战略的衔接

第一，做好双方海洋事业重点规划和领域的对接。通过前文对双方海洋事业发展需求的掌握，南非对"一带一路"倡议表现出了极大的参与热情，这为中国重点推进"一带一路"与南非"费吉萨"计划和"南北经济走廊"计划的对接奠定了良好的基础。一方面，在对"一带一路"、"费吉萨"计划、"南北经济走廊"充分了解的基础上，重点进行海上互联互通、海洋环境与生态的保护、海上资源可持续开发、海洋服务业等方面的交流合作。另一方面，借助中国与南非丰富的经贸交流平台，促进中国涉海"走出去"项目与南非涉海企业的顺畅对接。

第二，促进中南海洋合作制度化建设。尽快达成中国与南非具体战略和领域对接的协定和协议，将合作定期和可预见。建立在共同价值和期望基础上的原则和规范，能够减少行为体间的不确定性，有利于树立、培育国家间的信任与合作。中国与南非海洋合作过程中，应尽快达成更多的协定和协议，成立海洋合作主要领域的小组委员会，将双方的合作定期化和制度化。同时，中国也可以以全球海洋规则的制定为抓手，重视全球治理中的南方力量，重塑世界海洋政治新秩序，并为中国与南非海洋合作的开展提供具体的依据和指导。

第三，建立中南海洋领域专门和功能性交流平台。充分发挥中国与南非共有的各种平台和机制优势，将海洋领域的合作纳入双边和多边沟通交流的议程之中，建立更多海洋领域的专门和功能性平台。在"21世纪海上丝绸之路"的框架下，目前中国已展开了丰富的海洋双边和多边合作平台。比如，中欧、中葡"蓝色伙伴关系"，中国与东盟、日本、韩国等共建的"东亚海洋合作平台"等。中国与南非也应充分发挥双方已有的平台和机制作用，建立海上联合军演、联合实验室、海洋科学联合中心等专门和功能性平台。

3. 创新中南海洋合作方式

中国应根据南非的实际情况和特点，创新性地展开海洋合作。

第一，"第三方市场"合作模式。实践证明，"第三方市场"合作在"一带一路"的开展中取得了较好的效果。中国与南非在海洋领域"第三方市场"合作的展开将展现双方基于共商共建共享的原则，坚持海洋领域的开放包容与合作共赢。不仅有利于实现中国优势产能、发达国家先进技术以及南非发展需求的有效对接，也有利于减少中国与南非海洋合作中"涉非三方"的舆论压力与阻力。

第二，多层次、多渠道促进中南海洋合作。除了中南双边框架下的经贸金融、政治文化等平台与机制，中国还应注重发挥区域内、域外国家和联合国框架下的有利资源。海洋领域的合作可以对国家间关系产生积极的溢出效应。[①] 中南之间的海洋合作涉及众多国家间谈判与规划和多个利益攸关方的参与，以美国、印度等为代表的域外国家在南非海洋安全方面仍然扮演着重要角色。中国在与南非展开海上安全、海洋生态等领域的合作过程中，也应加强与相关域外国家的合作交流。比如考虑与印度加强在南非海上安全方面的合作。非盟作为非洲最重要的组织对这些问题的解决发挥着重要作用，可以从非盟入手，做好与南非海洋合作中关键事项的发展与协调。同时还应重视国际组织的作用，例如，可以充分发挥世界银行、联合国、非洲开发银行的力量，为中国与南非海洋合作保驾护航。[②]

第三，绿色"一带一路"框架下中国与南非海洋资源可持续利用。与其他非洲地区国家相比，南非有着超强的海洋保护意识和相对严苛的海洋保护法律与制度。基于绿色发展的新理念，促进海洋生态保护与治理是中国绿色"一带一路"的题中之义。在绿色"一带一路"与中国和南非海洋合作有长足进步空间的情况下，如何在拓展中南共同蓝色发展空间的同时确保对海洋环境的保护，促进中

---

① 余承志：《中国与南非实现"三连跳"金砖框架下合作前景广阔》，《中国对外贸易》2017年第8期。

② 贺鉴、王雪：《全球海洋治理视野下中非"蓝色伙伴关系"的建构》，《太平洋学报》2019年第2期。

南海洋资源的可持续利用，成了绿色"一带一路"框架下中国与南非海洋合作的重要议题。具体而言，中南在海洋合作的开展过程中可将合作的领域拓展至海洋新兴产业和海洋新能源、渔业资源的养护和可持续发展、海洋产业发展与海洋环境保护的平衡等。在一定程度上实现国家间海洋合作方式的创新，从更长远的角度为中南海洋合作提供资源支持。同时，基于绿色"一带一路"的发展理念，中国"走出去"的涉海企业可转向系统性的海洋保育战略与尊重海洋资源可持续性发展的监管。[①] 此外，在与南非海洋合作的过程中，中国还应注重南非海洋发展与合作方式的自主性，分享中国经验，提高南非自主发展能力。

南非作为非洲地区重要的经济体，在国际和地区事务中"发声"的能力日益得到彰显。事实证明，南非在气候变暖和南极等领域逐渐表现出了浓厚的兴趣。中国与南非的海洋合作在海洋领域"南南合作"中发挥着一定的样板作用，中国与南非"海洋命运共同体"可成为中非命运共同体建设的重要组成部分。在与南非的海洋合作中，中国应妥善协调好双方的利益，推动中南建立互利共赢、开放包容的"蓝色伙伴关系"。同时，在促进双边海洋合作的基础上，双方可以线带面，在非洲地区和全球层面开展海洋外交。中国应积极支持南非在全球海洋治理领域的深入参与，充分发挥包括中南在内的多边合作机制与平台的作用，进一步在全球层面强化"海洋命运共同体"的共识。

---

① 刘鸿武、徐薇：《中国—南非人文交流发展报告（2016—2017）》，浙江人民出版社 2018 年版，第 26 页。

第三章　中非海洋合作的指导思想与相关理论

中非海洋合作以海洋强国战略思想、新海洋观、总体国家安全观、海洋命运共同体思想以及习近平法治思想为指导思想。同时，中非海洋合作以全球海洋治理理论、南南合作理论以及中国特色大国外交理论为主要指导理论。在上述指导思想和相关理论的指导和引领下，中非海洋合作阻力将会大大减小，中非海洋合作进程将会稳步推进。

第一节　中非海洋合作的指导思想

不同于欧美国家曾经建立的"联盟"或者"同盟"①，中非海洋合作是结伴而不结盟的"蓝色伙伴关系"。罗伯特·基欧汉和约瑟夫·奈通过对海洋政治议题变化的解读，将以往属于"低级政治"领域的海运、石油钻探、捕捞、海洋环境保护等问题纳入了世界海洋政治的研究范畴，突破了传统上从海洋霸权的角度对世界海洋政治秩序的解读，不仅意识到了全球化时代国际海洋权益的斗争，特别是发展中国家对其海洋权益的诉求上升，而且关注到了海洋问题研究中国际组织和政府之间联系的增加。中非都是当今世界具有重要影响力的经济体，也是

---

① "联盟"战略普遍存在于欧美海洋国家发展海洋事业之中，没有一个大国孤立地成长起来，海洋国家也是。从光荣孤立到寻找盟友，英国想和德国结盟对抗俄罗斯，英国在东亚选择的第一个盟友是日本。美国在构建霸权的过程中，积极建立联盟体系，依托同盟的前沿存在，四大同盟体系是其在东亚保持存在的制度保障。

全球主要的"南方"力量,中非的海洋合作具有较强的带动和示范作用。中非海洋合作是中国深入参与全球海洋治理的结果,也是其推动构建更加公正合理的国际海洋秩序的现实需求。中非海洋合作将在全球海洋治理领域彰显南南合作的强大力量,对形成公正合理的国际海洋政治关系,发展全球可持续性蓝色经济,推动"海洋命运共同体"的实现和全球海洋生态环境的改善都具有重要意义。在此过程中,中非海洋合作需要一定的指导思想,主要包括海洋强国战略思想、新海洋观、总体国家安全观以及海洋命运共同体思想。其中,海洋强国战略思想、新海洋观、总体国家安全观以及海洋命运共同体思想可为中非海洋合作的开展提供重要指导,中非海洋合作的实践有利于进一步丰富海洋强国战略思想、新海洋观、总体国家安全观以及海洋命运共同体思想的具体内涵,从而更好地实现海洋强国战略思想、新海洋观、总体国家安全观以及海洋命运共同体思想中体现的海洋事业发展目标。

一 海洋强国战略

海洋强国战略思想是中国新时代提出的关于海洋的战略思想,具有深刻的理论内涵,将海洋经济发达、海洋科技先进、海洋生态环境优美、海洋人才队伍强大、海上军事力量强大以及海洋文化发达作为主要目标。其具有和平性、合作性以及互利性的特征。因此海洋强国战略思想对中非海洋合作具有重要指导意义,中非海洋合作的实践也有利于实现海洋强国战略思想的具体目标。

(一)中国海洋强国战略的内涵

21世纪是海洋世纪,建设中国特色海洋强国是顺应时代发展和国际潮流的必然选择。从历史的维度考察,海洋与强国兴衰变迁紧密相连。大航海时代以来,得益于近海的地理优势,葡萄牙、西班牙、荷兰、英国、法国、美国、俄国、德国、日本等先后崛起为海洋强国。秦汉时期,中国就开辟了沟通东西方的海上丝绸之路,明代永乐三年至宣德八年,郑和七下西洋,进行超大规模的远洋海上探险。但其后进入大航海时代和西方崛起阶段，中国却因闭关锁国而日渐衰落。鸦片战争以来，中国的衰落源于海洋。基于历史的反思，我们更加深刻地理解了"向海而兴，背海而衰"的铁律。传统意义上的海洋强国，一般是指在海洋贸易、海运、海上军事力量，以及利用海洋资源等方面具有强大实力和综合影响力的国家，其以强大的硬实力尤其是海军力量为支撑。和平与发展的时代主题不断深化，对现代海洋强国的要求更趋于综合，中非海洋合作有利于发挥中国建设海洋强国战略、海洋技术、海洋文化等海洋软实力的作用。

（二）中国海洋强国战略的目标及其与中非海洋合作

统观世界主要海洋国家海洋事业发展的实际，结合中国国情及发展需要，中国特色海洋强国战略目标应包括以下基本内涵：第一，海洋经济发达。海洋经济是海洋发展的物质形式，发展海洋经济是建设海洋强国的物质条件。目前，海洋强国经济基础的建立是从掠夺殖民地财富、拓展殖民地市场到维护自由贸易和开发海洋资源不断演进的过程。[①] 海洋经济是中非海洋合作的重要方面，双方也在海洋经济合作方面具备良好的合作基础与需求。第二，海洋科技先进。掌握同时代领先的海洋科学技术才能抢占开拓海洋的先机，并一跃成为同时代的海洋强国。率先通过先进航海技术发现新大陆和新航路的葡萄牙、西班牙是如此，率先爆发技术革命的英国是如此，新海权时代取代英国成为世界海洋霸权国家的美国也是如此。工业化进程中的信息科技进步不仅是当前百年未有之大变局的决定性因素之一，也是全球海洋治理的重要支撑。海洋科技合作将有助于中非联合进行海洋新兴产业的协调。第三，海洋生态环境优美。海洋生态是中非海洋合作的重要一环，有利于扩大中非海洋合作共识。中国与南非、毛里求斯、肯尼亚等国家积累了良好的海洋生态环境合作基础，双方在联合国框架下的海洋生态环境具体领域合作前景广阔。第四，海洋人才队伍强大。相当数量的海洋事业领军人才和高

---

① 张文木：《世界地缘政治中的中国国家安全利益分析》，山东人民出版社2004年版，第245页。

级人才队伍，可为海洋强国建设提供充足的人才支撑和智力支持，既包括涉海自然科学领域的高端人才，又包括涉海人文社会科学领域的高端人才。海洋人才是中非海洋合作重要的人才保障。第五，海上军事力量强大。与中国国家安全和发展利益相适应的强大海军力量，能够有力捍卫国家领土主权、海洋权益和海外利益，能够充分保护海外华人华侨的人身和财产安全，能为海洋强国建设和中华民族伟大复兴提供坚强的力量支撑。第六，海洋文化发达。发达的海洋文化是支撑海洋强国的重要软实力，其主要涉及国民强烈的海洋意识和活跃的海洋进取精神。发达的海洋文化教育和繁荣的海洋文化产业，有利于产出丰硕的先进海洋文化成果。中非在海洋文化领域达成的合作有利于"海洋命运共同体"在全球范围内共识的达成。以上六大方面紧密联系，不可分割，共同统一于海洋强国建设全局。海洋强国目标的内涵也将更具动态性，只有在世界海洋国家的横向比较中才更具有现实意义。可以预见，在中国海洋强国战略的指导下，中非将在海洋经济、海洋科技、海洋生态环境、海洋人才、海上军事力量、海洋文化六大方面达成更多的交流与合作，同时也将助力中国海洋强国战略具体目标的实现。

（三）中国海洋强国战略对中非海洋合作的启示

不同于某些传统海洋强国的霸权性、扩张性、排他性等特征，中国特色海洋强国战略目标有如下基本特征①：第一，和平性。"百年未有之大变局"背景下的时代潮流仍被和平与发展所指引。中国的和平崛起从根本上改变了西方国家崛起道路（武力崛起）和影响世界的方式，其意义不亚于工业革命给人类带来的变化，这意味着人口占大多数的非西方国家可以不依赖他国而独立发展起来。与以"和""礼"等为核心的传统外交思想相一致，中国的海洋强国建设也极具和平性的中国特色。"和平共处五项原则""和谐世界"，以和平、合作、和谐为主要内容的"海洋观"以及"海洋命运共同体"等，都传达出了中国和平

---

① 金永明：《论中国海洋强国战略的内涵与法律制度》，《南洋问题研究》2014 年第 1 期。

性海洋强国建设道路的追求。第二，合作性。"百年未有之大变局"下中国海洋强国建设的合作性融合在伙伴关系建设的外交需求与"一带一路"建设的外交实践之中，并通过"共商共建共享"的全球治理观得以彰显。"百年未有之大变局"语境下中国海洋强国建设需要具备更加综合性的发展能力，在走向深蓝的过程中加强区域性和全球性的海洋合作。同时，中国也应根据相关合作基础和前景与其他国家（地区）分梯队展开海洋合作与对话。比如，促进与美、印、澳等国海洋合作与利益共享，巩固与俄罗斯、非洲等各国海洋合作与利益共享，紧密与欧盟、东盟等区域组织海洋合作与利益共享。海洋传统和非传统安全威胁错综复杂，单靠一个国家很难妥善应对和处理。因此，在海洋强国建设进程中，应加强必要的双边或多边合作。非洲地区有大大小小 50 多个国家，中国与其中的许多国家都在不同程度上展开了海洋合作。随着中国与非洲地区双边和多边层面海洋合作的深入，将进一步彰显中国海洋强国战略的合作性。第三，互利性。中国在维护国家海洋权益和海外利益的同时，坚持互利互惠，合理兼顾他国合法权益。中非友好合作关系历史悠久，在以往的交流中通过合作不断扩大双方共同的利益。在海洋战略思想的指引下，将进一步彰显新时代中非海洋合作的互利性。第四，阶段性。中国面临的海洋问题众多且错综复杂。争议涉及黄海、东海、南海三大海域，直接当事国众多，域外势力肆意搅局。中国应分阶段、有步骤地大力加强海上力量建设，同时循序渐进地逐步解决有关海洋争端。在中国海洋强国战略指导下，中非海洋合作不针对第三方的特征和互利共赢的特征将进一步得到彰显。同时，中非海洋合作过程中也将进一步实现中国海洋强国战略的和平性、合作性、互利性、阶段性等目标。

中国特色海洋强国以强国富民为基本目标、以和平走向海洋为基本途径、以"和谐海洋"为基本愿景，① 其实现路径主要包括认知海洋、

---

① 赵青海：《海洋强国建设要坚持中国特色》，《中国海洋报》2014 年 8 月 4 日第 3 版。

利用海洋、生态海洋、管控海洋、和谐海洋等五个方面。^①在充分利用中央宏观调控作用的同时，也要注重地方的积极性，推动形成科学合理有效的管控格局，为海洋强国建设增砖添瓦。在与非洲地区国家合作的过程中，要注意促进政府主导与社会参与相协调。推进和谐海洋建设是中国特色海洋强国建设的重要目标。在与非洲国家合作的过程中，更应秉持合作共赢的海洋外交方针，把"亲""诚""惠""容"的外交理念融入对非合作全过程。注重创新"正确的义利观"实施方式，促进中非海洋合作过程中的红利共享。不难看出，在中国海洋强国战略的指导下，中非将进一步认知海洋、科学合理地开发利用海洋、加强海洋生态文明建设、合理管控海洋、推动和谐海洋建设。在此过程中，也会加快建设中国特色海洋强国。目前，国际社会上对中国"海洋强国"建设的曲解仍不绝于耳，中非之间的海洋合作以实践表明中国"海洋强国"建设的和平性、合作性以及和谐性的坚定立场。因而，海洋强国战略思想对中非海洋合作具有重要指导意义，中非海洋合作的实践也有利于实现海洋强国战略思想的具体目标。

二 新海洋观

新海洋观区别于"海权论""陆权论"和"边缘地带论"等西方著名海洋政治理论，具有和平、合作、和谐与发展的特点，对中非海洋合作产生了重要影响，为中非海洋经济、政治、安全、生态环境、科技与文化等领域的进一步合作提供了有利条件。

（一）新海洋观的基本内涵

就国际海洋政治基本理论而言，尤以"海权论""陆权论"和"边缘地带论"最为著名。但西方的几个海洋政治理论都体现出了明显的扩张性，本质上都是海权，即便是麦金德的陆权也是为海权的扩张服务的。区别于西方海洋政治理论站在海权的角度对陆权的俯视，"一带

---

① 刘赐贵：《建设中国特色海洋强国》，《光明日报》2012年11月26日第13版。

一路"倡议体现了海陆兼备和海陆统筹的思想，也是对现有海洋政治理论的发展和创新。"一带一路"所体现的"陆海统筹"思想同时也改善了中国重海轻陆的不均衡开放格局，增加了中国政治经济的战略纵深，改善了国家安全的脆弱性。以上几个海洋政治理论也都体现了强烈的海洋文化和海洋思维，国家对海权的重视也是文化和文明的转型。陆地具有固定性、封闭性、非流动性和非连续性的特征，其界线是明确的，不同国家和民族注定会相遇；陆地思维中的利益是零和的，国家也将走向对立和冲突。而海洋是流动性和连续性的，其界线是模糊的，海洋问题也不可能是某一个国家靠一己之力就能解决的，在海洋思维下的利益是非零和的，国家将走向合作。2014年，国务院总理李克强在中希海洋论坛上提出了"新海洋观"，以"和平"回答了中国应对海洋争端的态度，以"合作"回答了中国走向海洋的方式，以"和谐"回答了中国利用海洋的观念。在新海洋观的指导下，中非海洋合作不仅进一步体现出全球海洋治理中南南合作的力量和作用，也会通过中非海洋合作的实践进一步建设和平之海、合作之海与和谐之海。

（二）新海洋观的特点及其与中非海洋合作

和平、合作与和谐是中国新海洋观的核心，也是中国新型"海洋观"的未来取向。

1. 中非海洋合作的"和平性"

中国是世界上最大的发展中国家，非洲是世界上最大的发展地区集群。中非都遭受过殖民主义的侵害，更加深刻地明白"和平"的意义。不同于部分西方国家的"结盟情节"，中国与非洲国家的合作是结伴不结盟的"蓝色伙伴关系"建设，不以称霸为目的。当前，国际社会上的部分国家仍对中国道路"污名化"，极力渲染中国海洋强国建设中维护自身海洋权益的正当行为，比如中国南海岛礁建设，中国与主要西方国家的舆论战越来越激烈。中国与非洲国家的海洋合作将以实践证明中国"海洋强国"建设的"和平性"，并不断充实完善"新海洋观"关于"和平性"的指向和要求。

2. 中非海洋事务协调的"合作性"

中非之间不存在任何海洋争端与领土争议，具有进行海洋合作的天然优势。合作发展，合作治理。全球海洋治理主体和客体的变化为中非海洋合作提供了良好的客观环境，也推进了中非海洋合作的进程。随着中非参与全球海洋治理意愿和能力的不断提升，双方在国际海洋事务治理中的合作将可预期地增强。长期以来，非洲国家积极参与联合国框架下的国际海洋法规则的制定，积极参与多边海洋治理机构，并做出了重要贡献。随着"21 世纪海上丝绸之路"的延伸，"蓝色伙伴关系"与"海洋命运共同体"的不断向前推进，中国与非盟 2050 年综合海事战略（2050 AIMS）、非洲联盟（AU）《2063 年议程》、2016 年《洛美宪章》等海洋战略与政策有巨大的契合度，双方的海洋利益交会点也不断增多。

3. 中非海洋合作的"和谐性"

中非双方都以海洋可持续发展为目标。随着海洋问题的全球化，中非都遭受了严峻的海洋非传统安全威胁。化学物品与原油造成的海洋污染，海啸、赤潮、台风引发的海洋灾害，给非洲当地沿岸居民带来了巨大的威胁。与此同时，中国海洋灾害的频率呈现上升趋势，海洋灾害带来的经济损失数额惊人，海洋经济利益受到了严重侵害。中非在海洋生态环境方面的合作大有可为。比如，中非可持续推动双方海洋资源开发与环境保护共识与法律保障的深化，克服中非海洋合作中资金与技术的局限，推动实现多层级海洋生态环境治理，发展完善中非海洋资源开发和环境保护法律框架。

4. 中非海洋合作的"发展性"

中非海洋合作的发展性在"一带一路"的建设中得到了充分体现。首先，"一带一路"本身就是开发与包容的发展倡议；其次，基于对改革开放的经验总结与升华，"一带一路"将中国的市场、资源、企业与劳动力紧密相连，其属于全面的经济发展国策（Economic Statecraft）；最后，区别于单向依赖的南北发展结构，"一带一路"在中非海洋合作中建设海上跨国基础设施和产能合作，从而创新全球发展结构。[①]

（三）新海洋观对中非海洋合作的启示

和平、合作、和谐是新海洋观的关键词。第一，就目前的国际政治经济秩序而言，传统海洋大国在国际政治中的话语权仍占有较大优势。当前国际海洋政治仍处于《联合国海洋法公约》与西方海洋话语体系双垄断的局面，海洋话语权的不足极大地限制了包括中国在内的发展中国家在国际海洋秩序中的话语表达。新海洋观指导下中非之间的海洋政治合作有利于建构更为公平合理的国际海洋政治关系，为后发型海洋国家赢得了更多的话语权。中非海洋政治合作有利于支持和汇聚南南合作的力量，弥补全球治理体系中的不对称，更多地反映发展中国家的利益和诉求，促进全球海洋政治关系更加公平合理。第二，2012年联合国可持续发展大会召开以来，蓝色经济在全球海洋治理和可持续发展的地位更加突出。未来，中国应持续加强与非洲在海洋经济领域的合作，帮助非洲培育新的经济增长点。在政府的引导下，充分发挥中非双方企业的力量，推动建立国际蓝色产业联盟，共享信息和资源，在市场、技术、资金等方面发挥各自优势，在智慧海洋、海洋装备集成、生物资源开发、攻克重大关键问题等方面发挥作用，以线带面地为发展全球可持续性蓝色经济带来有益贡献。因而，新海洋观指导下中非经济海洋合作有利于发展全球可持续性蓝色经济。第三，海洋资源合理开发利用与海洋环境保护是当前全球海洋治理的重要部分，也是百年大变局背景下中非海洋合作的重要着力点。当前中国同非洲在海洋生态与环境保护领域的合作进展缓慢，未来双方应积极做出更多努力。比如，不断创新中国与非洲海洋生态与环境保护合作模式：参与国际涉海组织对非洲的海洋开发与保护能力建设，如沿海、海岛、离岸海洋保护区建设；政府支持下的企业和投资机构对非直接投资，涵盖海洋重大工程、海洋产业化开发项目等；参与非洲及其周边海域海洋组

[①] 程诚：《"一带一路"中非发展合作新模式："造血金融"如何改变非洲》，中国人民大学出版社 2018 年版，第 192 页。

织合作计划，如环印度洋合作计划，承担促进区域海洋合作的相关职责；开展政府主导和公益组织具体推动的非洲沿海（海岛）中低收入国家的海洋基础设施和公益事业建设。新海洋观指导下中非海洋生态与环保合作有利于改善全球海洋生态环境。

三　总体国家安全观

总体国家安全观强调海洋领域的传统和非传统安全威胁，在维护中国国家安全和国际海洋安全合作上发挥着越来越重要的指导作用。中非之间海洋安全合作有助于践行总体国家安全观的具体要求，也有利于进一步丰富和发展总体国家安全观的具体内涵。

（一）总体国家安全观的基本内涵

2015 年，《国家安全法》以法律形式确定了"总体国家安全观"在维护中国国家安全上的指导地位。2017 年 10 月 21 日，"坚持总体国家安全观"正式载入党章，也在维护中国国家安全和国际海洋安全合作上发挥着越来越重要的指导作用。在国家海洋局历年出版的《中国的海洋发展战略》中，中国的海洋安全都是其中极其重要的一章。2016 年出版的《中国的海洋发展战略》中明确提到，中国海洋安全形势上地区安全环境趋于复杂、周边国家继续加紧采购现代化武器装备、美国强化对中国高频度海空抵近侦察、南海问题渐渐被渲染为地区和国际热点问题、海洋生态环境安全形势不容乐观。中国的海洋安全政策奉行防御战略，在确保自身海洋权益得以维护的同时，坚持维护世界和地区海洋和平稳定。继续倡导新型安全观，打造海洋安全合作平台，为中国的和平发展和建设海洋强国创造相对和平稳定的国际和周边安全环境。事实上，当前中国与美国、韩国、东盟等国在海洋安全合作方面进展较快，收获颇丰。

总体国家安全观兼顾传统与非传统两方面的要素，强调海洋领域的传统和非传统安全威胁。对外海洋国土安全是突出的传统国家安全问题，政治、国土、社会、文化、科技、生态、资源、核等领域安全的外部威胁源主要来自美国及其盟友等西方国家。同时强调应对各种安全挑战和威胁，维护国家安全，需要内外兼修，搞好外交工作，处理好同各国的关系。政治安全的外部环境最具挑战性，当前中国的意识形态安全面临着内外双重挑战，美国推广"普适价值"战略给中国带来了巨大挑战。总体国家安全观的提出代表了中国发展和世界进步的趋势，从而推进互利共赢和新型国际关系建设。当前中国与非洲各区域的海洋安全合作面临巨大需求，海洋安全可分为传统海洋安全与非传统海洋安全两类，非传统海洋安全合作主要包括打击海上恐怖主义和海盗、治理海洋污染等，中非之间海洋安全合作有助于践行总体国家安全观的具体要求，也有利于进一步丰富和发展总体国家安全观的具体内涵。

（二）总体国家安全观指导下的中非海洋合作需求

随着国内外安全形势的变化，中非海洋合作面临着更多的海洋传统与非传统安全威胁。离中国普通民众较为遥远的恐怖袭击开始从边疆扩展到内地，国际油价的波动、国际经济特别是股市震荡对中国民众的生活造成切身影响，中国领土和海洋主权的安全问题也日益成为中国政府和民众直接关注的问题。[①]

从非洲重点海域来看，非洲几内亚湾具有重要的经济与战略意义。这一海域丰富的油气资源和海洋生物资源，使之成为中国重要的能源来源地和贸易合作伙伴区。但区域内国家治理能力的不足等，使得几内亚湾成为继索马里海域之后另一安全问题多发的海域：海盗与海上武装抢劫、非法毒品交易、非法武器交易、非法移民和非法渔业等频发，严重影响海上运输、油气开采、港口作业等的安全，也威胁着沿岸社区居民的生计。相关国家复杂的内部矛盾、跨境犯罪网络的形成、区域恐怖主义与环境危机等交错出现，都使得海洋安全成为综合性问题。鉴于这一区域海洋安全问题的紧迫性与严重性，联合国安理会、国际海事组织等全球性国际组织，非盟、中西非海事组织、西非经济共同

---

① 贺鉴、刘磊：《总体国家安全观视角中的北极通道安全》，《国际安全研究》2015 年第 6 期。

体、东非经济共同体、几内亚湾委员会等区域性国际组织等，在现有的
法律和制度框架下，先后出台法律文件；美、法、英等在这一地区有着
重要历史渊源与现实利益的域外大国，也通过提供军援、培训人员、举
行联合演习等行动，应对海上安全问题。但域外大国利益不一致、外来
援助的不足等，再加上区域内国家海洋立法不完善、国家间海上争端
与国家争端、海上力量的不足等，都使得海上安全的维护任重道远。

从非洲海域重点国家来看，南非在非洲有着重要的经济地位，已经
连续 7 年成为中国在非洲的第一大贸易伙伴。海盗和武装抢劫是南非主
要的海上安全威胁。近年，索马里和亚丁湾的海盗活动呈现由北向南
扩展的趋势，这给南非海洋事业的发展带来了巨大威胁。2013 年，南
非宣布打算在南部非洲的西岸部署一艘海军舰艇以减缓几内亚湾海上
安全局势的恶化。2016 年，南非国防部长在预算演讲中强调与纳米比
亚和安哥拉等国家合作，共同遏制非洲西海岸的海盗威胁。[1] 中国与南
非的海上安全合作范围涉及印度洋和南大西洋，合作的具体领域包括
海洋传统安全和海洋非传统安全。在海洋传统安全方面，中国与南非
应加强双方海军建设的合作。为了实现"蓝水海军"的目标，南非不
仅通过一系列海军首脑会议加强与南部非洲地区国家海军的合作，还
积极开展国际合作。目前南非的海岸警卫队在有效控制和监测沿海水
域和专属经济区方面面临着较大挑战，相比于南非在印度洋的积极参
与，海军能力的不足限制了其在南大西洋海上安全的表现。[2] 中国可协
助南非在海军、国防和安全部队方面的建设，加强双方海军在联合军演、
监视和侦察、海军联合作战、海上安全巡逻、远洋海运业务后勤支持等
方面的协作，实现《中华人民共和国政府和南非共和国政府关于海关事
务的互助协定》的具体要求。在海洋非传统安全领域，中国与南非应加

---

① João Paulo Borges Coelho，"African Approaches to Maritime Security：Southern Africa"，*Friedrich-Ebert-Stiftung Mozambique*，December 2013，p. 356.

② João Paulo Borges Coelho，"African Approaches to Maritime Security：Southern Africa"，*Friedrich-Ebert-Stiftung Mozambique*，December 2013，p. 356.

强双方在反恐、反海盗、海洋监测等方面的合作。索马里海盗装备精良，具备包括突击步枪，重型和轻型机枪，火箭推进式手榴弹（RPG）等在内的各种各样的作战武器。① 中国与南非可以合作主导制订关于打击海盗行为的区域行动计划指导方针，积极参与印度洋和南大西洋海事制度安排，共同为印度洋和南大西洋海洋秩序的规范做出贡献。

（三）总体国家安全观对中非海洋合作的启示

海洋资源的运输和海洋经济的发展都需要良好的海洋安全环境作为基础，东非地区国家众多且安全形势严峻，加强海上能源通道安全合作，是促进双方在该区域海洋合作项目中平稳发展的前提条件。从海上交通与安全方面来看，东非海域印度洋地区海运线是中国的能源及其他资源和商品的重要运输通道，确保这条经济通道的安全对于中国经济发展至关重要。为了进一步提升能源合作项目的安全水平，保障国内市场能源需求的稳定供给，中国目前努力尝试增加从非洲进口能源的数量。而这些石油都需经由东非海域运进中国。东非海域蕴含着珍贵的资源，但由于资金与技术的限制，往往无法合理开发。随着中国企业对东非地区投资的不断增多，已明显改善当地的基础设施建设，提升东非的国际竞争力和在全球供应链中的地位。以矿业能源资源开发为例，保利协鑫油气集团于 2016 年 3 月 3 日启动吉布提 LNG 能源项目，该项目甚至获得吉总统盖莱的称赞——中国企业为改善吉布提乃至整个东非地区的经济做出了贡献。提升中国与东非在海洋领域的经济合作水平，需要双方加强海上能源通道安全合作。上述合作项目中产生的能源都需经由东非海域运往他国，而中国与东非在海上能源通道安全领域的合作，不仅有利于稳定中国对非投资的势头，还有助于提升非洲的海洋安全管理水平，从而使非洲在全球海洋治理体系和国际海洋事务中处于更有利的位置。由于东非海域是印度洋的一部分，所以印度对于中国与东非日益升温的海洋合作具有危机意识，并实施了

---

① Francois Vrey, A Blue BRICS, "Maritime Security, and the South Atlantic", *Contexto Internacional*, Vol. 12, No. 1, August 2016, p. 92.

各种反制措施。东非海域的战略重要性日益突出，海洋安全合作将成为该区域未来海洋治理的重要领域，中方应以"构建人类命运共同体"为目标，努力完善中国与东非国家的海上能源通道安全合作机制，将其打造成中非海洋合作共赢的典范。

大多数非洲国家是《联合国海洋法公约》的缔约国，《公约》在具体条款中强调要在海运、海上安全、控制海洋污染和保护海洋环境、开发海洋生物资源等领域开展区域合作。中国在非洲的重要海上通道面临着严峻的安全形势，例如，中国—北非航线的索马里段已经成为世界上最不安全的国际航道之一，中国与西非的必经之路——好望角存在许多自然灾害。因而可在总体国家安全观的指导下，促进双方在海洋非传统安全、共同打击海盗、海上通道等方面开展更加密切的合作，进一步完善海上执法国际合作机制，为中非"蓝色伙伴关系"的构建提供有利的外部条件。在总体国家安全观的指导下，中非海上合作大有可为。比如，通过和安论坛，建立和完善安全对话机制。根据北京峰会安排，中方将设立"中非和平安全论坛"。利用这一契机，通过邀请非盟、西非经济共同体、东非经济共同体、几内亚湾委员会等区域和次区域国际组织官员，与区域内各国官员参与的安全对话机制，建立中国与相关沿海国家的海洋安全对话机制，形成共识。同时，继续通过多边、双边援助与其他形式的军援，提升西非国家维和能力。

四　海洋命运共同体思想

海洋命运共同体是中国"人类命运共同体"思想在海洋领域的延伸，在政治、经济、文化、生态环境等方面都有具体含义。在海洋命运共同体思想指导下，将有利于推动"全球海洋命运共同体"的建立与发展，从而真正地实现全球海洋治理的目标。同时，中非海洋命运共同体的构建应从持续推进中非海洋外交、加快中非海洋经济合作、促进中非海上安全合作以及加强中非海洋生态与环保合作等方面进行。

（一）海洋命运共同体思想的基本内涵

2019 年 4 月，习近平主席出席中国人民解放军成立 70 周年多国海军活动。接见外方代表团团长时，他鲜明地提出"海洋命运共同体"。区别于近代以来以马汉海权论为基础的海洋思想，"海洋命运共同体"的提出是中国"人类命运共同体"思想在海洋领域的延伸。就"海洋命运共同体"的具体表现而言，在政治安全方面，其以发展海洋领域的"蓝色伙伴关系"为具体目标，坚决维护国家的海洋权益和利益。在经济层面，不断促进蓝色经济的发展。在文化上，建构开放包容互鉴的海洋文化，推动共商共建共享的全球海洋治理观在更广的范围内达成共识。在生态环境上，以和谐海洋蕴含的"人海合一"为目标，推动构建可持续发展的海洋生态环境。当前中国所处的时代是和平与发展的时代，也是全球海洋治理的时代。作为世界上最大的发展中国家，中国在不断走向深蓝的过程中，在全球海洋治理中应当更为积极地贡献力量，海洋命运共同体应当成为中国特色海洋政治学理论的主要内容。中国倡导的海洋思想自带浓厚的中国特色"和合观念"，中非合作源远流长，非洲长期是中国外交的重中之重，其也应当成为中国构建"海洋命运共同体"的重要一环。基于相似的历史发展进程和深厚的情感，中非在海洋合作中有天然的优势，极具实践和平、发展、公平、正义的价值体系的潜力。

（二）海洋命运共同体思想指导下中非海洋合作的重要意义

实际上，中国不仅通过各种场合推动"海洋命运共同体"成为"全球共识"，并通过"蓝色伙伴关系"① 倡议积极将"海洋命运共同体"理念落到实处。2018 年 9 月中非合作论坛北京峰会通过的《中非合作论坛—北京行动计划（2019—2021 年)》中多次提及海洋。当前全球海洋治理虽然取得了一定成就，但国家间的政策分歧与利益冲突的普遍存在影响着全球海洋治理的效果。在此背景下，"蓝色伙伴关系"的建构对于应对全球海洋治理中的各种挑战至关重要，其是"海洋命

---

① "蓝色伙伴关系"倡议即以海洋领域可持续发展为目标，建立在相互尊重、合作共赢基础上的伙伴关系。该倡议强调共担责任、共享利益；重视蓝色经济、绿色发展、合理有效地利用海洋资源；强调"网络化"建设，突出全方位、多层次、宽领域。

运共同体"的重要组成部分，将有利于推动"全球海洋命运共同体"的建立与发展，从而真正实现全球海洋治理的目标。

（三）海洋命运共同体思想对中非海洋合作的启示

就中非海洋命运共同体的构建而言，应从以下几个方面推进。

1. 持续推进中非海洋合作

中非之间和谐的海洋外交关系可为双方"蓝色伙伴关系"的构建提供源源不断的动力，对"蓝色伙伴关系"的构建起着催化剂的作用。在与非洲的海洋合作中，应继续秉持"亲诚惠容"的外交理念，妥善协调好双方的利益，实现互利共赢、开放包容的伙伴关系。具体而言，要促进中非之间海军外交、海洋法律外交以及涉海民间外交与公共外交，从机制体制上完善对非海洋公共外交政策体系。同时，可以基于已有的中非合作平台，发挥学术交流的助推作用，共同主办或承办有关海洋的国际性会议、海洋交流会等。

2. 加快中非海洋经济合作

中非之间海洋经济合作是构建双方"蓝色伙伴关系"的基础，也是持续推进双方海洋合作的物质保障。中非"蓝色伙伴关系"的构建需要双方在更广泛的层次上开展海洋经济合作，例如，双方应进一步加强在海洋渔业、海洋基础设施、海上互联互通和海洋资源开发等方面的合作，加快实现双方在海洋经济中的互利共赢。

3. 加强中非海洋生态与环保合作

中非海洋生态与环保合作是建构中非"蓝色伙伴关系"的重要内容，有利于中非在海洋合作领域达成更多共识。当前，一些有组织的犯罪集团和西方公司把非洲海域当成垃圾场，随意倾倒大量电子垃圾、医疗垃圾，甚至有毒、带有放射性的核废料，污染当地水域，危害当地人健康。① 未来中国可将对非实施的绿色发展和生态环保援助项目扩展至海洋生态领域，加强双方在海洋环保、海洋污染防治、绿色经济等领域的合作。

---

① 谢意：《画去东来——中非共迎"海洋世纪"》，《中国投资》2016 年第 22 期。

五　习近平法治思想

习近平法治思想立足于国内法治与国际法治两个大局，基于"人类命运共同体"的理念，推进全球治理格局、治理体制与规则的变革，涉及科学立法、严格执法、公正司法与全民守法等不同层面，涵盖国家、政府、社会等不同维度。习近平法治思想为中非海洋合作的法制化建设提供了重要指导，也有利于双方海洋合作过程中法律问题的解决。

（一）习近平法治思想的基本内涵

习近平法治思想与马克思列宁主义、毛泽东思想、邓小平理论、"三个代表"重要思想、科学发展观一脉相承，是中国特色社会主义法治理论的结晶。系统地回答了什么是新时代的社会主义法治，为什么要全面依法治国，如何推进全面依法治国等根本性问题。就具体内涵来说，习近平法治思想立足于国内法治与国际法治两个大局，基于"人类命运共同体"的理念，推进全球治理格局、治理体制与规则的变革，涉及科学立法、严格执法、公正司法与全民守法等不同层面，涵盖国家、政府、社会等不同维度。中国特色社会主义法治的基本理论包括：全面依法治国是坚持和发展中国特色社会主义的基本方略；坚持党的领导、人民当家作主、依法治国有机统一；坚持党对全面依法治国的领导；构建以人民为中心、以公正为生命线的社会主义法治核心价值体系；坚持和拓展中国特色社会主义法治道路；全面依法治国是国家治理的一场深刻革命；在法治轨道上推进国家治理现代化；建设中国特色社会主义法治体系；建设良法善治的法治中国；坚持依法治国和依规治党有机统一。① 与此同时，习近平法治思想也内含着对中国"海洋强国建设"进程中法治问题的思考，从而推动国家海洋治理体系和治理能力的现代化。习近平法治思想更加强化了"全面依法治国"的重要地位，旨在推动中国民主法治建设更上一层，丰富完善中国特

---

① 张文显：《习近平法治思想的理论体系》，《法制与社会发展》2021 年第 1 期。

色社会主义法律体系。

（二）习近平法治思想对中非海洋合作的启示

中非之间的海洋合作由来已久，中非海洋合作在双边和多边层面都取得了较多成果。但与此同时，中非海洋合作的各个层面都存在不同程度的法治建设难题，就海洋政治领域而言，主要包括涉海国际法的缺失，国际海洋法的某些规定还存在着一些盲点，各国对相关条款的理解也有分歧；中非海洋政治合作的法治化进程缓慢；中非就国际突发问题的治理也面临着困境，比如难民问题、海外撤侨等。中非海洋经贸合作也缺乏系统法律保障，双方海洋经贸合作双边条约框架相对薄弱。两者在海洋投融资方面，渔业合作中的法律问题以及海洋基建方面都面临不同程度的问题。就中非海洋科技与文化合作而言，在此情况下，习近平法治思想为中非海洋合作的法制化建设提供了重要指导，也有利于双方海洋合作过程中法律问题的解决。中非之间的海洋合作涉及海洋经济、海洋安全、海洋生态与环保、海洋科技等具体方面，符合习近平法治思想中"创新、协调、绿色、开放、共享"的新发展理念。中非之间是在一系列的相关海洋理论的指导下进行海洋合作的，通过全球海洋治理、南南合作理论以及中国特色大国外交理论的帮助与指导，中非海洋关系将在继承传统友好与务实合作的基础上全面快速发展，进入历史最好时期。在多边主义、正确义利观以及全球治理观的影响和指导下，中非海洋合作将朝着更加光明的前景前进，中非将继续深化"一带一路"框架下的互利共赢合作，也会共同讲好双方合作的故事，把握好中非海洋合作的国际话语权。

（三）习近平法治思想对中非海洋合作的促进：以渔业为例

习近平法治思想可以有效促进中非渔业合作。中非海洋渔业合作存在诸多机遇与挑战。如：非洲渔业资源丰富、非洲劳动力成本低以及中非高度重视渔业合作等机遇；中非渔业合作近年来也出现了大量违法犯罪现象等挑战。中非渔业合作法律框架存在不足，因此在习近平法治思想的指导下，中非在渔业管理方面、渔业投资纠纷方面以及渔业民商事纠纷方面都拥有充分的合作空间。

1. 中非海洋渔业合作的机遇与挑战

中非开展渔业合作具有得天独厚的条件。第一，非洲渔业资源丰富，有 38 个沿海国家，海岸线长，有众多优良渔区（世界 19 个渔区中有 4 个在非洲）。非洲有众多内陆湖，鱼类资源多，产量大。渔业是许多非洲国家的重要产业。第二，非洲劳动力成本低，可以利用欧美的优惠税收出口发达国家。第三，中国近海渔业资源日益枯竭，远洋设备先进，管理水平高，中非高度重视渔业合作，并通过"中非合作论坛"这一平台不断深化双方海洋渔业合作。中非渔业合作既丰富了中国国内渔产品市场，也给非洲国家带来了实实在在的利益。比如，拉动了当地经济发展、促进了当地人员就业、提升了当地财政收入、满足了当地水产品市场供应。

但中非渔业合作近年来也出现了大量违法犯罪现象，如果不及时防控，会影响中非渔业合作的健康发展。主要违法犯罪现象包括：第一，中国渔船的非法捕捞（IUU）。第二，非洲人针对中国渔民、渔船的跨国犯罪。第三，非洲海域海盗行为等。2008 年 11 月，中国大陆"天裕8 号"渔轮在索马里海域遭海盗劫持；2012 年 3 月，中国台湾"建昶号"渔轮在索马里海域遭海盗劫持。这迫切需要中非双方健全渔业合作的法律框架。

2. 中非渔业合作的法律框架现状

中非渔业合作的法律框架包括国内法、双边条约、多边公约等。

（1）中非渔业合作的国内法框架

非洲沿海国家大都制定有渔业相关法律，对渔业准入、渔业许可、渔业场所、渔具、捕捞方法、数量、种类等作出规定。有的国家还有多种法律制度，对海洋、内河等捕捞及渔业生产作出规定，如几内亚分别制定有《海洋捕捞渔业法》《陆上江河捕捞渔业法》《水产养殖渔业法》等。其他税法、劳动法、环保法、刑法也有规制渔业的相关规定。中国的《渔业法》《远洋渔业管理规定》对中国远洋渔业有相应的规定，要求中国远洋企业既要遵守中国法律，也要遵守入渔国法律、双边协定及有关国际公约。

（2）中非双边条约

直接与渔业相关的双边条约主要涉及《中非渔业协定》。涉及中非渔业民商纠纷解决的双边条约有《中非民商事司法协助条约》。但这些数量有限的双边民商事司法协助条约无法应对日益增多的中非民商事纠纷。

（3）中非渔业合作的多边条约

中国和非洲国家加入的直接与渔业相关的国际公约有《联合国海洋法公约》《养护大西洋金枪鱼国际公约》等。中国和非洲国家加入的有关打击海盗的国际公约有《公海公约》等。中国和非洲国家加入的涉及渔业投资纠纷解决的国际公约有1965年《华盛顿公约》（ICSID公约），涉及中非渔业民商事纠纷解决的国际公约主要包括诉讼与仲裁两大类。

3. 中非渔业合作法律框架的不足

通过上述中非渔业合作的法律框架可以看出，它们还存在如下不足：其一，缺乏单一、系统的法律框架，零散、碎片化的法律框架不便于调整中非渔业合作。其二，偏重于渔业管理方面，对于渔业投资、渔业跨国犯罪、渔业民商事纠纷处理等方面没有直接法律规定。其三，双边条约框架相对薄弱，不便于中非渔业合作的开展。

就具体领域而言：第一，在渔业管理方面，过多依赖于国内法律制度，双边渔业协定的内容过于简单，而非洲国内的渔业规定复杂、多样、严苛、易变，不利于中国远洋企业理解和遵守。第二，在渔业投资纠纷解决方面，中非有效的双边投资较少（18个，许多非洲沿海国家还没有同中国签署此类条约或虽已签署但未生效，如肯尼亚、莫桑比克、纳米比亚等），且只有9个条约（中国与赤道几内亚、突尼斯、坦桑尼亚、马里、马达加斯加、刚果（金）、摩洛哥、埃塞俄比亚、加蓬）规定了ICSID仲裁程序，利用ICSID解决中非渔业投资纠纷还存在局限。双边投资保护条约在解决投资者—国家间投资争议中发挥着重要作用。第三，在渔业民商事纠纷解决方面，中非双边民商事司法协助条约数量较少（5 个），非洲国家加入《海牙送达公约》和《海牙取证公约》的国家数量有限，利用诉讼方式解决中非渔业民商事纠纷显然十分不便。在打击渔业跨国犯罪方面，中非在刑事司法协助、引渡方面的双边机制显然十分薄弱，不利于开展跨国犯罪方面的刑事司法合作，很难有效打击跨国犯罪。

4. 习近平法治思想对完善中非渔业合作法律框架的完善

（1）在渔业管理方面

中非双方应加强双边沟通协调，尽量统一各类渔业管理方面的法律、法规，并通过双边渔业协定将此类内容予以明确，这样会有利于中国远洋企业了解相关法律规定，减少违法捕捞行为。

（2）在渔业投资纠纷方面

中非双方应尽量签署更多双边投资保护条约，并尽量采用 ICSID 仲裁程序或考虑设立中非解决投资国际中心（CACSID）。在打击跨国渔业犯罪方面，中非双方应商签更多双边刑事司法协助条约、引渡条约。

（3）在渔业民商事纠纷方面

双方签订更多双边民商事司法协助条约，为诉讼提供便利途径。考虑到仲裁的接受度，双方应尽量通过仲裁方式解决渔业民商事纠纷。中非双方政府也意识到仲裁在解决中非经贸投资争议中的重要作用，2012年以来的中非合作论坛部长级会议上通过的行动计划都会涉及这一问题。

第二节　中非海洋合作的相关理论

中非海洋合作以全球海洋治理理论、南南合作理论和中国特色大国外交理论为主要指导理论。在上述理论的引领和指导下，中非海洋合作取得了一定的成果，面临着不可多得的时代发展机遇。可以预见，中非将在上述理论的指导下妥善地解决合作过程中遇到的多重问题。在遵循上述理论原则的基础上，中非海洋合作将取得更多成果，惠及更多的中国人民与非洲人民。

一　全球海洋治理理论

全球海洋治理理论是全球治理理论在海洋领域的延伸与发展。国内外诸多学者对全球海洋治理理论进行了定义与阐释。全球海洋治理理论产生于全球化、海洋问题频发以及治理机制的不断涌现中。全球海洋治理理论具有全球海洋治理主体呈现多元和不平衡性、全球海洋治理客体呈现跨国性、全球海洋治理的目标多样性等特征，对中非海洋合作具有重要意义。全球海洋治理理论在中非海洋问题的解决、中非海洋合作进程以及非洲一体化进程方面都具有重要的推动作用。

（一）全球海洋治理理论的基本内涵

全球化深入发展推动着全球治理理论的产生与完善。伴随着频频发生的全球性海洋问题，聚焦于海洋领域的全球海洋治理理论日益受到关注。国内学者对全球海洋治理理论进行了研究探讨。王琪、崔野在《全球公共产品视角下的全球海洋治理困境：表现、成因与应对》一文中认为全球海洋治理理论来自治理理论、全球治理理论、"公地悲剧"等，并继承和拓展了全球治理理论，是治理理论和全球治理理论的深化发展。[①] 郑苗壮认为全球海洋治理将海洋看作一个整体，是国际社会为了共同应对全球性海洋问题采取的规则、体制、方法、行动，并且涵盖了政治、经济、科技和军事等诸多领域。[②] 傅梦孜[③]认为，全球海洋治理可以通过区域海洋治理和公海治理的方式进行治理。[④] 杨薇、孔昊在《基于全球海洋治理的中国"蓝色经济"发展》一文中认为，"一带一路"是中国参与全球海洋治理的主要路径。而发展蓝色经济对中国

---

① 崔野、王琪：《全球公共产品视角下的全球海洋治理困境：表现、成因与应对》，《太平洋学报》2019 年第 1 期。

② 郑苗壮：《全球海洋治理呈现明显复杂性》，《中国海洋报》2018 年 2 月 28 日第 2 版。

③ 傅梦孜，中国现代国际关系研究院副院长。

④ 傅梦孜：《循序渐进参与全球海洋治理》，《中国海洋报》2018 年 12 月 27 日第 2 版。

发展"一带一路"、参与全球海洋治理具有重要意义。① 袁沙在《全球海洋治理体系演变与中国战略选择》一文中认为，在"百年未有之大变局"背景下全球海洋治理必须冲破海洋霸权主义的阻围，秉持共商共建共享的全球海洋治理观。② 杨泽伟认为，中国推动全球海洋治理体系的变革，不但是中国建设海洋强国的需要，而且是中国发挥负责任大国作用的重要表现，同时也有利于中国有效应对海洋权益维护的种种挑战。③ 贺鉴、孙新苑在《全球海洋治理视角下的中菲海上安全合作》一文中认为，全球海洋治理实践已经由来已久，全球海洋治理是全球治理与海洋治理的结合。④ 贺鉴、王雪在《全球海洋治理视野下中非"蓝色伙伴关系"的建构》一文中认为全球海洋治理理论深深根植于全球治理理论，与全球治理理论的产生和发展息息相关。全球海洋治理理论的政治设想包括国际主义、激进的共和主义和世界主义民主以及在此基础上形成的全球主义、国家主义和跨国主义这三种范式。⑤ 综上，全球海洋治理是基于特殊背景下产生的，是全球治理理论的延伸，是全球治理理论在海洋领域的深化发展，也是新时代行为体之间进行海洋合作的重要理论基础。

（二）全球海洋治理理论的产生背景及特点

全球海洋治理理论产生于全球化、海洋问题频发以及治理机制的不断涌现。

1. 全球海洋治理理论的产生背景

首先，全球化深入发展，全球联系不断增强，为各国进行交流合作

---

① 杨薇、孔昊：《基于全球海洋治理的中国"蓝色经济"发展》，《海洋开发与管理》2019 年第 2 期。

② 袁沙：《全球海洋治理体系演变与中国战略选择》，《前线》2020 年第 11 期。

③ 杨泽伟：《新时代中国深度参与全球海洋治理体系的变革：理念与路径》，《法律科学（西北政法大学学报）》2019 年第 6 期。

④ 贺鉴、孙新苑：《全球海洋治理视角下的中菲海上安全合作》，《湘潭大学学报》（哲学社会科学版）2018 年第 6 期。

⑤ 贺鉴、王雪：《全球海洋治理视野下中非"蓝色伙伴关系"的建构》，《太平洋学报》2019 年第 2 期。

提供了物质基础的绝佳优势。冷战结束后，新兴国家和行为体不断涌现，合作共赢逐渐成为时代发展趋势，全球海洋治理时代也因此加速到来。和平稳定的发展环境为全球海洋治理的兴起提供了广袤的发展环境。世界各国普遍意识到海洋作为全球化的载体和物质基础的重要性。[①] 由此，各国普遍意识到需要采取共同的行动来加强海洋交流与合作。其次，海洋具有自然属性，海洋的自然属性是海洋产生人为和自然问题的根本属性，同时海洋的自然属性也是全球海洋治理产生的现实基础。由于海水具有流动性、多层次性，海域边界划分具有不确定性等特征，很多海洋问题也因此具有了全球性和国际性。近年来全球性海洋问题频发，诸如海上犯罪、海上走私、海上军事冲突等海洋安全问题频发，如海啸、台风等海洋自然灾害问题也加剧了全球海洋治理的困难，给各国政府带来了严峻的挑战。这些问题无一例外都具有全球性特征，亟待国际社会合作进行解决，因而使海洋问题具有了全球意义。[②] 最后，全球海洋治理理论的认同基础在全球范围内大量多层次、全方位、多主体的治理机制不断涌现的基础上得以加深。在此背景下，全球海洋治理理念与实践快速发展。因此，全球海洋治理理论的出现必然具有深刻的必要性。

2. 全球海洋治理理论的特点

全球海洋治理理论具有以下四个特点。第一，全球海洋治理主体呈现多元和不平衡的特征。全球海洋治理主体具有多元性，主要包括主权国家、政府间国际组织以及非政府间国际组织，以及涉海的个人和跨国公司等。政府间国际组织包括：联合国及其相关组织、国际海洋科学组织（IMSO）、国际生物海洋学协会（IABO）、北太平洋海洋科学组织（PICES）、国际海洋学院（IOI）、国际海事组织（IMO）；非政府间

① 黄仁望：《"全球海洋治理"概念初探》，中国社会科学网，2014 年 3 月 19 日，http：//www.cssn.cn/zzx/gjzzx_ zzx/201403/t20140319_ 1034111. shtml。

② 贺鉴、孙新苑：《全球海洋治理视角下的中非海上安全合作》，《湘潭大学学报》（哲学社会科学版）2018 年第 6 期。

国际组织包括：国际绿色和平组织（Greenpeace）、海事战略框架指令（MSFD）等。以上治理主体之间国际地位不平衡性凸显，尤其是主权国家的海洋影响力较大，如美国和英国、日本等老牌海洋强国。发展中国家的海洋影响力和海洋话语权较弱，但随着全球海洋治理的不断深入发展，新兴行为体的影响力正逐步提升。第二，全球海洋治理客体呈现跨国性。全球海洋治理客体即治理对象，包括制约人类和海洋发展的秩序、环境、经济、政治、安全等多种海洋问题。这些海洋问题彼此相互关联，并不局限于某国或某个地区，一个海洋问题的产生和发展往往影响着全世界海洋的稳定发展。正是由于全球海洋治理对象具有跨国性，在全球化的当下推进全球海洋治理体系变革才更加具有紧迫性。第三，全球海洋治理的目标多样。由于产生全球性海洋问题的原因多样且全球海洋治理主体和客体具有多样性，因此全球海洋治理也在不同方面有多重目标。随着全球海洋治理问题的日益严重，国际社会将更好地维持国家海洋秩序、解决严重的全球海洋问题作为直接目标。[①] 由于主权国家与人类社会的利益需求不断发展、发达国家与发展中国家存在利益失衡、经济利益与社会效益无法彻底统一等问题，全球海洋治理理论的长远发展目标为：推动海洋可持续发展。第四，全球海洋治理效果存在滞后性和有限性。[②] 由于全球海洋治理体系尚处于酝酿阶段，还存在诸多不完善之处，法律制度和政策不完善，目前虽然已经取得了一些成绩但尚不理想，如海洋治理规则执行力度不强、海洋污染速度加快等，全球海洋治理效果存在明显的有限性。此外，由于人类在海洋的长期活动导致海洋生物多样性减少、海洋酸化等问题不断涌现，导致海洋治理过程漫长，海洋治理不可能一蹴而就，海洋治理效果存在滞后性，海洋治理效率降低。

---

① 崔野、王琪：《关于中国参与全球海洋治理若干问题的思考》，《中国海洋大学学报》（社会科学版）2018 年第 1 期。

② 郑苗壮：《全球海洋治理呈现明显复杂性》，《中国海洋报》2018 年 2 月 28 日第 2 版。

（三）全球海洋治理理论对中非海洋合作的意义

全球海洋治理理论对中非海洋合作具有重要意义。首先，全球海洋治理理论有助于中非海洋问题的解决。其次，全球海洋治理理论加快了中非海洋合作进程。最后，全球海洋治理理论推动非洲一体化进程加快。因此，在全球海洋治理理论的引领和指导下，中非海洋合作将不断深化。

1. 全球海洋治理理论有助于中非海洋问题的解决

中国在海岛和海上划界问题上面临传统安全困境，在海洋资源开发、海洋捕捞、海上犯罪等问题上面临非传统安全困境。非洲海洋经济发展缓慢，海洋科技与文化实力较弱，非洲东西两岸的海上犯罪猖獗，在海洋发展过程中面临诸多挑战。尤其是非洲海上非传统安全问题，如非洲几内亚湾海盗和索马里海盗问题，严重阻碍了非洲进步与发展。几内亚湾海域和索马里海域海盗越发猖獗，不仅危害着该地区相关国家的经济发展与社会进步，也对中国政府和民间企业与其开展相关经济和科技等层面的合作造成了严重挑战。此外，由于非洲海洋经济发展缓慢，因此非洲海洋科技基础薄弱，多依赖进口，自主发展能力较差，而全球海洋治理理论可以有效地指导中非海洋合作，帮助非洲国家解决相关问题。总之，中非在进行海洋合作的过程中不可避免地会遇到海洋传统和非传统安全问题，通过全球海洋治理理论的指导，中非海洋合作将会有效预见、及时避免可能发生的部分海洋问题，为中非海洋问题的解决创造良好的合作环境。

2. 全球海洋治理理论加快了中非海洋合作进程

中非双方在积极参与全球海洋治理的进程中不断完善海洋发展能力，推动海洋合作进程不断加快。一方面，中国积极参与全球海洋治理。如表 3 - 1 所示，2018 年，中国海洋生产总值第一次突破 8 万亿元，推动了海洋总体的发展，2019 年中国海洋生产总值持续上升，海洋经济发展潜力巨大。中国不仅通过提出多种治理方案和治理理念来参与全球海洋治理体系，还通过双边合作、多边合作、区域海洋合作的方式积极参与全球海洋治理，推动全球海洋治理体系朝着更加公正合理的方式变革。近年来，中国通过提出多个倡议与理念来深度参与全球海洋治理，如："21 世纪海上丝绸之路""蓝色伙伴关系""蓝色经济伙伴关系"。且中国通过与东盟、欧盟、美国、日本、俄罗斯、金砖会议等双/多边合作来参与全球海洋治理。此外，通过召开"海上合作论坛""海上丝绸之路国际论坛"，中非之间的海洋交流合作也逐渐变得更加密切。① 另一方面，非洲也积极推动全球海洋治理体系的变革。不管是非盟整体，还是非洲海洋国家，都在全球海洋治理规则的制定中积极投入，以此保障和维护本国和本区域的利益。如非洲国家积极参与国际海洋法规则的制定，在多个联合国召开的国际会议上明确表示公海所获海洋利益不属于某个国家，而是应与世界各国分享的态度。② 非洲国家多次发声参与海洋法规则变革，可以使其更好地提升自身的海洋话语权，从而提升其政治地位和国际影响力。同时非洲国家也在国际海事组织、国际海底管理局等多边海洋治理机构的建设中发挥着不可替代的重要作用。③ 具体来看，非洲参与全球海洋治理过程主要集中于海洋经贸与海洋安全两方面。非洲渔业资源丰富、拥有发展海洋区域经济和产业经济的丰富物质基础，发展海洋经济成了非洲海洋国家的重中之重。此外，由于沿海国家的海洋经济发展在国家经济中所占比重较大，因此非洲国家尤其重视海上非传统安全问题的治理。非洲海洋国家通过参与以美国为主所组成的国际海上安全机制以及自主构建区域性安全合作机制来参与海洋安全治理。④ 总之，中非积极参与全球海洋治理进程为中非海洋合作创造了良好的合作环境，为双方

---

① 《中国参与全球海洋治理的重点领域和基本原则》，凤凰网，2018 年 2 月 4 日，http：//wemedia. ifeng. com/47919553/wemedia. shtml。

② Timothy Walker, "Africa, and the World, Need Safer Seas and Shipping", *Institute for Security Studies*, September 26, 2018, https：//issafrica. org/iss – today/africa – and – the – world – need – safer – seas – andshipping.

③ International Maritime Organization, "African Region", http：//www. imo. org/en/OurWork/TechnicalCooperat ion/GeographicalCoverage/Africa/Pages/Default. aspx.

④ 郑海琦、张春宇：《非洲参与海洋治理：领域、路径与困境》，《国际问题研究》2018 年第 2 期。

进行海洋合作增强了动力。

表 3 - 1　　　　　2014—2019 年中国海洋生产总值及占 GDP 的比重

年份	2014	2015	2016	2017	2018	2019
海洋生产总值（万亿元）	6.0	6.5	6.9	7.7	8.3	8.9
海洋生产总值占 GDP 比重（%）	9.5	9.5	9.4	9.4	9.3	9.0

资料来源：中国自然资源部发布的《中国海洋经济统计公报》，http：//www.mnr.gov.cn/。

3. 全球海洋治理理论推动非洲一体化进程加快

全球海洋治理理论有利于"一带一路"与非盟《2050 年非洲海洋整体战略》《2063 年议程》对接，有利于非洲一体化进程的加快。全球海洋治理是国际社会为了海洋问题的解决、为了推动海洋可持续发展而采取的经济、政治、安全、文化、生态等多方面合作的过程。中非海洋合作契合全球海洋治理理论，是在其理论指导下，中非于海洋层面进行经济、政治、安全、科技与文化等多方面合作的实践。非洲是共建"一带一路"的重要伙伴，"一带一路"下中非在基础设施和产能领域方面进行了大量合作，取得了丰富成果。2014 年非盟发布的《2050 年非洲海洋整体战略》是非洲发展海洋经济的重要引领性文件，是非洲参与全球海洋经济治理的政策文件。文件中提到非洲应更加重视"蓝色经济"的发展，鼓励非洲在发展"蓝色经济"的基础上推动非洲与其他地区和国家进行切实有效的海洋合作。[1] 这与"一带一路"的理念不谋而合。在"百年未有之大变局"背景下，全球海洋治理亟须变革，双方的战略对接已经拥有了诸多有利条件，如中非海洋人文交流范围扩大、海洋经济合作需求加大、政治互信基础加深、海洋科技水平优势互补等，且双方已经在多重领域开展海洋合作，基础深厚。在进行风险规避的基础上，双方可以有效进行海洋发展战略对接。同时，在全

---

[1]　African Union, "2050 Africa's Integrated Maritime Strategy", p. 11.

球海洋治理理论的引领和指导下，中国"一带一路"倡议可以在基础
设施建设、经贸往来、公共健康卫生、人文交流等方面与非盟《2063
年议程》进行有效对接，由点及面、由少到多，从组织到国家，使中
非合作在战略层面取得进一步的实质性进展，从而推动中非海洋合作
深入发展。总之，在全球海洋治理理论的指导下，中非"一带一路"
和《2063年议程》对接存在着绝佳机遇。中非应以"五通"为重点，
加强全方位、宽领域合作，推动非洲一体化进程加快，实现互利共赢。

二　南南合作理论

南南合作理论是邓小平外交思想的重要内容，历久弥新。南南合作
理论是指导发展中国家在经济、政治、教育、文化、科技、安全等方面
展开有效合作的理论，是促进国家多边合作实现互利共赢的重要指导
理论，对中非海洋合作产生了重要指导意义。一方面，南南合作理论可
以为中非海洋合作提供伙伴关系理论基础，可以推动中非海洋可持续
合作。另一方面，中非海洋合作的深化也为南南合作理论丰富了实践
内容。

（一）"南南合作"理论的发展过程及基本内涵

作为邓小平外交思想的重要内容，南南合作理论历久弥新。以第三
世界发展中国家为主体的南南合作，是邓小平理论的重要内容。加强
南南合作，是我国实行全面对外开放政策的内在要求；是加强发展中
国家自身发展的需要；是进行南北合作，促进南北对话的需要；符合我
国新时期建立"和谐世界"的外交理念。[1] 第三世界国家拥有丰富的、
种类多样的物质资源，如果可以取长补短，相互交流合作，就可以解决
许多问题，南南合作的前景是十分向好的。且第三世界国家的根本利
益是一致的，第三世界国家都以民族独立、经济发展为目标，因此
"南南合作"有坚实的政治基础。[2]

---

① 丁小丽：《邓小平"南南合作"思想再论》，《世纪桥》2007年第7期。
② 刘华秋：《邓小平外交思想永放光华》，《求是》2014年第16期。

1. "南南合作"理论的发展过程

南南合作理论的产生与发展经历了漫长的过程。1955 年 4 月万隆会议召开，这是"南南合作"的标志性起点。万隆会议强烈地展现了发展中国家的政治团结，为南南合作起到了良好的开端作用；1964 年"七十七国集团"应运而生，被视为冷战期间"南南合作"的经济社会议题主力；联合国大会第六届特别会议于 1974 年召开，会议通过的《关于建立新的国际经济秩序的宣言》符合当前发展中国家迫切需要发展经济、推动经济变革的需求，为推动发展中国家进行经济改革创造了良好的国际经济发展环境；1981 年"坎昆会议"在南北经济矛盾加深的背景下召开，这是历史上第一次发达国家和发展中国家首脑共同参会；1983 年"南南会议：发展战略、谈判及合作"会议召开；1995 年南南合作开始签订政府间条约；① 2003 年联合国大会上"南南合作日"决议，目前"南南合作日"设为每年 9 月 12 日；2006 年金砖国家进行会晤，开启会晤机制；2006 年，联合国工业发展组织（UNIDO）在中国、巴西、南非等国家成立的南南工业合作中心（UNSSIC）；2008 年全球南南发展博览会召开；中国"一带一路"提出后，联合国机构视其为 21 世纪南南合作的重要组成理念与行动。作为南南合作的积极倡导者和实践者，中国将扩大并深化与发展中国家的合作作为中国和平外交发展战略的重要组成部分。2015 年，"减贫与发展高层论坛"召开，习近平主席在论坛上明确表示要落实好《中国与非洲联盟加强减贫合作纲要》，加快推进中国与非洲的南南合作进程的速度。② 此外，2015 年中国在联合国发展峰会中表示中国将设立"南南合作援助基金"，以实际的资金支持包括非洲在内的发展中国家的发展议程，帮助非洲国家实现经济发展。③

---

① 查道炯：《南南合作运动历程：对"一带一路"的启示》，《中国国际战略评论》2018 年第 1 期。

② 习近平：《携手消除贫困 促进共同发展——在 2015 减贫与发展高层论坛的主旨演讲》，《人民日报》2015 年 10 月 17 日第 2 版。

③ 习近平：《谋共同永续发展 做合作共赢伙伴——在联合国发展峰会上的讲话》，《人民日报》2015 年 9 月 27 日第 2 版。

2. 南南合作理论的基本内涵

南南合作理论是指导发展中国家在经济、政治、教育、文化、科技、安全等方面展开有效合作的理论，是促进国家多边合作实现互利共赢的重要指导理论，是有效促进多边主义发展的理论。南南合作理论拥有明确的长期目标，以促进发展中国家之间加强基础设施建设、能源与资源、生态环境、社会发展、中小企业变革、人才教育培训、健康卫生等产业领域的交流合作为宗旨。南南合作理论是对毛泽东关于"三个世界"理论的继承和发展，是广大发展中国家在共同的外部环境影响下，基于共同的发展目标、发展任务而进行的推动共赢的合作。南南合作理论以推动发展中国家的经济合作为其主要目标，通过合作从根本上改变其他发展中国家的经济发展水平，确保发展中国家有效参与世界经济体系变革、参与全球治理，进而提高发展中国家的经济话语权和海洋话语权。因此，南南合作是帮助发展中国家谋求经济发展、社会进步的重要理论。同为发展中国家，中国与非洲国家在南南合作理论的指导下进行海洋合作，将会最直接地改善双方经济发展环境，共同提高在国际社会上的影响力和地位，为更多的发展中国家进行合作提供经验。因此，中非双方间进行海洋领域的合作应在南南合作的指导下有序进行。

（二）南南合作理论对中非海洋合作的意义

总体来说，南南合作理论不仅可以为中非海洋合作提供伙伴关系理论基础，还可以推动中非海洋可持续合作。而中非海洋合作的深化也将为南南合作理论丰富具体实践内容。

1. 南南合作理论可以为中非海洋合作提供伙伴关系理论基础

近年来，中非海洋发展实力显著增强，中非通过密切合作对维护世界和平、反对霸权、反对单边主义产生了重要影响，是南南合作理论的重要体现和补充。中非海洋合作是构建中非海洋伙伴关系的必然途径，而南南合作理论可以为中非海洋伙伴关系的构建提供理论来源，为中非海洋合作的顺利开展奠定理论基础。南南合作理论是最符合中非海洋国家间交流合作的理论，符合中非海洋国家自身海洋发展的需要，符合中非海洋伙伴关系构建的理论要求。中非海洋伙伴关系是通过海洋经济、政治、安全、科技文化等方面的合作来落实南南合作理论。中非海洋合作是促进中非国家间海洋经济循环发展、海洋生态文明交流、海洋文化交流互鉴、海洋科技文化水平提高的重要渠道，是南南合作理论在发展中国家的鲜明体现。长期以来，中国将促进中非进行具体务实的合作作为原则，并且提出与非洲共建命运共同体的理念来参与南南合作。① 总之，南南合作理论壮大了中非进行海洋合作的力量，有利于深化中非海洋合作。

2. 南南合作理论可以推动中非海洋可持续合作

海洋可持续性合作是未来中非海洋合作的重点方向，海洋生态经济也是中非海洋经济发展的趋向。近年来，中国已经通过联合国粮农组织、世界粮食计划署等国际机构与非洲进行了南南合作的探索实践，双方在海洋领域的可持续合作也在不断扩大，② 如：2015 年"中非合作论坛约翰内斯堡峰会"举行，会议通过的《中非合作论坛—约翰内斯堡行动计划（2016—2018 年）》明确提出，中国将在海洋经济、海洋环境管理与海洋科研等方面与非洲海洋国家加强协商合作，并积极探讨共同合作建立海洋观测站、海洋经济与科技合作中心及海洋实验室的可行性。③ 同时中国始终弘扬秉持万隆精神与非洲国家开展务实交流合作，不断为南南合作注入新内涵，可以有效促进中非海洋合作的可持续性。目前，南南合作在双边和区域层面不断落地生花，呈现出世界范围内的常态化、规范化、有序化的特征，使世界格局朝着多极化方向发展，发展中国家的政治影响力和经济实力也得以增强。中国与非洲共同建立的机制性平台——中非合作论坛也在逐步完善，该论坛在海洋领

---

① 张传红：《南南互助合作超越传统西方模式》，《环球时报》2019 年 9 月 17 日第 14 版。

② 《推动中非农业合作再上新台阶》，中国政府网，2018 年 9 月 2 日，http：//www. gov. cn/xinwen/2018 – 09/02/content_ 5318531. htm。

③ 洪丽莎、曾江宁、毛洋洋：《中国对推进非洲海洋领域能力建设的进展情况分析及发展建议》，《海洋开发与管理》2017 年第 1 期。

域取得了新进展。中非合作论坛已经成为南南合作的新典范，将推动南南合作理论在实践过程中不断完善，南南合作理论也为中非海洋交流合作提供了指导和帮助。

3. 中非海洋合作的深化也为南南合作理论丰富了实践内容

具体体现在：中非政治互信增强——中国始终坚持非洲以独立自主的身份在国际舞台上发声，反对任何力量对非洲的干涉和分裂，而非洲也始终坚持"一个中国"，始终在国际舞台上支持中国；中非海洋经贸合作继续深入新发展——中非海洋产业转型升级，"21 世纪海上丝绸之路"倡议和非洲海洋经济战略相对接，中国对非洲海洋经贸投资迅速增加；中非人文交流增多——中国在非洲多国设立孔子学院，中非留学生不断增多；中非海洋科技合作不断落实——"中非海洋科技论坛"召开，为增强中非海洋科技能力创新、交流提供了广阔的平台，为今后中非海洋科技合作、海洋教育、蓝色经济和海洋综合管理等方面开创了更广阔的空间。

（三）南南合作理论指导下中非海洋合作的路径

中非海洋合作也应在南南合作理论的框架下进行。首先，中非双方应该着重强调优势互补，凸显南南发展合作的比较优势。其次，中非双方应在充分借鉴中非关系发展经验的基础上进行中非海洋合作。最后，中非海洋合作应通过中非合作论坛加以细化落实。

1. 强调优势互补以凸显南南发展合作的比较优势

中非在海洋经贸、海洋科技文化、海洋安全等领域优势互补。首先，中非在海洋经贸领域优势互补。中国海洋资源丰富，但近年来随着人们对海洋资源的过度开发利用，渔业资源逐渐匮乏，海洋渔业的发展迎来瓶颈期，而非洲沿海国家拥有狭长的海岸线，渔业等海洋资源十分丰富，可与中国进行互利合作，既可以补充双方的短板，又可以通过比较发现和完善自己的不足，从而实现互利互补。其次，中非在海洋科技文化领域优势互补。中国拥有较为先进的海洋科学技术，拥有博大精深的海洋文明，在与非合作中拥有较大优势。而非洲国家普遍海洋科技能力薄弱，在殖民过程中形成的海洋文化十分复杂，并不利于对外传播和表达非洲的海洋文明。因此，中国应该和非洲国家进行海洋科技文化领域的互补互利合作，共同发展。此外，中国可以为非洲海洋发展提供高新技术人才资源，并且提供最新的海洋科技平台交流，非洲也可提供大量的劳动力参与海洋资源的开发与利用。南南合作的比较优势将在中非海洋合作的优势互补中得以充分的体现。最后，中非在海洋安全合作领域更应强调优势互补。中国应继续加强对索马里海域、亚丁湾海域以及几内亚湾海域的海盗打击，积极地进行联合护航，并对非洲发展困难的国家进行人道主义和经济援助，帮助非洲国家恢复发展，从而推动中非海洋合作深化。

2. 在充分借鉴中非关系发展经验的基础上进行中非海洋合作

作为发展中国家，中非有着相同的发展任务，因此中非国家之间具有发展经验的相似性和相关性，这使得中非海洋合作在世界范围内更具有借鉴意义。南南合作理论始于政治领域，在政治与经济合作的过程中不断深化发展。在非洲国家海洋开发利用的过程中，可以就其中某一领域有针对性地与中国分享自己的成功经验，如由于非洲海洋安全状况不甚乐观，因此非洲海洋国家格外注重海洋非传统安全治理，也在非传统安全治理领域取得了一定结果，索马里海盗数量有所减少，海上犯罪数量减少。中国也可以与非洲分享发展海洋经济、水资源跨界合作等方面的成功经验，双方的海洋合作将会在南南合作理论的指导下更加深化。总之，中国已经在发展海洋经济、海洋安全以及海洋外交等领域有了较为丰硕的成果，中非关系也应在中非海洋伙伴关系不断深化的过程中加深。因此中非双方应在充分借鉴中非关系发展经验的基础上进行中非海洋合作。

3. 通过中非合作论坛加以细化落实

中非合作论坛是中非在南南合作框架内的中非集体对话平台机制，论坛每三年召开一次部长级合作会议，为加强中非友好合作、对话协商提供了良好的机制平台。在论坛的支持下，中国与多个海洋国家

（如南非）共同签署了双边海洋领域合作文件。2020 年是中非合作论坛成立二十周年，在这重要的时间下，中非海洋合作具体务实，与时俱进，不断深化。① 在中非合作论坛平台的支持下，中非逐渐增加了政党、地方政府、治国理政经验交流等内容，也进一步将"中非海洋科学与蓝色经济合作中心"的合作内容具体完善，使中非海上互联互通建设不断完善。总之，进入新时代，伴随着海洋世纪的到来，新型南南合作起步较晚，需要不断在实践中补充完善南南合作理论，推动南南合作理论应用于更多的海洋合作进程。在中非海洋合作进程中，无论是中国还是非洲海洋国家，都缺乏足够的海洋合作经验和常态化的制度支持。可以预见，在相当长的一段时间内，中国与非洲海洋国家之间都需要不断学习、相互借鉴，在南南合作理论的引领下找到契合双方利益的部分，切实提高海洋合作的能动性和有效性。

三　中国特色大国外交理论

中国特色大国外交理论以推动构建"人类命运共同体"为基本目标，以坚持和平发展为基本途径，将践行正确义利观作为价值理念，倡导互利共赢、合作发展。同时，中国特色大国外交理论也对中非海洋合作有着重要的指导意义。中国特色大国外交理论推动了中非海洋伙伴关系全面快速的发展，引领了其他国家与非展开海洋合作的进程。

（一）中国特色大国外交理论的基本内涵

党的十八大以来，中国特色大国外交理论在实践中逐渐形成。中国特色大国外交理论对新时代中国外交的目标、原则、路径等进行了全方位阐述，具有内涵丰富、理论创新的鲜明特点，体现出强烈的中国风格、中国特色、中国气势，为新时代中国更好地展开外交工作提供了方向与道路。②

---

① 王严：《中非合作论坛 20 年取得丰硕成果》，中国社会科学网，2020 年 10 月 15 日，http://www.cssn.cn/gd/gd_rwhd/gd_ktsb_1651/zfhzlt20nzlzfhzxwzy/202010/t20201015_5194667.shtml。

② 《党的十八大以来中国特色大国外交理论与实践》，人民网，2016 年 3 月 17 日，http://theory.people.com.cn/n1/2016/0317/c40531-28207116.html。

而非洲历来都是中国外交工作的重点方向，新时代也是如此。中国合作共赢的发展观、安全观以及全球治理观等，都为中非合作关系进一步提升提供了更加完善的理念支持。①

1. 中国特色大国外交理论以推动构建"人类命运共同体"为基本目标

中国特色大国外交理论以推动构建"人类命运共同体"为基本目标，构建命运共同体也是当前中非战略合作伙伴关系的发展方向。近年来，习近平主席在出席多个国际峰会时都积极倡导要推动构建"人类命运共同体"，充分展示了中国的价值理念。从"区域命运共同体"到"人类命运共同体"再到"海洋命运共同体"，中国特色大国外交理念领域更加具体，视野更加开阔，意义更加深远。②

2. 中国特色大国外交理论以坚持和平发展为基本途径

中国对外关系始终坚持和平发展，不仅中国的崛起是和平发展的过程，中国也始终支持其他国家和地区独立自主地解决海洋开发和利用过程中遇到的问题，支持其实现和平发展。中非进行海洋合作也是走和平发展路线的重要体现。中国的和平发展道路充分利用了世界和平稳定的大环境，是一条明显区别于西方大国崛起的发展道路，也是一条通过发展壮大自身的国际影响力来推动整个世界和平发展的重要道路，更是一条代表中国未来外交发展方向的、拥有光明前景的道路。

3. 中国特色大国外交理论倡导互利共赢、合作发展

中国特色大国外交理论着重推动构建新型国际关系，新型国际关系是合作共赢的关系，中非在海洋合作过程中也应积极发展合作共赢的伙伴关系，积极倡导构建具体务实的"蓝色经济伙伴关系"、"蓝色伙伴关系"以及"海洋命运共同体"，为中非海洋合作提供新的发展思路。这不仅仅是对传统国际关系理论的重大突破，也符

---

① 杜尚泽：《习近平致力倡建"人类命运共同体"》，人民网，2018 年 10 月 7 日，http：// dangshi. people. com. cn/GB/n1/2018/1007/c85037 – 30326484. html。

② 卫灵：《中国特色大国外交的理论构建与实践创新》，《学术前沿》2019 年第 5 期。

合全世界人民共同的心愿、全世界国家共同的发展方向，是顺应时代发展的重要理念，将会极大地完善中国特色大国外交理论的基本内涵。

4. 中国特色大国外交理论将践行正确义利观作为价值理念

正确义利观是中华民族几千年来形成的传统美德的体现，是新时代中国外交核心价值观的重要体现，可以为中非海洋合作提供正确的价值观念。正确义利观是指在国际事务中要讲求信义与情义、弘扬正义的价值理念，给予特定的贫困国家特殊待遇。秉持正确义利观发展与其他国家的伙伴关系，中国得到了其他国家和国际社会的广泛赞誉，为中国软实力的发展贡献了力量。

（二）中国特色大国外交理论对中非海洋合作的意义

一方面，中国特色大国外交理论推动了中非海洋伙伴关系全面快速的发展。另一方面，中国特色大国外交理论引领了其他国家与非洲沿海国家展开海洋合作的进程。

1. 中国特色大国外交理论推动了中非海洋伙伴关系全面快速的发展

在中国特色大国外交理论的指导下，中国在与非洲沿海国家进行海洋政治、经济、安全等多方面的合作时，时刻秉持正确义利观，以实现互利共赢为基本原则，支持非洲的和平发展道路，希冀推动构建"中非海洋命运共同体"乃至"中非人类命运共同体"。中非海洋友谊关系本就历久弥新，源远流长。中非在海洋领域拥有高度契合的发展理念，也存在优势互补的基础条件，虽然面临着一些客观存在的不利因素，但中非海洋关系始终在不断朝前发展着。在中国特色大国外交理论的指导下，中国与毛里求斯海洋伙伴关系日益密切。2016年国家海洋局原局长王宏出席毛里求斯会议时明确表示：中国和毛里求斯同作为海洋国家，双方在海洋经济、海洋科技等领域拥有广阔的发展前景，[①] 加

---

① 贺鉴、王雪：《全球海洋治理视野下中非"蓝色伙伴关系"的建构》，《太平洋学报》2019年第2期。

之两国海洋学者交流日渐频繁、毛里求斯对中国海洋科考船的大力支持等，双方海洋关系密切。在中国特色大国外交理论的指导下，中国与南非海洋伙伴关系纵深发展。南非占据非洲国家的重要经济地位，是中国在非洲的第一大贸易伙伴国家。2014年南非政府提出"费吉萨"计划，未来中国和南非可就"一带一路"与"费吉萨"计划进行战略对接，实现中国和南非海洋合作的新飞跃。

2. 中国特色大国外交理论引领了其他国家与非洲展开海洋合作的进程

自殖民时代以来，非洲在国际地位上一直处于劣势，非洲国家多把精力用于民族独立，忽视了经济发展和海洋发展的重要性。进入新时代，互利共赢、交流合作逐渐成为时代发展的潮流。非洲外交发展理念与中国特色大国外交理论拥有高度契合性，中国特色大国外交理论将在一定程度上引领其他国家展开与非合作，有利于非洲海洋国家国际地位的提高和政治影响力的提升。在中国特色大国外交理论的指引下，其他大国如俄罗斯、印度、巴西等都与非洲进行了峰会合作和交流。印非峰会和中非合作论坛类似，也致力于在海洋领域展开合作，并致力于建立海洋领域合作的机制，将海洋合作机制化建设提上议程。[1] 日本也与非洲多次召开"东京非洲国际发展会议"。美非领导人峰会也于2014年召开，峰会主要聚焦于对非投资、安全与政府治理，美非双边关系也得到了发展。欧盟—非盟峰会也开始逐步步入正轨，双方在基础设施、能源、交通领域展开对话与协商交流。在中国特色大国外交理论的指导下，中非海洋合作将极大地使非洲的整体国际地位有所提升，并且推动世界各国尤其是西方大国重新与非洲进行对话交流，增大了非洲在国际博弈中的自身权重，其他国家与非洲海洋国家展开交流合作的进程也不断加速。

（三）中国特色大国外交实践与中非海洋合作

在中国特色大国外交理论的指导下，中国特色大国外交实践收获了

---

① 沈晓雷：《论中非合作论坛的起源、发展与贡献》，《太平洋学报》2020年第3期。

丰硕成果，为中非海洋合作提供了理论与实践经验。首先，"一带一路"倡议不断取得重要突破。自"一带一路"倡议提出和发展以来，非洲国家秉持积极友好的态度，多个国家加入了"一带一路"。"一带一路"倡议为非洲带来了包括基础设施领域、安全卫生等多方面的发展，为非洲国家提供了诸多工作职位，推动了非洲国家就业。中国与非洲在"一带一路"中展开了多层次的合作，比如：以大陆架与非洲联合调查工作的开展为契机，中国助推非洲海洋基础设施建设，通过"一带一路"与非洲展开进一步的交流合作，从而为中非海洋科技人文合作贡献力量。其次，在中国特色大国外交实践的过程中，中国与非洲的国际产能合作正有序开展。中国目前已经初步形成涵盖亚、非、欧、美四大洲的产能布局，可以推动中国与非洲在生产领域优势互补，为海洋经济的发展奠定良好的基础。再次，在中国特色大国外交实践的过程中，中非合作论坛顺利召开。中非"十大合作计划"有序推进，这是中非进一步提升合作的关键举措，中非海洋关系也因此得以发展。最后，中国正全面推进外交布局。在中国特色大国外交理论的指导下，中国正全面推进外交布局，外交布局的不断完善体现了中国外交理念的不断成熟。中国在大国、周边、发展中国家这三个重要方向都取得了一定进展，如中国同金砖国家的合作不断迈入更高层次、中国与非洲实现战略合作伙伴关系不断提升以及中日韩关系不断深化等。中国经济外交、安全外交、科技与文化外交等全面推进，中国与非洲的海洋合作也在外交布局不断完善的前提下得以进一步发展。

　　总而言之，在全球海洋治理理论、南南合作理论以及中国特色大国外交理论的指导下，中非海洋合作已存在良好的理论基础。中非海洋合作的深化也终将为全球海洋治理理论、南南合作理论以及中国特色大国外交理论丰富理论内涵，提供不可多得的实践经验。在上述理论的指导下，中非海洋命运共同体的构建势在必行。

第四章　新时代中非海洋政治合作及其相关法律问题

当前，在全球海洋意识不断崛起的大背景下，中非各自的海洋发展也在持续不断深化，双方共同的海洋利益也在不断增多，双方合作将更为密切。新时代，随着双方领导人的经常性会晤，中非关系将向着更深入、更全方位的方向发展，中非海洋政治合作也将成为双方合作的重要领域。

第一节　新时代中非海洋政治合作取得的成就

自 20 世纪 60 年代中非开展合作以来，双边的政治关系就一直呈现"高开高走"的发展趋势。无论是两次金融危机的冲击，还是西方势力别有用心的干预，中非之间的关系一直秉持着友好合作的发展态势。中非友好关系的发展在 2000 年进入了一个新的发展阶段，中非合作论坛的设立与常态化运行，乃至中非峰会的机制化等，无不向外界展示着中非关系发展到了一个新高度。而自进入新时代以来，中非关系又迎来了一个发展的新契机。中非双方合作的范围逐渐扩大，已经初步形成了全方位的陆海复合型的合作模式，海洋已经成为中非合作发展的一个重要领域。尽管海洋是中非合作的一个新的发展领域，但是在全球海洋意识崛起的大背景下，中非海洋合作却并不是一个全新的研究课题。简而言之，就是中非双方在海洋领域所展开的政治合作，包括涉海政治会议、涉海官方文件等具体措施。因此，从这个角度而言，与其说是中非海洋政治合作，倒不如说是中非在海洋领域上的政治合作，抑或是中非海洋合作的政治表现形式。

自步入新时代以来，中非关系更是呈现出友好合作的发展态势，这为双方海洋政治合作的开展奠定了坚实的基础，同时中非海洋政治合作的顺利开展也为中非政治关系的发展提供了强有力的支撑。近年来，在中非双方共同的努力之下，中非海洋政治合作所取得的成就令人骄傲。无论是双方合作战略的相对接对于中非海洋合作的有利推动、还是双方领导人频繁举办的会谈中涉海议题的逐渐增多、双方涉海官方合作文件的陆续签署，甚至于双方领导人借助陆续构建与常态化的政治合作平台助推双方海洋政治合作等，都为中非海洋政治合作的未来发展奠定了良好的基调，也为双方未来海洋政治合作向更深层次、更高领域的发展打下了坚实的基础。

一　中非合作发展战略达成对接意愿

2018 年 9 月 3 日，习近平主席在 2018 年中非合作论坛北京峰会中提出要抓住中非发展战略对接的机遇，切实落实"一带一路"建设与非洲联盟《2063 年议程》的对接，此提议也得到了非洲内部的极大欢迎。[①] 由此可见，中非发展战略对接的意愿已初步达成。此后，这一对接意愿将推动中非海洋合作的持续发展。

（一）中方的"一带一路"倡议需要非方参与

就中方而言，"一带一路"倡议是中国自十八大以来推进周边外交的顶层战略设计，包括"丝绸之路经济带"与"21 世纪海上丝绸之路"。其中，"丝绸之路经济带"为陆上线路，"21 世纪海上丝绸之路"为海上线路。非洲是"21 世纪海上丝绸之路"的重要沿线地区，随着"一带一路"建设的不断推进，"一带一路"倡议的核心要义——共商、共建、共享原则，即中国与沿线国家共同商议合作事项、共同建设具体

---

① 赵晨光：《"一带一路"建设与中非合作：互构进程、合作路径及关注重点》，《辽宁大学学报》（哲学社会科学版）2019 年第 5 期。

项目、共同享受合作成果，这些充分体现了公平、合作、互利、共赢的发展理念也逐渐被沿线国家所接受和认可。"一带一路"的合作内容包括"五通"，① 这五个方面覆盖了政治、经贸、人文等有关国际合作各个方面的内容。经过近六年的建设，"一带一路"建设已取得了丰硕的成果。2019 年，中国举办了第二届"一带一路"高峰论坛；成立了"丝路基金"，为"一带一路"框架内的合作项目提供投融资支持。② 国家发展改革委数据显示，截至 2020 年 11 月 11 日，已有 138 个国家和 31 个国际组织与中国签署了共建"一带一路"合作文件。③ 中非友好源远流长、互利共赢、互为依靠，非洲是"一带一路"倡议的重点合作区域。中非已在"五通"层面取得了丰硕的成果，如阿卡铁路、亚吉铁路与蒙内铁路的陆续开通，马拉博燃气电厂项目，东方工业园等多个项目已顺利落地等，未来中非"一带一路"合作潜力仍然巨大，尤其在双方涉海战略合作对接意愿达成之后，中非海洋领域的合作更是会成为今后双方政治关系发展的新增长点。

（二）非方的《2063 年议程》需要中方支持

就非方而言，《2063 年议程》是非盟提出的未来 50 年非洲发展计划，以实现包容性增长与可持续发展、地区一体化与政治统一、民主与保障人权、和平与安全、文化认同、以人为本及积极参与全球治理等七个方面为主要目标，其中就有海洋经济。非洲海洋面积广阔，蓝色经济对该区域的经济发展将产生深远影响，非洲将继续提升海洋科技水平，促进航运业、渔业等相关行业发展，并在保护环境的前提下，有效利用海洋矿产及其他蓝色资源。④ 另一方面，以肯尼亚、毛里求斯等为代表

---

① 即政策沟通、设施联通、贸易畅通、资金融通、民心相通。

② 《"一带一路"国际合作高峰论坛成果清单（全文）》，"一带一路"国际合作高峰论坛网站，2017 年 5 月 16 日，http://www.beltandroadforum.org/n100/2017/0516/c24-422.html。

③ 《中国与 138 个国家、31 个国际组织签署 201 份共建"一带一路"合作文件》，中国一带一路网，2020 年 11 月 13 日，https://www.yidaiyilu.gov.cn/info/iList.jsp?tm_id=126&cat_id=10122&info_id=77298。

④ 刘立涛、张振克：《"萨加尔"战略下印非印度洋地区的海上安全合作探究》，《西亚非洲》2018 年第 5 期。

的非洲国家海洋政策也体现出了明显的海洋合作需求。① 由此可见，"一带一路"倡议与《2063 年议程》所期望达到的目标有很多相似点，均对推动海洋经济发展、加强涉海基础设施建设、维护地区安全与稳定、增强海洋人文交流等方面提出了要求。两者的合作也将促进非洲大陆上的"一带一路"项目更快更好的发展，从而进一步深化中非海洋政治合作关系，推进中非友好合作关系迈上新台阶。

二　中非海洋政治合作取得丰硕成果

进入新时代以来，伴随着中非合作的全面展开、"一带一路"建设的具体实施，中非海洋政治合作也在立足这一有利的发展背景下达成了丰富的官方成果。无论是双方领导人频繁举办的会谈中涉海议题的逐渐增多，还是双方涉海官方合作文件的陆续签署，甚至双方领导人借助陆续构建与常态化的政治合作平台助推双方海洋政治合作等成果无不表明了中非海洋政治合作的顺利开展，也为双方更进一步的海洋政治合作提供了有力支撑。

（一）中非政府领导人互访频繁

中非双方政府领导人密集交往增进战略互信，在政治经济文化安全等领域开展合作，海洋合作共识也包含其中。自十八大召开以来，新一届的中国领导人曾先后多次访问非洲大陆。2013 年 3 月习近平就任中国国家主席后四访非洲，这样高频率的访问体现了中国对非洲的高度重视和对维护中非友谊的诚意。非洲国家领导人也曾多次访问中国并得到了中国领导人的亲切会晤。中非双方领导人曾先后就经贸领域的合作达成共识，其中也包含海洋经济的合作。2017 年 3 月 27 日，马达加斯加总统埃里访华期间，与习近平主席就中马围绕农业、渔业等产业领域开展互利合作达成共识。② 2018 年 7 月 11 日，外交部长王毅在

---

① 贺鉴、王雪：《全球海洋治理视野下中非"蓝色伙伴关系"的建构》，《太平洋学报》2019 年第 2 期。

② 《习近平同马达加斯加总统会谈 欢迎马方参与"一带一路"建设》，中国一带一路网，2017 年 3 月 28 日，https：//www.yidaiyilu.gov.cn/xwzx/xgcdt/10177.htm。

北京同来华访问的突尼斯外长朱海纳维举行会谈，双方签署了共建
"一带一路"的谅解备忘录，双方就教育合作、基础设施建设、海洋旅
游等领域达成共识。①

（二）中国与非盟友好合作关系全面深化

中国与非洲内部最大的地区组织——非盟高层领导人之间的政治互
访也逐渐频繁，双方领导人借助陆续构建与常态化的政治合作平台助
推双方海洋政治合作。中国曾多次派遣高层领导人访问非盟，自 2012
年以来，李克强总理、外交部部长王毅、中国政府非洲事务特别代表钟
建华、文化部副部长丁伟等高层领导曾赴非盟总部访问。2019 年 1 月，
中国外交部部长王毅在新年伊始应邀访问非盟总部，与非盟委员会主
席共同商议中非合作事宜。非盟高层领导人也多次应邀访华。非盟委
员会历任主席，包括科纳雷、让·平、祖马、法基均赴华访问，注重与
中国保持良好的政治关系。2018 年 2 月，新任非盟委员会主席法基实
现首次访华。中国与非洲国家领导人、非盟高层领导人通过论坛、会晤
机制等政治场合进行沟通。中非合作论坛②、一带一路国际合作高峰论
坛、中国—非盟战略对话机制、金砖国家会晤机制、中非减贫发展高端
对话会暨智库论坛等机制都成为中国与非盟领导人会晤与交流的重要
平台，也成为助推双方海洋政治合作的重要平台之一。可以预见的是，
未来以中非合作论坛为代表的机制化、常态化的政治合作平台将进一
步释放出中非海洋合作的巨大潜力。

---

① 《王毅同突尼斯外长举行会谈 中突签署共建"一带一路"谅解备忘录》，中国一带一路
网，2018 年 7 月 12 日，https://www.yidaiyilu.gov.cn/xwzx/bwdt/59888.htm。

② 自 2000 年 10 月中非合作论坛首届部长级会议在北京召开以来，历次中非合作论坛的部长
级会议都在不同程度上促进了中非在海洋领域的合作。《中非合作论坛—沙姆沙伊赫行动计划
（2010—2012 年）》规划了双方在包括亚丁湾和索马里相关海域的航道安全及该地区的和平与安全
等领域的合作；《中非合作论坛第五届部长级会议—北京行动计划（2013—2015 年）》重申了双方
在海运、海关方面的合作，明确提出要提升与相关国家、国际组织在该领域的合作水平；《中非合
作论坛—约翰内斯堡行动计划（2016—2018 年）》推动了双方就加强海上基础设施、海洋经济、海
外贸易、海上安全等领域的合作进一步达成共识；《中非合作论坛第五届部长级会议—北京行动计
划（2019—2021 年）》中再次明确强调了进一步释放双方蓝色经济合作潜力，促进中非在海运业、
港口、海上执法和海洋环境保障能力建设等具体领域的合作。

三　中非海洋政治合作的法治保障

中非友好关系的平稳发展为中非海洋政治合作提供了具体实施的可能，确保了中非海洋合作的顺利开展。而中非双方对于国际涉海法律认知的初步一致化更是为中非海洋合作的开展提供了强有力的支持，也为后续海洋合作的深入开展提供了法律支撑。目前中非双方就已在以《联合国海洋法公约》为代表的国际涉海法律等领域达成了初步共识，双方签署的相关涉海合作文件在一定程度上也为双方海洋政治合作提供了等同于法律效力的约束力。

（一）中非涉海法律合作具有相应基础

首先，中非双方都为《联合国海洋法公约》的缔约国。中国于1996年5月15日批准该《联合国海洋法公约》，而非洲地区绝大多数国家于1967年成为该公约的缔约国。因此，双方在《联合国海洋法公约》所规定的一些基本条款上的态度和解读应是一致的，这有利于双方就一些海洋政治合作的基本问题达成共识。其次，中国与非洲地区多数国家都是联合国成员国，双方都坚定拥护联合国的相关政策、文件，双方对联合国一致的态度为双方借助联合国这一平台进行合作提供了基础，鉴于此，双方在以联合国及其下属涉海机构组织等所开展的相关海洋合作有了强有力的平台规则支撑。最后，中非双方都有着发展本国海洋资源、治理海洋发展中所存在问题的愿望，双方在海洋渔业、海洋科技、海洋文化、海洋安全等领域不仅有合作的基础，更有未来深化合作的强大动力。因此，为了规范双方的海洋合作，中非双方已经携手建立了相应的合作机制与规则，这就为双方继续深化海洋合作奠定了强有力的支撑，也为今后双方在海洋法律领域的合作提供了范本和经验。

（二）中非涉海法律合作历久弥坚

中非之间关于国际涉海法律的交流与合作大致可分为两个阶段：第一阶段：1971—2000年，主要体现为双方合作推动《联合国海洋法公约》中部分条文的制定，维护了广大发展中国家的海洋利益，同时，中国与非洲国家还签订了一系列涉海的双边条约；① 第二阶段：2000 年至今，主要体现为以中非合作论坛为核心平台，持续深化双方涉海法律交流，不断探索新的合作方式。②

20 世纪 60 年代，无论是传统的国际海洋法律制度，还是在联合国建立后召开的两次海洋法会议中，都没有能够充分反映发展中国家的海洋权益的国际条约。包括中非在内的第三世界国家为维护国家主权、加强国家安全水平，迫切要求彻底推翻建立在强权主义基础上的旧海洋法原则，重新建立公平合理的新海洋制度。③ 1969 年 2 月，在以中非为代表的广大发展中国家的努力下，"联合国和平利用国家管辖范围以外海床洋底委员会"（简称"联合国海底委员会"）正式设立，并从 1971 年起，为召开第三次联合国海洋法会议进行前期准备工作。从 1973 年 12 月 3 日起，其间经过 9 年共 12 次会议的斗争与协商，最终于 1982 年 12 月 10 日签署了新的国际海洋法公约——《联合国海洋法公约》（以下简称《公约》）。《公约》是当代最重要的涉海国际法律文件，共计 320 条、9 个附件和 4 项决议书。据统计，非洲国家已有 22 个沿海国和 4 个内陆国批准了该公约。④ 它的产生是中非等第三世界国家反对西方海洋霸权和改革不合理的旧海洋法律制度的重大胜利，确定了三项重要的涉海法律制度：推动"12 海里"领海宽度制度的形成，⑤ 提出建立专属经济区制度的主张，⑥ 促成国际海底区域制度的建立。⑦《公约》最终将国际海底区域制

---

① 张小虎：《中非关系与中非法律合作述评》，《文史博览》2011 年第 7 期。
② 朱伟东：《中非贸易与投资及法律交流》，《河北法学》2008 年第 6 期。
③ 卢绳祖：《关于海洋法的几个问题》，《法学研究》1981 年第 2 期。
④ 李伯军：《非洲国家与国际海洋法的发展》，《西亚非洲》2010 年第 5 期。
⑤ 在 1975 年 7 月召开的联合国海底委员会第二届会议上，苏、美两国代表起初公开反对沿海国有权确定自己的领海界限，坚持领海宽度不得超过 12 海里，且无理要求让他们的军舰在属于沿岸国领海内海峡有"自由通行"的权利，此举遭到中非等第三世界国家代表的有力驳斥，经过多年的不懈努力，最终确立了 12 海里领海宽度制度。
⑥ 目前，世界上拥有 200 海里专属经济区（或专属渔业区）的国家共有 103 个，其中非洲就有 26 个。专属经济区制度的建立标志着第三世界国家在为维护其海洋权益不受侵犯、海洋资源不被掠夺方面取得了历史性胜利。
⑦ 为了防止西方海洋大国对国际海底资源的垄断性开发，在中非等发展中国家的倡议下，联合国国际海底委员会讨论与审议了关于深海及洋底开发和利用问题。

度正式确立为国际海洋法中的一项新制度，打消了部分资本主义大国妄图依靠先进科技霸占国际海底资源的念头。世界上拥有宽阔大陆架的国家共有 45 个，而其中非洲就占 19 个，在 19 个国家中有 6 个主张 200 海里大陆架或超过这个限度的大陆架边缘。① 在沿海国中，全世界仍有 32 个国家不是联合国海洋法公约的缔约国，其中非洲仅占 6 个。② 此外，中国还积极推动中非涉海法律框架的构建，完善双边涉海条约体系。③

（三）中非涉海法律的交流机制多样

自中华人民共和国成立以来，中国与非洲国家在政治层面上的涉海法律合作交流还是很多的。中国司法部门与非洲国家司法部门开展了形式多样的交流活动，另外，双方外交部等相关部门也进行了相关的交流活动，但值得注意的是，较少有民间机构或者是个人参与其中。将中非涉海法律交流合作只局限为"双方司法部门的交流合作"，对于中非都是不利的。所以，2000 年中国与非洲国家在南南合作范畴内、在共同遵守"六项宗旨"④ 的基础上，建立了"中非合作论坛"，其中的法律论坛板块为双方深化法律合作提供了有利条件。中非双方可以在法律论坛上，就关心的法律问题直接进行谈论，共同分析该类法律问题产生的原因及处理办法，合力推动中非政治经济合作更好更快发展。⑤ 此外，法律论坛不仅邀请了中非相关政府职能部门代表参会，还邀请了中非法学家及其他民间代表参加，使得所讨论的问题"更接地气"。

---

① 李令华：《面向 21 世纪的非洲海洋事务》，《海洋信息》1996 年第 2 期。

② 这 6 个非洲国家是：刚果（金）、厄立特里亚、利比里亚、利比亚、马达加斯加和摩洛哥。

③ 目前，中国与非洲国家签订的涉海双边条约包括《中华人民共和国政府和毛里塔尼亚伊斯兰共和国政府海洋渔业协定》《中华人民共和国政府和几内亚比绍共和国政府渔业合作协定》《中华人民共和国政府和利比里亚共和国政府海运协定》《中华人民共和国政府和加纳共和国政府海运协定》等。内容来自中华人民共和国—条约数据库，http：//treaty. mfa. gov. cn/Treaty/web/list. jsp？nPageIndex_ ＝ 3&keywords ＝ % E5% B0% BC% E6% 97% A5% E5% 88% A9% E4% BA% 9A&chnltype_ c ＝ all。

④ "六项宗旨"是平等互利、平等磋商、增进了解、扩大共识、加强友谊、促进合作。

⑤ 张朕：《"中非合作论坛—法律论坛"研究》，硕士学位论文，湘潭大学，2014 年。

第二节　新时代中非海洋政治合作
面临的主要问题

中非海洋合作的兴起与发展不但顺应了全球海洋发展的大势，而且为中非关系的发展创造了一个新的合作契机。当前，在中非双方的共同努力之下，中非海洋政治合作已取得了部分相应的成就，如：中非双方领导人涉海会谈的频繁开展、官方涉海合作文件的相继签署、涉海合作平台的相继设立等。同时，中非双方关于国际涉海法律的认知已经初步达成一致，这为双方的海洋合作提供了强有力的法律支撑。中非海洋政治合作所取得的成就是显著的，但是，在看到中非海洋政治合作取得这些成就的同时，也迎来了向更深化、更细化、更全面化领域继续发展的机遇，但是中非海洋政治合作所面临的问题也不容忽视。一方面，海洋政治的复杂性与专业化、中非海洋政治合作主体的多元化与复杂化都无不影响着中非海洋政治合作的顺利开展；另一方面，一系列的涉海法律问题也成为中非海洋政治合作中亟待解决的挑战。如涉海国际法的缺失、中非双方对相关条款理解的分歧、中非海洋政治合作的法治化进程缓慢、国际突发问题的合作治理等。

一　中国与非洲国家在海洋政治合作中存在的分歧

目前，中国与非洲国家在海洋政治合作中的分歧主要集中在以下几个方面：对于海洋政治的认知差异、非洲国家对《公约》等国际涉海法条解读的差异、国内外学者在海洋政治相关问题上的分歧、培养海洋政治专业人才的差异。

（一）中国与非洲国家对于海洋政治的认知差异

海洋作为国际政治博弈重要的新舞台，其重要地位已经越发引人注意。越来越多的国家开始重视本国的海洋权益，国际上各国之间关于海洋资源开发、海洋安全、海洋环保等方面的矛盾也日益尖锐，海洋秩序进入全面主权化和全方位博弈的时代。① 海洋政治有着政治的天然复杂性与专业性，而这一性质势必会对发展不久的中非海洋合作产生一定程度上的不利影响。中非双方对于海洋政治的认知程度直接影响着双方海洋政治合作的开展。中国目前大力开展的"一带一路"建设将国内国外、陆地海洋的优势完美地结合起来，对本地区乃至世界范围内都产生了积极效应。三条"海上丝路航线"将太平洋、印度洋和北冰洋连接起来，扩大了中国的海洋地缘范围，同时也让中国建设海洋强国的发展计划与其他海洋国家的发展计划有效对接。② 而非洲国家受传统国家发展的影响，尽管在世界海洋发展的大潮中意识到海洋发展的重要性，但由于其内部的分散性、差异性，非洲地区对于海洋发展的认知与中国并不一致，对于海洋发展的愿望也并不强烈。再加上非洲地区海洋资源分布不均，无法以统一标准去衡量各个国家海洋发展的程度，也无法就每一个非洲国家进行海洋利益标准化的研究。而这样一来则会给外界形成非洲国家在中非海洋政治合作中处于"被支配""被领跑"的不对等地位，外部有意恶化中非关系的相关媒体又会大肆宣传所谓的"中国殖民论"，影响中非关系的正常发展。

（二）非洲国家对《公约》等国际涉海法条解读的差异

因海洋自由流动的天然属性，不受国土、人口、政府、地缘位置等传统主权国家构成因素的影响，所以，海洋在国家主权划界、管理、法制建设等领域往往会存有巨大争端。以中国南海为例，正是由于海洋划界存有争议且双方对于国际海洋法的认知不统一，中国与菲律宾、越南等国家在南海问题上存在巨大分歧，不仅影响着中国自身在南海

---

① 谢斌、刘瑞：《海洋外交的发展与中国海洋外交政策构建》，《学术探索》2017 年第 6 期。

② "21 世纪海上丝绸之路"作为中国海洋事业发展的重心，三条海上丝路航线通过海洋实现了国与国、地区与地区的有效联结，顺利地扩大了中国的海洋地缘影响。海上丝路的南向航线和西向航线从中国东部沿海港口出发进入太平洋地区，前者到达南太平洋诸岛国，后者经马六甲海峡进入印度洋，一路向西经苏伊士运河进入欧洲，中途在进入苏伊士运河之前，分出一条支路进入非洲。而北向航线（又称"冰上丝绸之路"）将从中国东部沿海北上，经朝鲜海峡、日本海，穿越白令海峡，经北冰洋到达西欧。详见贺鉴、孙新苑《地缘政治视角下的中印海洋合作》，《湘潭大学学报》（哲学社会科学版）2019 年第 5 期。

地区的海洋建设，也严重影响着中国与其他国家海洋合作的开展。非洲地区国家众多，各国在国内法与国际法关系上的不同态度严重影响着对于《联合国海洋法公约》等国际涉海法条解读的一致性，因此在海洋划界、海洋归属以及海洋治理等问题上也会存在着巨大分歧，将会严重影响中非海洋政治合作的具体、深化开展。

（三）国内外学者在海洋政治相关问题上的分歧

从国内外学者对海洋政治的概念界定与理论阐述来看，不同的学者之间的认识有相同之处，也有差异之处，但都没有把海洋政治提升到一个独立学科的高度来看待。尽管共同的判断标准是海洋政治根本上要涉及海洋权力与利益还有国与国之间围绕海洋问题的互动，然而依旧有不同之处。有人仅将其界定为国际政治的一种表现形式，有人则认为它包括国内与国际两个维度的政治议程；还有人强调海洋意识在其中的作用，有人强调海洋责任；有人把控制海洋、占有利益作为其中的主题，有人则是以海洋发展与治理为主题。有人将其作为地缘政治的一部分，有人将其作为国际关系的一部分，还有人认为二者兼而有之。总之，目前国内外对于海洋政治概念的界定尚不成熟。

（四）培养海洋政治专业人才的差异

中国与非洲地区的海洋发展起步都比较晚，并不像西方海洋强国拥有着成熟的海洋管理体系、海洋法制体系、海洋人才培养体系等，海洋政治的专业性人才极度匮乏，无法为中非海洋合作提供强有力的智力支撑。目前中国国内海洋政治人才的培养与当前中国海洋发展的趋势存在一定的滞后性和延迟性，往往是政策先行，人才后续发力论证，无法达到同步。此外，海洋政治人才的培养模式与组成模式都比较单一，无法与全方面快速发展的中非海洋政治相匹配。当前国内海洋政治人才的培养单一地依托涉海高校和相应的科研院所，重理论而轻实践，设计领域单一化、割裂化，这虽然是由于全面、系统的研究海洋政治的困难性，但也从另一方面反映出当下中国海洋政治领域研究缺乏全面性、系统性、全局性。同时，当前海洋政治的研究人员多由高校、科研院所等理论型、科研型人员构成，广泛来自海洋实践的一线工作人员，涉海媒体、民间海洋组织以及军方涉海研究还未全面纳入进来成为智力补充。因此，造成了当下海洋政治智力层面出现单一化、浅薄化的局面，严重制约着中非海洋政治合作的智力建设，也严重阻碍着中非海洋政治合作开展的专业化程度。

二　中非海洋政治合作主体的多元化与复杂化

当前的中非海洋政治合作的特征主要表现为多主体、多层次和多轨道。① 非洲地区国家数量众多，且多沿袭西方的民主政治制度，在政治、法律和文化等方面与中国都存在较大差异，加之内部国家之间的政治、法律与文化各有千秋，这也可能会对中非海洋政治合作产生一定的不利影响。

（一）中非海洋政治合作主体的多元化

伴随着中非海洋政治合作的全面展开，中非海洋政治合作的主体逐渐增多，非洲地区的各国、各类型的国际组织、地区组织以及非政府间组织等主体的全面涌现，一些面积较小的海洋国和岛屿国的海洋意识也纷纷觉醒，积极探索海洋外交新思路，维护本国海洋利益，甚至一些内陆国也尝试用不同方法去争取海洋利益，共享海洋发展经济的红利。除此之外，各国际组织、地区组织、非政府间组织、民间社会组织等非国家行为体也在海洋政治领域发展出自身的海洋外交关系、外交政策和外交实践。如非盟等组织为中非双方海洋合作提供了重要平台，涉海非政府组织在海洋外交中也发挥了重要作用，其通过组织会议或培训等方式，协调处理海洋争端和问题。过去的海洋外交主要以两国外交部沟通为主，由外交官代表政府处理相关海洋问题；而现在，外交部需定期组织其他涉海职能部门及非政府组织就特定海

---

① 谢斌、刘瑞：《海洋外交的发展与中国海洋外交政策构建》，《学术探索》2017 年第 6 期。

洋议题进行讨论，外交官也需针对议题与相关专家进行交流。可见，海军、各类涉海智库、新闻媒体、非政府海洋组织等成为海洋政治合作中重要的参与者。

（二）中非海洋政治合作主体的复杂化

随着多元化、多层次化海洋政治主体的大量涌现，海洋政治主体的复杂性也随之而来。

1. 中非之间、非洲各国之间的发展水平差异较大

中国与非洲国家之间的发展水平存在巨大差距，而非洲地区内部发展也极不均衡，各个国家的国内发展状况、经济发展水平、涉海领域发展所占的比重，与中国在海洋疆土、资源、交通、科技和环境等具体领域合作的程度都无法用统一的标准来衡量；非洲国家内部潜在的政治风险、经济风险、安全风险指数较高；中非贸易摩擦不断增多，投融资方式、领域也过于集中、单一；非洲国家中仍存在对"一带一路"的认知偏差与疑虑声音，比如中国在中非海洋合作的具体开展中可能会出于促进非洲经济发展的考量为非洲提供一定的优惠条件，如提供一定的无偿经济援助或为项目提供无息贷款等，这却可能会引来某些质疑的声音。如一些非洲非政府组织成员认为中国对非提供的援助带有强烈的目的性，使非洲很大程度上依赖来自中国的帮助，降低非洲国家探索发展道路的积极性。[①] 这些不利声音的传播可能会引起非盟成员国的疑虑，影响中非之间的政治互信，进而影响到对接项目的实际落实，等等。因此，中国无法以一个统一的标准同非洲地区的所有国家进行海洋合作。此外，非洲大陆的特殊性也决定了中国在与其开展具体海洋合作时无经验可借鉴，一切都得因地制宜地"摸着石头过河"，这对海洋发展、海洋合作起步不久的中国来说也是一大难题。而欧美等域外大国可能对中非的对接合作进行干预、阻碍也将成为影响中非海洋政治合作顺利进展的重要外部因素。

---

① 西瓦河：《中非命运共同体经济合作制约因素分析》，《边疆经济与文化》2016 年第 12 期。

2. 中非双方文化的影响既潜移默化也根深蒂固

第一，中国与非洲各国之间的文化差异可能影响双方在进行中非海洋政治合作项目的谈判过程。中国人受传统文化的影响讲话方式往往相对含蓄委婉，而非洲人受西方文化的影响往往"直入主题"，这种文化差异可能使非方谈判人员无法深入了解中方的意愿，从而使谈判结果受到影响。第二，中国与非洲各国之间存在较大的宗教信仰与民族文化差异。中国坚持宗教自由，但倡导马克思主义无神论，非洲国家则以信仰伊斯兰教与基督教为主，尤其受伊斯兰教影响最深。宗教的一些风俗习惯可能会影响中非海洋政治合作项目的建设。如每日进行礼拜的时间，每年斋月要求给予更多休息时间等。[1] 这可能会导致合作项目无法完成。第三，中国与非盟成员国的企业文化也大有差异。中国企业的管理方式严格有序，严格按照企业的管理制度运行，中国的员工工作循规蹈矩，勤劳踏实。而非洲员工注重人身自由与维护人权，并形成了"及时享受"的风格。这可能导致非洲员工无法很快适应中国企业的工作方式，工作效率低下，影响工作计划的按期完成。

三　当前中非涉海国际法发展面临的主要问题

中非涉海国际法的合作有着久远的历史，通过前文的梳理可以发现，尽管双方当前的涉海国际法合作已取得了许多可喜的成就，但也面临着许多不容忽视的问题，主要体现在以下两个方面。

（一）来自国际法的影响

根据《国际法院规约》第 38 条，[2] 国际法的主要渊源可归结为三种：条约、习惯国际法和为各国承认的一般法律原则。作为国际法的一个部门法，国际海洋法的渊源主要体现为条约和习惯国际法。[3]

---

[1]　吴倩：《中非文化异质性对中国在非投资企业的影响研究》，《商场现代化》2017 年第 9 期。

[2]　《国际法院规约》第 38 条规定了国际法院在处理案件时应当依据的国际法规范，该条被视为国际法各种渊源存在的权威说明。

[3]　由于一般法律原则在国际海洋法渊源意义上界定存在一定的困难，适用上也有严格的限定条件，因此不在本书讨论范围之内。

1. 作为国际社会普遍接受的习惯国际法在全球海洋治理过程中能够真正发挥的效果不明显

一方面，由于习惯国际法被国际社会认可的标准较为模糊，另一方面，《公约》的出台进一步弱化了习惯国际法所能发挥的效果。《公约》在序言中就明确了其宗旨，即"在妥为顾及所有国家主权的情形下，为海洋建立一种法律秩序"。《公约》体系庞大，[①] 序言中虽明确指出"未予规定的事项，应继续以一般国际法的规则和原则为准据"，但目前被国际社会所接受的习惯国际法数量较少，无法有效处理"《公约》未予规定的事项"，所以其对于全球海洋治理进程能够产生的促进效果十分有限。

2.《公约》在全球海洋治理中的作用被过分高估

《公约》被国际社会普遍接受，说明其可以维护绝大多数参与国的利益，这必然导致其无法对各项条款的制定都做到详细准确。[②] 而实力不均的国家在平等的基础上合作，不能满足各自的利益诉求，这在海洋法领域表现得尤其明显。[③]《公约》作为不同利益阵营妥协的产物，存在两方面问题：一是未对部分重要问题做出规定。例如，未对大陆国家洋中群岛权益问题做出规定。[④] 二是部分条款规定模糊。例如，被视

[①]　分为序言、正文、9个附件及2个执行协定，其中正文共17个部分320个条款，其既包含了大量的制度创新，更是对普遍承认的海洋习惯法的编纂。

[②]　有学者认为《公约》的制定过程是一种"贸易与发展会议模式"（UNCTAD），77国集团同由发达国家和工业化国家组成的统一战线相互对立，它们都在致力于就规范海洋空间的利用所引起的竞争和冲突制定新的理性的秩序。详见 Lennox F. Ballah《国家利益与建立理性的海洋秩序》，邢永峰译，载傅崐成等编译《弗吉尼亚大学海洋法论文三十年精选集（1977—2007）》（第一卷），厦门大学出版社2010年版，第206—207页。

[③]　［美］路易斯·亨金：《国际法：政治与价值》，张乃根、马忠法、罗国强、叶玉、徐珊珊译，中国政法大学出版社2005年版，第159—160页。

[④]　在第三次联合国海洋法会议上，以斐济、印度尼西亚、毛里求斯和菲律宾四国为代表的群岛国积极推动制定有关群岛的特殊制度来保护他们的海洋权益，得到了相当多的支持。同时，一些拥有洋中群岛的大陆国家主张，在构成国家的群岛与属于大陆国家的洋中群岛之间不应有差别，要求在《公约》中引入大陆国家洋中群岛制度。由于海洋大国的强烈反对，那些声称洋中群岛问题应该合理解决的国家被迫让步，所以《公约》第四部分仅适用于群岛国，大陆国家洋中群岛制度没有被规定。

为"海洋领域新世界秩序的支柱之一"① 的《公约》争端解决机制具有"整体上的强制性、解决方法上的选择性以及适用范围上的不完整性"的特点,其中,"强制性"是最重要的特征。然而《公约》规定的强制性争端解决机制自身的模糊规定,加之缺乏一致的判断标准,致使在适用导致有拘束力裁判的强制程序时,门槛不一致,结果不一致。②

（二）来自中非双方法律合作现状的影响

该方面的影响主要体现为由于"中非合作论坛—法律论坛"现阶段还存在一些问题,导致其对双方涉海国际法发展的推动效果受到影响。"中非合作论坛—法律论坛"的建立在推动中非涉海法律合作方面所发挥的作用有目共睹,论坛在中非涉海法律合作的框架、机制,促进中非涉海法律外交的发展方面都取得了很多成果,对于中非司法合作也给予了很大的帮助。可是要承认,"中非合作论坛—法律论坛"在推动中非涉海法律合作中仍旧存在一些问题尚未解决,这可以从涉海法律合作领域狭小和务实合作的实施效率不高两个方面来进行表述。

1. 论坛涉海法律合作领域狭小

目前双方的法律合作项目主要集中在处理经济类案件上,其次才是探索刑事和民事案件的司法合作之路,对于海洋等方面的合作涉足还不够深入。拓展中非间的法律合作领域,从陆地到海洋、经贸到环保等方面都要进行交流,促进中非法律合作领域的交流与对话。

2. 务实合作的实施效率不高

论坛建立之初,主要的任务是建立长效平台和机制,达成各种共识。在第二届论坛上,双方确定以法律仲裁等手段来处理经贸合作中

---

① 高健军:《〈联合国海洋法公约〉争端解决机制研究（修订版)》,中国政法大学出版社2014 年版,第 7 页。

② 典型例子就是《公约》第 281 条、第 282 条、第 283 条、第 286 条、第 288 条、第 297 条和第 298 条规定上的模糊导致解释上的分歧,而这是确立《公约》附件七之下强制仲裁的前提条件。甚至有学者认为《公约》中的限制和例外规定以及规定的模糊性使强制性争端解决机制的实际效果与传统的以合意为基础的争端解决方式相当。

所遇到的问题，但直到 2013 年初，才最终通过"中非仲裁员互聘计划"①。花费四年时间，却还未建立起可以妥善处理双方经济纠纷的解决体系，这其中一个重要因素就是论坛的务实合作效率低，而涉海法律合作机制的建设速度就更慢了。就问题而言，论坛在许多方面体现了自身由于建立时间短以及经验不足造成顶层和基层合作都存在一定的问题，必须尽快通过一些途径来进行改正，若任由其发展，问题所产生的影响将逐渐扩大，并对论坛的正常运转造成难以预计的影响，这样的结果是中非双方都不希望看到的。

第三节　推进新时代中非海洋政治合作的对策建议

为了更好地保证中非海洋政治合作的顺利开展，针对上述挑战可以提出如下相应的对策建议。具体包括：完善中非海洋政治合作运行的保障机制、层次性发展中非海洋政治合作关系、推进中非双方在完善涉海法律方面的合作等三方面。

一　完善中非海洋政治合作运行的保障机制

新时代中非海洋合作应完善中非海洋政治合作运行的保障机制，具体包括：加强中非双方顶层战略对接，加强中国与非洲各国之间的双边、多边战略对接，加强中国与非盟及各成员国的政府部门对接合作，探索建立具体领域合作机制，注重培养海洋政治专业性人才。

（一）加强中非双方顶层战略对接

海洋政治的复杂性与专业性急需双方建立相应的多方面海洋政治运

---

① "中非仲裁员互聘计划"是指在"互利共赢"的理念下，向中国和非洲仲裁机构中推荐对方的仲裁员。该计划为中国企业在非洲发生纠纷选择就近仲裁机构中的中国仲裁员提供可能，打破了西方主导的仲裁机构和仲裁规则，在构建中非特色纠纷的解决机制等方面发挥了积极作用。2013 年，埃及开罗地区国际商事仲裁中心、南部非洲仲裁基金会先后来函告知，才将中国法学会推荐的中方仲裁员纳入其仲裁员名单中。详见《中国稳步推进"中非仲裁员互聘计划"》，人民网，2013 年 11 月 20 日，http：//politics. people. com. cn/n/2013/1120/c70731 – 23606023. html。

行保障机制来缓解双方在海洋政治合作中所遇到的问题。"一带一路"倡议与《2063年议程》分别是中国与非盟提出的全面战略发展计划，统领各自的海洋发展建设，因此中国与非盟应基于此继续深化战略对接。[①] 同时中国与非盟应建立两项顶层战略的定期对话机制，完善两大战略对接的后续配套工作。另外，中国与非盟还应加强与联合国的战略对接，即加强"一带一路"倡议、《2063年议程》、《2030年议程》之间的对接。

（二）加强中国与非洲各国之间的双边、多边战略对接

中国以"一带一路"倡议和《2063年议程》为基础，开展与非洲各国具体战略的合作。《2063年议程》是非盟站在非洲统一发展的整体角度所提出的非洲未来50年发展战略规划，具有整体性、长远性、宏观性。但由于"一带一路"倡议与《2063年议程》的对接项目最终需要在非盟成员国中开展具体落实与建设工作，因此只考虑"一带一路"倡议与《2063年议程》的对接是不够的，还应考虑到与项目所在国家之间发展战略的对接。近年来，非洲大陆成为经济增长最快和最具活力的地区。除了南非、埃及、尼日利亚、阿尔及利亚等一直以来经济发展较好的国家以外，撒哈拉以南的非洲国家经济增长势头也逐渐显现。为促进经济发展与国家建设，非洲国家纷纷结合时代的变化与本国发展的现状制定了各自的发展战略。鉴于此，"一带一路"倡议与《2063年议程》对接项目在这些国家推进时，还应与其具体的发展战略相对接，这样不仅有利于对接项目的顺利推进，还可以为项目所在国创造良好的经济效益，促进这些国家的经济建设与社会发展。在此层面上，当"一带一路"倡议与《2063年议程》对接项目涉及多个非盟成员国，可以考虑开展多边战略对接，但也要注意在不同国家发展战略的相互对接过程中应积极求同存异，寻找共同的利益点开展战略对接合作，避免发生不必要的误会与冲突。

---

① 安春英：《非传统安全视阈下的中非安全合作》，《当代世界》2018年第5期。

（三）加强中国与非盟及各成员国的政府部门对接合作

在中国与非盟的顶层战略对接、中国与非洲各国双/多边战略对接的基础上，"一带一路"倡议与《2063 年议程》战略对接的框架下，中国与非盟及其成员国的各个层级之间也应开展必要的对接工作。如中非各个部委、各级政府之间开展的对接合作，可以建立起这些层级的合作、对话机制，定期举行会议与相互调研工作。在此方面，中非之间的城市之间也可以基于合作需要开展必要的互动与交流。2019 年 3 月 1 日，浙江省发布了《浙江省加快推进对非经贸合作行动计划（2019—2022 年）》，① 这是中国省市走向非洲的重要的举措和尝试。未来，在中非交往频繁的城市，如广州、义乌等地，可以加大试点，根据"一带一路"与《2063 年议程》的内容并结合当地现状开展对非合作。

（四）探索建立具体领域合作机制

中国与非洲各国应在两大顶层战略合作的基础上建立具体领域的相关合作机制。不仅涉及政治领域，还涉及经贸、金融、法律、科技文化、民心等多方面内容，两者的对接工作也势必会涉及这些领域，因此，有必要在顶层对接之下开展具体领域对接的机制建设工作，如效仿中非合作论坛的分论坛机制，设立中非海洋政治法律层面对话机制、海洋政治民间交流机制、海洋贸易沟通机制、金融对话机制等，以此促进中非海洋政治合作的专业化、高效化。在建立上述机制的基础上，双方就机制的运行、规则等领域签订相应的共同文件，赋予机制相应的约束力，为中非海洋政治合作的顺利开展提供保障。

（五）注重培养海洋政治专业性人才

随着中国特色海洋政治学的不断发展，构建新时代中国特色海洋政治学的智力支撑也不断得到发展。目前，以中国海洋大学为首的国内涉海高校已经尝试在海洋人文社科领域的相关专业本科生、硕

---

① 《浙非经贸合作行动计划发布，力争对非贸易破 400 亿美元》，中非合作论坛网站，2019 年 3 月 5 日，https://www.focac.org/chn/zfgx/jmhz/t1642738.htm。

博研究生的培养计划中开设海洋政治相关课程。① 同时将海洋一线工作实践者，海洋法、地缘政治学、国际政治学、海洋法学、海洋经济学、海洋科学、生态学以及地理科学等相关学科统统纳入智力支撑层面，多学科、全方面、深层次的海洋政治研究体系正在形成。而以"海洋命运共同体""新海洋观"等理念为代表的新时代中国的海洋利益、价值观念和政治理念将为中非海洋政治合作的智力支撑层面的发展提供指引。该专业的构建将有助于推动教研团队涉海教育的发展，为国家相关部门培养专业人才，为进一步深化中非海洋政治合作提供助力。

二　层次性发展中非海洋政治合作关系

针对前述中非海洋合作主体多元化与复杂化的挑战，需要对非洲地区海洋主体进行归类，分类别、层次性地发展中非海洋政治合作关系。

（一）整体上强化双边政治沟通与法规协调

通过从整体上强化双边政治沟通与法规协调，可以促进"一带一路"倡议与《2063 年议程》的良性对接，也有利于双方海洋政治合作领域的持续开展。

1. 强化双边政治沟通

中国与非盟的政治沟通重点在于优化沟通渠道及制定阶段性对接计划。一方面，中国与以非盟组织为代表的整个非洲地区应继续加强政治沟通并在此基础上优化政治沟通机制。在沟通机制上，中国与非盟的高层领导人和代表除了继续通过中国—非盟战略合作对话机制、中非合作论坛、金砖国家领导人会晤机制等平台加强政治沟通，还可以开展会议与对话，就双方的发展事宜，如新的对接项目规划与落实、对接中存在的问题及风险规避开展深入沟通交流。另一方面，中国与非盟应制定更为具体的阶段性计划和具体工作安排。中非双方长期发展计

---

① 贺鉴、孙新苑：《构建新时代中国特色海洋政治学》，《中国社会科学报》2019 年 10 月 17 日第 5 版。

划将以"一带一路"倡议与《2063年议程》对接为代表。然而由于《2063年议程》规定了非洲未来50年的发展目标,因此在两者的对接过程中,需要根据时代发展的变化与中非双方的现实需要及时作出调整。所以最好的方式是制定"一带一路"倡议与《2063年议程》的阶段性对接计划,如"一带一路—2063"三年对接计划、五年对接计划等。在具体的阶段性工作计划之下针对中非合作的现状及双方的实际需求部署具体的工作,在此阶段性计划完成后及时针对时代变化加以调整,制定下一阶段的工作计划并作出部署安排,如此以往,有利于促进"一带一路"倡议与《2063年议程》的良性对接,也有利于双方海洋政治合作领域的持续开展。

2. 强化双边法规协调

中国与非盟重点应在签订项目合作的法律协议甚至共同出台法律文件、在有可能的条件下设立专门的法务部门、发挥非盟第三方调解作用等方面做出行动。以"一带一路"倡议与《2063年议程》对接为例。一方面,中国与非盟在对"一带一路"倡议与《2063年议程》具体项目达成合作意向时应及时签订法律协议,且法律协议要保证权威性、全面性与可操作性,使项目的开展工作"有章可循"。进一步的,中国与非盟可以在必要的情况下合作制定"一带一路"倡议与《2063年议程》对接的权威性法律文件,使对接建设能够有法可依。另一方面,中国与非盟可以考虑在必要的条件下为"一带一路"倡议与《2063年议程》的对接设立专门的法务机构或部门。中国与非盟作为两大战略的发起双方,可以建立专门的机构、聘请专业的法务人员承担相关法律工作,如预估项目开展前的法律风险、处理项目开展过程中的法律纠纷事件、及时解决法律漏洞和法律缺失问题、完善法律制度等,尽可能地降低对接项目出现法律纠纷的概率。此外,非盟作为非洲最权威的国际组织,应在中国与非盟成员国因"一带一路"倡议与《2063年议程》对接项目出现法律纠纷时起到第三方调解作用。

（二）分类别与非洲各国加强多边政治沟通

中国与非洲进行政治合作时，要着重加强多边政治沟通。主要分为以下几个方面。

1. 双方在多边合作方面加强沟通

中国与许多非盟成员国，尤其是南非、埃及、埃塞俄比亚等国已通过政治互访和相关合作机制开展了深入的政治沟通，建立起了良好的政治互信，而多边沟通却仍不太充分。然而中非海洋政治合作的具体项目开展，势必会要求强化政治关系，如经济园区项目和基础设施建设项目必然会涉及多个非洲国家的利益，因此中国与非洲国家在多边合作方面加强沟通，尤其是涉及有民族矛盾和领土争议的国家时，必须开展多边政治沟通促进这些国家摒弃前嫌、以大局为重，从而保证中非海洋政治合作的顺利开展。

2. 中国应与其在签订项目实施协议、双/多边法律部门沟通、企业及其员工法律培训等方面加强合作

第一，中非海洋政治合作具体项目在非洲各国内部具体实施之前，中国应与这些国家结合双/多边法律制度拟定并签署法律协议，从而更好地维护各国的利益。同时，相关国家还应及时根据项目开展过程中出现的法律问题不断调整相关法律规定和弥补法律缺失，以应对更多可能出现的法律问题。第二，中国与非洲各国应加强法律沟通。中非海洋政治合作具体项目可能涉及中国与非洲某个或多个国家，由于各国的法律制度有所不同，因此这些相关国应加强法律沟通，如召开双/多边法律部门的沟通会议等。第三，中国与非洲各国应合力对项目所涉及的企业、中非方员工加强法律培训工作，使企业和员工能够深入了解项目管理和建设的规章制度、不同国家法律制度的差异等，从而促进企业与员工之间的相互谅解，减少不必要的误会与冲突，促进项目建设的顺利推进。

（三）提高风险分析与规避能力

中非在海洋政治合作过程中，要加强对各类风险的预估与分析、提

升规避风险的能力。

1. 加强对各类风险的预估与分析

第一，应加强对项目风险的提前预估。中国与非洲各国应在中非海洋政治合作具体项目提出与启动之前，成立风险预估小组，开展一系列风险评估与预测工作，对有关国家的政治风险、安全风险、经济风险及自然环境风险等进行详细深入地考察与调研，如对项目所在国执政党统治的稳定性、国内的种族冲突与恐怖主义袭击事件是否频发、该国债务偿还能力及重大自然灾害发生概率等方面进行评估，预测项目实施过程中可能面临的风险与问题，提出应急方案。第二，加强对项目风险的及时监控和处理工作。在项目的实施过程中，中国与非洲各国应设立专门部门、聘请专业技术人员对项目进行实时监控，根据项目的推进情况及时预测与发现可能存在的风险，及时将潜在的风险传达给企业及其员工，制作突发事件应急处理预案，避免因潜在风险导致损失与伤害的发生。同时，还应及时分析与预测这些潜在风险在未来的发展趋势，当风险系数持续升高时，企业应及时根据实际情况调整与停缓项目建设；在风险系数不断降低直至消失的情况下，则可以继续开展项目建设。第三，在项目结束后，还应及时对项目中发生的问题、风险进行整理与总结，总结从项目中得到的经验教训，既能及时弥补在项目推进过程中预估机制的漏洞与不足，又可以为之后中非海洋政治合作项目的实施与建设提供充分的参考与借鉴经验，推动项目工作的顺利开展。

2. 提升规避风险的能力

中国与非洲各国应适当扩大对风险评估的预算投入，不断强化对风险评估相关设施、设备的更新换代并提升相关科技人员的技术水平，从而使风险评估与预测结果更为精密、准确，更好地服务于项目的推进与建设。与此同时，中国与非洲各国应提升对各类风险的应急反应能力。在中非海洋政治合作项目的开展与建设过程中，对可能发生的风险进行了提前预估与实时监测，但仍然不可避免地会出现一些突发事项与意外风险，这就要求中国与非洲各国必须提升其应急反应能力，如设置应急处理工作小组等，以免遭受不必要的损失和伤害。

（四）制定有效措施应对中非海洋政治合作中面临的风险

中国和非洲应该制定有效措施应对中非海洋政治合作中面临的风险。主要包括：非洲国家的政治风险、经济风险、安全风险以及域外大国的介入风险等。

1. 应对非洲国家的政治风险

中国应与非洲各国在筹备与开展中非海洋政治合作对接项目时提前签署相关协议，保证项目不因非洲国家政府更迭而中断，促进项目的持续性开展，维护中国的国家利益。同时，非盟作为地区性组织应在中国与非洲国家之间发挥第三方监督与调解作用，即作为中非协议签署的见证者与监督者。当非洲国家因政治更迭出现毁约意愿时，及时对其进行规劝与调解，以保证项目的顺利推进。此外，当项目所在国出现政局动荡、工人罢工事件时，中国与项目所在国应及时沟通安抚工人情绪，以确保项目的继续建设。

2. 应对非洲国家的经济风险

中国与非洲国家应积极做出行动。在项目选址之前，应充分考察所在国的经济形势、劳动力市场与价格、国民收入与消费能力，确保所开展项目能够获得良好的经济效益。同时，中国应积极防范非洲国家的投资与债务风险。在投资方面，应提前对项目所在国的投资环境进行评估，寻找最优的项目选址，将投资风险降至最低。在债务风险方面，中国应提前对项目所在国的经济发展形势与未来趋势、债务风险指数、债务偿还能力进行评估与分析。同时，由于直接投资不会增加非洲的债务负担，[①] 因此，中国应鼓励企业对非洲的直接投资，主要通过资金援助与直接投资的方式开展建设工作，从而减少项目所在国的债务负担。同时，评估对接项目的预期经济和社会效益，使项目所在国通过这

---

① 姚桂梅：《中非共建"一带一路"：进展、风险与前景》，《当代世界》2018 年第 10 期。

些项目获得良好的经济收入，从而提升债务偿还能力。

3. 应对非洲国家的安全风险

中国与非洲国家应加强安全合作。在地区层面上，强化中非反恐及维和合作。当前，美国、欧洲等西方国家对非洲维和事务的参与度与援助力度下降，尤其美国更是在 2018 年新发布的《非洲新战略》中提到"美国将继续打击'伊斯兰国'等极端组织在非洲的活动，但美国不再'无选择性'地对非援助，而是对'优先'国家'有选择性'地进行援助"。① 可见，未来欧美对非洲安全事业的支持力度可能会下降。为了更好地应对非洲安全风险，推进中非海洋政治合作对接项目的建设，保护中国在非利益并维护非洲和平与稳定，中国应在已有的合作基础上继续加强与非洲的安全合作，加大对非洲的军事援助，定期与非洲国家开展维和军事演习，增派维和部队帮助非洲国家打击恐怖主义与极端势力。在此方面，中国与非洲国家还应积极寻求联合国的合作，如中国应积极努力推动联合国参与非洲维和事务，并与联合国开展三方维和行动等。同时，中国与非盟及其成员国应合作设立专门的安全协调机构，负责中非海洋政治合作过程中繁杂的安全协调工作。中国在 2018 年中非合作论坛北京峰会中提到"设立中非和平安全合作基金，设立中非和平安全论坛"，这些行动计划及其后续工作应积极得到中非双方的跟进与落实。值得一提的是，2019 年 2 月中国与非盟及其相关成员国代表共同举行了"中非实施和平安全行动会"，这是落实和平安全行动的良好开端，未来中非和平安全行动将不断得到加强。在项目所在国的层面上，中国不仅要加强反恐与维和合作，还应加强安保合作，如中国驻非大使馆应与所在国加强安保沟通，使该国发生重大安全事故甚至处于危机状态时当地警察和军队可以及时保障中国企业及其员工的安全，并帮助中国公民安全返

---

① The White House, "President Donald J. Trump's Africa Strategy Advances Prosperity, Security, and Stability", December 13, 2018, https：//www. whitehouse. gov/briefings – statements/president – donald – j – trumps – africa – strategy – advances – prosperity – security – stability/.

回本国。此外，中国应扶持安保企业走进非洲，使其尽快成为保护中国在非利益的新生力量。①

4. 应对域外大国的介入等风险

一方面，警惕域外大国对中非海洋政治合作项目的批评与负面言论。对于官方层面的批评与抹黑，中国应及时作出反驳与回应。与此同时，中国也要加强与西方国家的政治沟通与交流，促进其对中非海洋政治合作的理解。此外，中国在与非洲国家开展合作时可以适当引入域外国家的第三方合作，将这些国家纳入合作方，既能拓宽项目的融资来源，又能够使域外国家在中非合作项目中"分一杯羹"，从而减少负面言论。2015 年，中国与法国政府共同发表的《关于第三方市场合作的联合声明》提出，中法将以企业为主导，联合在新兴发展中国家开展市场合作，② 这是第三方参与中非合作的积极尝试，可以为之后的第三方合作提供借鉴和经验。另一方面，中非媒体应加强交流，既要避免非洲媒体被域外国家的官方和媒体负面言论与报道所误导，又要发挥非洲媒体在当地的正面舆论引导作用。如通过中非合作论坛媒体论坛等平台开展互动，定期开展外交部对非记者招待会等方式促进非洲媒体对华的正确认识，使这些媒体在非洲地区引导正面的舆论风气。同时，对于域外国家媒体的不实报道，外交部、国防部等相关部门也要做出积极的澄清与回应；在与非洲媒体开展互动交流时也应邀请域外国家的重要媒体参与其中，及时对其释疑解惑，形成其对中非关系的正确认识，从而转变其对中非关系的态度。同时，最为重要的是警惕来自域外大国的恶性国际竞争。当前，域外国家（地区）如美国、欧洲等也纷纷加强了对非合作，这种正常合作本身无可厚非，但中国需警惕其中潜在的恶意竞争风险。中国应保持战略定力，继续坚持"真、实、亲、诚"的对非理念，充分把握中非合作的良好形势，积极发挥中国自身的优势，与非洲国家按照已有的合作规划稳定地落实相关项

---

① 姚桂梅：《中非共建"一带一路"：进展、风险与前景》，《当代世界》2018 年第 10 期。
② 隆国强：《中非产能合作的成效、问题与对策》，《国际贸易》2018 年第 8 期。

目，并在此过程中不断探索适合于非洲发展、有利于非洲效益的合作方式与项目，从而保持在对非合作中的优势地位。

5. 根据不同非洲国家的现实状况进行具体海洋政治合作

以海洋基础设施为例，《2063年议程》的第一个十年计划《第一个十年计划（2014—2023）》中提到诸多促进非洲一体化建设的基础设施项目，如修建刚果英戈大坝、建设一体化的高铁网络等，而中国具备过剩的产能、先进的基础设施建设技术，双方恰好通过合作实现优势互补。因此，中国与非洲各国应紧抓这些机遇，开展中非跨境海洋产能与基础设施合作项目。非洲大多数国家的海洋基础设施落后，亟须对基础设施进行改造和完善。为加强工业化建设与非洲基础设施建设，非盟于2007年出台了《加速非洲工业化发展行动计划》，于2013年出台了《非洲基础设施发展规划》，这要求中国与非洲各国在推进中非海洋政治合作的过程中，也要加强与这些战略规划的对接，寻求更大的合作空间。

6. 加强在新兴基础设施领域的对接

非洲国家多依靠石油发电，造成了资源浪费和环境破坏，为节约资源与保护环境，诸多非洲国家将可再生能源作为重点发展领域。由此，中国可以借此契机与非洲国家推进在新兴能源领域的合作，如开发光伏发电项目、风力发电项目和海洋能发电等。同时，随着非洲人民生活水平的提升，对服务类公共设施的要求也会提升，因此可以在服务型设施方面开展对接合作。当前，非洲不同区域的海洋基础设施建设政策有一定的差异，东部侧重铁路与电力建设，南部侧重可再生能源与电力、通信建设，西部侧重跨境电网、水电站建设。① 这要求中国应结合不同区域和国家的发展要求，有针对性地开展中非海洋合作项目。

三　推进中非双方在完善涉海法律合作方面的对策建议

随着中非共同利益和需求的扩增，双方在涉海法律领域的合作日益

---

① 刘青海：《非洲基础设施建设政策新趋势》，《中国社会科学报》2017年3月20日第6版。

深化，加强中非涉海法律合作，一方面，可为中非海洋政治合作的不断深化提供助力；另一方面，可使双方信任程度不断加深，持续拓宽中非经贸合作领域，实现互利共赢，进而为推动国际关系民主化和国际秩序公正化作出应有的贡献。如上所述，中非涉海法律合作已具备一定的基础，且保持着良好的发展势头，但不可否认，其中也存在诸多问题，所以，未来在深化合作的过程中我们应把握如下方向。

（一）强化法治建设

随着中非政治交往的不断深入，法律的重要地位逐渐显现。所以，为更好地发挥法律维护国际政治经济秩序的作用，应进一步理解双方构建法律交流平台的重要意义。持续深化中非法律交流与合作水平，才能有效地解决双方政治经济合作中遇到的问题，对于促进地区稳定，乃至世界的和平、稳定与繁荣都有积极意义。可考虑以《公约》为基础，扩大中非海洋政治及涉海法律合作平台功能。根据国际通行做法，只有当各国都签署了同类公约，才能在应对相关问题时迅速有效地开展合作，才能提供相应的法律协助。因此，中国应与已经签署《公约》的非洲国家在海洋政治及涉海法律合作领域加强合作；同时，积极向尚未签署《公约》的非洲国家进行相关的宣传工作，协助其进一步了解和理解签署《公约》所能带来的积极效应。此外，充分利用区域平台优势，向相关非洲国家法律制定部门推送利于推进中非海洋政治合作的《公约》内容，以促进该国完成相关国内法转化。

（二）拓展合作领域

拓展中非海洋政治合作领域，从政治合作到法律交流，进一步提升法律部门间的交流水平，促进中非法学、法律领域的交流与对话机制等合作项目；在友好交往的基础上，探索新的合作领域，分析对方国家相关领域的法律规定，为推动中非海洋政治领域合作提供助力，实现互利共赢。

在现阶段，中非间法院、检察机关、司法行政机关等官方法律机构的交流与合作开展得尚不够深入，随着中非间政治合作和经贸投资水平的不断提升，现有形式的交流与合作无法适应现实需要。因此，在未来交往中，中非之间应本着务实的态度，开展深层次、宽领域的交流与合作。对此，我们可以借鉴与其他大洲国家的成功经验，改善中非之间的法律合作。具体来说，中方应考虑与更多非洲国家签订双边、多边协议或谅解备忘录，扩大双方在海洋政策与法律、海岸带综合管理等领域的合作，促进中非海洋政治合作稳定发展。中国可优先选择与政治上高度互信、经贸往来频繁、维护彼此核心利益和重大关切问题的非洲国家签署双边、多边协议，进一步坚实政治基础，深化海洋政治领域合作。对于其他非洲国家，可先签署相关的海洋政治合作谅解备忘录，提升双方海洋政治合作水平，为日后签订双边、多边协议打好基础。以中柬两国为例，双方于2013年开始海洋规划合作，于三年后签署了《中华人民共和国国家海洋局与柬埔寨王国环境部关于海洋领域合作的谅解备忘录》（以下简称《谅解备忘录》）。此时柬埔寨的海洋开发工作处于起步阶段，缺少海洋开发的经验、装备及人才，中方根据《谅解备忘录》的相关内容，向柬方提供技术支持，推动两国海洋人才交流，进而扩大两国在海洋政治领域的合作。以此为基础，两国又签署了《中华人民共和国自然资源部与柬埔寨王国环境部海洋领域合作实施协议》，建立了长期稳定的海洋政治合作机制。通过双方的不断努力，2020年4月，中柬联合编制的《柬埔寨海洋空间规划（2018—2023年）》已移交给柬政府，该规划被列为柬方首个海洋领域指导性法律文件，用于指导柬政府开发海洋资源、推动海洋经济发展，这是中国通过协助他国完善涉海法律、发展海洋经济等途径，提升两国海洋政治合作水平的范例，值得在中非海洋政治合作中加以借鉴。

（三）提升协助水平

提升协助水平，即提升中非之间的司法协助水平。随着中非海洋政治合作的不断深入，双方人员的交流频率明显上升，随之而来的是跨国犯罪案件数量的上升，打击和预防该类犯罪，双方提升司法协助水平。因此，应加强双方在涉海法律方面的合作，深化政府职能部门层面的交流，进一步提升中非涉海司法协助水平，为双方政治经济的平稳发展提供有利环境。目前，与中国签署刑事司法协助条约①和双边引渡条约②的非洲国家数量较少，为中非涉海司法合作提供保障的协议较为有限。例如：中国与埃塞俄比亚、肯尼亚等国并未签署此类协议，双方近年来各类投资项目持续增加，相关类型案件的发案率明显上升。2016 年在肯尼亚发生的系列网络诈骗案也提醒双方及时签署相关条约对于保障政治经济健康发展是十分重要的。可考虑从以下几方面进行改进。

1. 增加双方缔结司法协助条约的数量

中国企业在非投资运营过程中，时常面临金融诈骗犯罪、组织暴力犯罪等，如前文所述，中国已与部分非洲国家签署了相关司法协助条约，但参与国数量不尽如人意。为保障中非海洋政治合作的顺利开展，提升打击各类犯罪活动，需要进一步增加中非缔结双边司法协助条约和多边司法协助公约的数量。这需要参与国对其国内法加以完善，在法律和制度层面为司法协助条约提供支撑，这就需要参与国的法律制定部门之间保持沟通，为理解对方国家法律制度、推进司法协助条约实施付出努力。

2. 在中非司法协助条约中确定出中国中央机关的合理范围

根据中国与其他国家签署司法协助条约的情况来看，中国中央机关包括司法部、公安部、最高人民检察院、最高人民法院。③ 可以看出，司法部的出现频率最高，但司法部的主要职能是执行刑罚，但不负责取证、扣押、搜查、追回赃款赃物等司法业务。因此，若仅以司法部作

---

① 中国与纳米比亚、阿尔及利亚、突尼斯、南非和埃及等少数非洲国家签署刑事司法协助条约。

② 中国与突尼斯、南非、莱索托、纳米比亚、安哥拉、阿尔及利亚等少数非洲国家缔结了双边引渡条约。

③ 中国与日本缔结的刑事司法协助条约将司法部和公安部指定为中国方面的中央机关，中国与俄罗斯缔结的刑事司法协助条约将司法部和最高人民检察院指定为中国方面的中央机关，中国与乌克兰缔结的刑事司法协助条约将司法部、最高人民检察院和最高人民法院指定为中国方面的中央机关，中国与韩国缔结的刑事司法协助条约将司法部指定为中国方面的中央机关。

为中方的司法协助中央机关，可能面临司法效率低下等问题。可考虑吸收已有经验，将公安部、最高人民检察院、最高人民法院与司法部一同加入中非司法协助条约，共同成为中国中央机关，这将有效提升司法协助效率。

3. 加强两国间实务部门的交流合作

中非海洋政治合作中可能面临具有国际化、智能化特征的金融诈骗、组织暴力、毒品和走私等犯罪，仅靠某一方的司法力量是无法合理处置的。双方司法实务部门人员应定期交流，进一步分析梳理对方国家的相关法律制度，必要时对国内法律制度加以完善，提升双方司法协助水平。交流形式应根据具体犯罪类型举行金融诈骗犯罪对策会议、毒品犯罪对策会议等，将对司法协助顺利进行产生助力。

（四）丰富合作内容

以中非海洋政治合作水平为出发点，针对典型案件进行研究，借鉴国际社会先进经验，进一步完善双方涉海法律合作的框架与内容。采取相应行动处理急需解决的法律问题，如签署双边条约或组织双方司法合作实践；构建中非法律合作机制，完善机构职能部门设置，探索建立中非法律合作中心，持续培养中非比较法专业人才。基于此，为提升中非政治经济合作水平，巩固战略伙伴关系，可考虑采取以下几种方式。

1. 建立中非法律合作中心

建立该中心是为了进一步增强双方在各项政治经贸合作中的法律意识，对合作过程中可能发生的法律问题给予提醒，特别是在涉海法律领域。中国对非投资的项目，尤其是与海洋相关的合作项目与日俱增，中国企业和公民在非进行投资之前，都应该先对当地相关法律条文进行研究，确保自身利益不受侵害。而该中心能够向中国企业和公民提供非洲不同地区的法律咨询和文化介绍，避免出现因不熟悉该国法律或当地风俗而引发纠纷。

2. 重视中非法学界交流的意义

探索适合双方国情的法律交流模式，增加双方专业型法律服务人才的数量，提升中非在涉海法律领域的交流水平。可考虑采取以下几种方法：增加双方高校招收来自对方国家法律专业留学生的人数；在举办中非大型合作会议期间，召开专题法律会议；扶持高校举办中非法律培训班；等等。以这样的方式提升中非之间的海洋政治合作水平，巩固双边关系，充分发挥法律在促进和保障海洋政治合作方面的重要作用。

3. 建立中非法律合作数据库

网络数据库的特点是存储量大、更新数据内容简单、查找特定内容便捷等，为双方法律交流提供了有利条件。该数据库一方面可为专门从事中非法律交流的人员提供沟通平台；另一方面，也能为需要了解中非法律差异内容，进行投资的企业与个人提供服务。由于已经发生了许多起中国企业和公民因不了解非洲当地法律而导致自身利益受损的案件，可见该数据库的建立还是十分有必要的。以南非为例，《南非黑人经济振兴法案》是该国一项重要而又特殊的法律，法律条文规定所有企业评级都需考察黑人在该企业中的人数和各项保障权益，体现了南非政府对于黑人就业的倾向性和保护性。所以，若中国企业或个人在南非投资时，未能对该法律进行了解，自身利益必将面临损失。又如，在目前中非合作项目中，矿业开发项目的数量逐年上升，其中经常涉及环境保护问题，而非洲国家普遍重视环保，相应的环保法律规定不仅细致且更为严格。中国投资者在非投资时，应仔细研究当地环保法律并履行相应环保义务。当然，由投资者对相关法律条文进行研究显然是不现实的，所以建立中非法律合作数据库是十分必要的。其不仅可以提供特定地区法律条文解读服务，还可以考虑增加对特定地区的投资风险及法律提示。① 中非法律合作数据库的建立将为中非之间合作与往来提供具体化、系统化以及综合性的法律检索支持，也将对深化中非政治经贸合作水平提供助益。

----

① 陈文婧：《法律为中非合作保驾护航》，《学习时报》2018年9月24日第3版。

4. 建立中非经贸纠纷仲裁委员会

该委员会的成员由双方按比例分派，且所有工作人员都应通过相应等级的业务考试。中非经贸纠纷仲裁委员会应主要通过仲裁、调解等方式来处理双方经贸合作过程中出现的问题，委员会应明确主要任务——通过非司法方式，尽快处理双方经贸合作纠纷，保障合作关系稳步发展。

5. 设置中非法律合作秘书处

该秘书处的主要作用是负责对各类中非法律合作机构举办的法律论坛、会议提供协助；收集该类论坛、会议的讨论内容及结论；收集对中非法律问题可以提供咨询的各种法律机构、法律团体组织、执业人员的相关信息，便于为投资者提供个性化服务；负责组织各种活动，如建立法律工作室、组织研讨会和开发有关成员国感兴趣的各种法律问题的培训课程等。

6. 设立中非法律合作基金会

该基金会可借鉴国内其他法律基金会的经验，定期公布课题，吸引中非法学家对所擅长的法律领域进行投标，并对按期完成研究任务的团队给予报酬，从学术研究层面推动中非法律研究进程。

第五章　新时代中非海洋经贸合作及其相关法律问题

21 世纪是海洋世纪，把中国建设成"海洋强国"是新时代中国海洋战略的最终指向。新时代中国海洋发展的战略要求，决定了中非海洋经贸合作的方向定位。当前中非海洋经贸合作成果颇丰，双方海洋经贸政策共识持续深化，合作平台丰富多元，地方合作形式多样。但新时代国际形势也出现了新的变化，如国际经济合作呈现法治化趋势，国际海洋经贸合作领域国际规则体系的不健全、"保护主义"的抬头，不利于中非海洋经贸合作的可持续发展。当前，中非海洋经贸合作存在着合作的法治化进程缓慢、受贸易"保护主义"负面影响以及中非海洋经贸合作的法律规范体系尚不完善等问题。

第一节　新时代中非海洋经贸合作取得的成就

新时代中非海洋经贸合作的成就主要包括海洋经贸政策共识持续深化，海洋经贸产业合作成果丰硕，海洋经贸合作平台丰富以及地方海洋经贸合作形式多样。

一　中非海洋经贸政策共识持续深化

新时代中国和非洲的海洋经贸政策共识持续深化，主要表现在：中非海洋经贸合作的互补性不断增强、中非海洋经贸合作的契合度不断深化、中非海洋经贸发展战略对接进程加速等方面。

（一）中非海洋经贸合作的互补性不断增强

非洲临海国家众多，90%的进出口经由海运实现。[1] 凭借丰富的海洋资源，非洲海洋经济发展潜力极大。但非洲大陆尚作为"发展中国家聚集地"，非洲海洋意识觉醒较晚，海洋开发与投资的经费与资源有限，其进行海洋经贸合作的吸引力和经验不足。考虑到蓝色经济对就业的推动，非盟及其成员国对海运、港口、旅游业、渔业与水产等领域给予高度关注。根据《非盟2050年非洲海上综合战略》，达成非盟框架下的海洋发展协议，共建海上基础设施将是非洲海洋事业发展的重要内容。[2] 长期以来，海洋经济是中国经济发展的重要支撑，并在海洋空间的投资与对非法捕鱼的打击方面积累了一定经验。2019年，中国海洋经济发展潜力指数为133.2，科技创新对海洋经济发展潜力的贡献达到70.6%。[3] 在自然资源部与相关部门的配合下，海洋资源管理与保护能力得以增强。从而，中国与非洲国家基于双方"比较优势"的海洋合作潜力将在新时代进一步释放。

当前，中国以优惠性质贷款项目、股权投资类开发金融项目等为非洲国家的发展"造血"。在此过程中，撒哈拉以南非洲国家与中国经济实现了同步增长，双方在产业转移、基建合作与能源安全三方面的互补性尤为突出。[4] 在"21世纪海上丝绸之路"框架下，伴随着中国与非洲国家共建"蓝色经济通道"的共识深化与实践发展，双方海洋经贸发展的互补性进一步增强。比如，以"21世纪海上丝绸之路"为依托，中国将为非洲提供更多海洋技术、经验与投融资服务，将非洲国家

① 《非洲海洋经济发展迎来新机遇》，财经观察网，2016年10月17日，http：//www. xin-huanet. com/world/2016 - 10/17/c_ 1119732361. htm。

② 《非洲海洋经济潜能可观》，人民网，2016年11月23日，http：//world. people. com. cn/n1/2016/1123/c1002 - 28888330. html。

③ 《2020中国海洋经济发展指数》，中国政府网，2020年10月18日，http：//www. gov. cn/xinwen/2020 - 10/18/content_ 5552186. htm。

④ 程诚：《"一带一路"中非发展合作新模式"造血金融"如何改变非洲》，中国人民大学出版社2018年版，第170页。

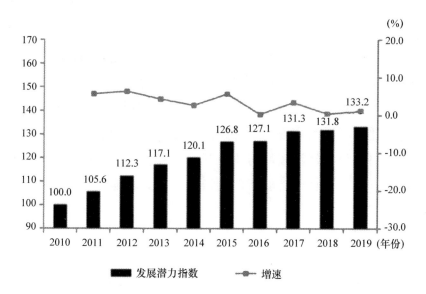

图2-2　中国海洋经济发展潜力及增速

资料来源：《2020中国海洋经济发展指数》，中国政府网，2020年10月18日，http://www. gov. cn/xinwen/2020-10/18/content_ 5552186. htm。

纳入全球化时代的国际分工，助力非洲国家通过增加价值参与全球蓝色增长生产价值链。目前中国近海渔业资源日益枯竭，远洋设备先进，管理水平高。非洲国家高度重视渔业发展与开发，与中国的渔业合作符合大多数非洲国家的海洋发展战略需要。

（二）中非海洋经贸合作契合度不断深化

为对非洲的长远发展进行规划，非盟于2015年提出了《2063年议程》。其在愿景7中明确提到：在实现非洲复兴的道路中，非洲将在全球政治、安全、经济和社会制度体系中占有相应地位，将非洲大陆建设成国际事务的领导者。在具体的行动方案中也提到要发展壮大非洲的蓝色/海洋经济和绿色经济。非洲领导人有意将"蓝色经济"作为发展的新增长点，这与中国一直以来对海洋经济的发展不谋而合。放眼未来，非盟《2063年议程》与中国的"一带一路"倡议将呈现出更大的契合点，双方的海洋经贸合作共识将进一步深化。

2015 年 12 月，在中非合作论坛约翰内斯堡峰会上达成了《中非合作论坛—约翰内斯堡行动计划（2016—2018 年）》。基于对双方已有成果的回顾，中非双方达成了更多面向未来的愿景和行动计划。其间，非洲领导人表达了对"21 世纪海上丝绸之路"建设的赞赏和美好预期，并期待与中方更多的合作成果，尤其是在蓝色经济具体领域、港口建设、油气资源开发利用等方面。中方也给予了积极的回应，承诺将在海洋经济领域与非洲开展更多合作，提倡在中非合作论坛的框架下建立蓝色经济职能性论坛，从而更好地帮助非洲培育新的经济增长点。①

在 2018 年的中非合作论坛北京峰会上，中方承诺将更深层次的加强与非海洋经济的合作，尤其是在海洋经贸投融资领域。《中非合作论坛—北京行动计划（2019—2021 年）》强调了双方蓝色经济互利合作、港口交流合作、海洋科学、航海院校与海洋科研机构合作、海上执法和海洋环境保障能力合作等方面的重要性与必要性。② 同时，双方也一致同意共建海洋经济合作平台的重要建议，加强在海上风电、海上安全、海洋资源开发利用等方面的合作与交流。中方也更加通过与非海洋科研院校合作、人才联合培养等方式助力非洲提升海洋能力建设，推动非洲国家发展环境、社会、经济效益良好的蓝色经济可发展模式。③

（三）中非海洋经贸发展战略对接进程加速

第一，中非双方在海洋事业发展过程中都注重发展"蓝色伙伴关系"，深化海洋经贸多方合作。西非与西方海洋国家的合作稳步推进，美国、法国、英国、印度等在西非蓝色伙伴的建设中地位突出。2019

---

① 习近平：《在中非合作论坛约翰内斯堡峰会上的总结讲话》，《人民日报》2015 年 12 月 6 日第 2 版。

② 《中非合作论坛—北京行动计划（2019—2021 年）》，国家国际合作署，2018 年 9 月 7 日，http：//www. cidca. gov. cn/2018 – 09/07/c_ 129949203. htm。

③ 《中非合作论坛—北京行动计划（2019—2021 年）》，国家国际合作署，2018 年 9 月 7 日，http：//www. cidca. gov. cn/2018 – 09/07/c_ 129949203. htm。

年中国海洋经济博览会成功举办，并成功举办了首届中国—欧盟"蓝色伙伴关系"论坛。涉海企业加强与其他国家业务合作，中电国际与挪威国家石油公司共同开发海上风电项目。[1]

第二，海上基础设施建设是双方海洋经贸发展的"先行者"与着力点。在"21世纪海上丝绸之路"的框架下，中国将加大在非洲地区的经贸投资，尤其包括铁路、机场与深海港口，同时提供更加便利的海上商业贸易线路，这将推动非洲地区海洋经贸的发展。[2] 非洲大陆在中国"21世纪海上丝绸之路"的西部延伸处，中国与非洲国家在滨海城市建立了众多深水港，比如比塞尔特、突尼斯、特马、加纳。[3] 这将促进"21世纪海上丝绸之路"沿线亚洲与非洲货物与商品运输方式的转变。继中国开发喀麦隆深水港克里比之后，这些城市的深水港有望发展成为新的工业中心。[4]

第三，相关合作文件的达成进一步为中非海洋经贸合作提供了制度保障。2020年12月16日，《中华人民共和国政府与非洲联盟关于共同推进"一带一路"建设的合作规划》（以下简称《合作规划》）正式落地，《合作规划》旨在进一步促进"一带一路"倡议与非盟《2063年议程》的对接，推动"一带一路"高质量发展，也将进一步提升中非海洋经贸战略对接速度。

二　中非海洋经贸产业合作成果可观

中国与非洲在海洋渔业、海洋运输与港口、海洋能源开发、海洋旅游等具体的经贸产业领域已经展开了具体务实的合作，并取得了可观

---

[1] 《〈中国海洋经济发展报告2020〉：2019年中国海洋经济各项工作不断取得突破》，中国新闻网，2020年12月11日，https://www.chinanews.com/cj/2020/12-11/9359504.shtml。

[2] Alvin Cheng-Hin Lim, "Africa and China's 21st Century Maritime Silk Road", *The Asia-Pacific Journal*, Vol. 13, No. 3, March 2015, p. 3.

[3] Alvin Cheng-Hin Lim, "Africa and China's 21st Century Maritime Silk Road", *The Asia-Pacific Journal*, Vol. 13, No. 3, March 2015, p. 4.

[4] Alvin Cheng-Hin Lim, "Africa and China's 21st Century Maritime Silk Road", *The Asia-Pacific Journal*, Vol. 13, No. 3, March 2015, p. 4.

的成果。

（一）海洋渔业

海洋渔业在中非海洋经贸合作中占据重要地位，其已成为双方蓝色增长的火车头。早在1985年，中国的13艘渔船就组成了远洋渔业船队奔赴西非海域，非洲也因而成了中国最早开展远洋渔业合作的地区，中非渔业合作的序幕自此被揭开。长期以来，秉持"互惠互利、合作共赢"的原则，中国注重深化与非洲相关国家的合作关系，目前其已成为中国远洋渔业对外合作的重要地区之一。在与非洲国家开展海洋渔业的过程中，中非两国的民心相通进一步加强，非洲的海洋能力建设进一步提升，非洲人民的生活质量与经济发展进一步增强。中国和非洲国家可在渔业的开发、管理与保护方面进行更加切实的合作与交流。中国与非洲国家的渔业合作方式以渔业贸易为主，双方可进一步创新和丰富渔业合作方式，加快双边不同层面渔业捕捞协定的制定和完善。

（二）海洋运输与港口

非洲港口众多，主要港口包括东非的蒙巴萨港、达累斯萨拉姆港，北非的亚历山大港、达尔贝达港，南非的开普敦港、德班港以及西非的弗里敦港、阿比让港、洛美港等。但当前海洋上基础设施建设规模和水平并未达到南非经济发展的需求。海洋港口建设是南非"费吉萨"的重要目标之一，但由于财政的限制，南非基础设施建设的任务依然任重而道远。中国在港口建设方面积累了丰富的经验、资金和技术优势。第一，"一带一路"建设过程中，中国与沿线港口城市的互联互通具有重要意义，中国可充分发挥南非主要港口在双方海洋合作中的重要作用，扩大港口投资和能力范围。在航线密度高的德班港和开普敦港合作建设船舶补给基地以及连接各大经济中心的通道以及内陆资源出运通道建设项目等，以满足南非矿产资源的出运需求。第二，促进小港口的改造、升级和修复。考虑到由于高价值物品和商品的聚集，港口容易发生犯罪、恐怖袭击等非法活动，成为毒品贩运、走私，盗窃货物，偷渡的关键点。① 中国与南非应加强在港口的控制、监督、管理与联合执法等，保持更为安全的港口环境。第三，中国可积极参与非洲国家耗资较大的"超级拖船"建造计划，与南非在翻新滑道和添置大型船只起重机等方面展开合作。

（三）海洋能源开发

海洋能源是中国与非洲国家海洋合作亟待加强的领域，也是双方极具合作潜力的领域。2016 年 1 月 29 日，由科学技术部（DST）和南非海上石油协会（OPASA）联合发起的南非海洋研究和探索论坛（SAM-REF）成立，旨在提供科学界与石油和天然气行业之间合作的平台，但这已经扩展到其他海外资源开采行业。② 中国与非洲国家海洋能源的合作有利于中国"一带一路"框架下能源合作与伙伴关系建设的目标，促进非洲国家海洋能源的开发以及能源消费结构的转变。目前中国与南非的海洋能源合作有待进一步加强，双方在海上石油与天然气、海洋矿业以及海上风力发电等方面合作存在较大潜力。

（四）海洋旅游

濒海旅游业是中非双方海洋经济发展的重要引擎，非洲地区优质的旅游资源与中国濒海旅游业"走出去"发展也存在一定的合作空间。中国有着巨大的客源市场，可以加大对非洲濒海旅游业的投资，将中国传统文化融入其中，促进双方在旅游文化和海岛旅游方面的交流与合作，实现两国在濒海旅游业的合作共赢与民心相通。2018 年 10 月，为了进一步推动与中国旅游业的共同发展，南非实施诸了多措施简化中国公民的签证流程。

三　中非海洋经贸合作平台丰富

中非海洋经贸合作平台丰富。双边层面，中国与非洲众多国家建立

---

① Thean Potgieter, "Oceans Economy, Blue Economy, and Security: Notes on the South African Potential and Developments", *Journal of the Indian Ocean Region*, Vol. 14, No. 1, January 2018, p. 63.

② "SAEON Assists South Africa in Gearing up for the Blue (or Oceans) Economy", SAEON, 29 January 2016, http://www.saeon.ac.za/enewsletter/archives/2016/february2016/doc01.

了双边涉海合作平台。多边层面，中非合作论坛、中非经贸博览会以及"一带一路"建设都为中非海洋经贸合作提供了合作平台。区域层面，中国与非洲重要的区域组织进行了多样化的海洋经济合作，合作潜力正在日益彰显。

（一）双边层面

在功能主义者看来，经济领域是最能产生外溢效应的领域，推动合作扩展到政治等其他领域。基于良好的合作基础与经验，中国与非洲众多国家建立了双边涉海合作平台，其也是中国与非洲国家海洋经贸合作的重要纽带。中国与桑给巴尔共建了"联合海洋研究中心"，中国与尼日利亚共同实施了西部大陆边缘地球科学调查项目。同时，中国参与了非洲多个国家的港口建设，并通过中国企业走进非洲加强双方海洋经贸合作联系。随着"百年未有之大变局"背景下新一轮科技革命的加速推进，中国也加快了与相关非洲国家搭建"电商"服务平台从而推动经贸合作的进程。新冠肺炎疫情期间，除了在医疗卫生领域，"电商"也成了中非合作的新抓手与新突破。中非合作模式的这一新发展也将惠及海洋领域，双方在海洋科技方面，尤其是海洋大数据和信息通信领域的互补性将进一步增强。当前毛里求斯海洋经济发展迅猛，广泛需求蓝色经济发展伙伴，从而提高其自身在印度洋的影响力。长期以来，中国都是毛里求斯的重要海洋经济伙伴国家。作为毛里求斯第一大进口来源国，近年来，中国和毛里求斯的经贸关系不断深化，毛里求斯晋非经贸区也成了中国与毛里求斯开展优势产能合作的重要示范园区。① 此外，中国通过海洋学者互访、联合共建科考船、进行人员轮换与装备转运等方式加强与毛里求斯的合作交流。从中国与南非的海洋产业状况来看，双方的海洋产业发展方向既有较大一致性，也存在一定互补性，中国与南非海洋经济的合作呈现稳中向好的趋势。2014年南非推出"费吉萨"计划（Operation Phakisa）以来，中国与南

---

① 《毛里求斯重点产业分析》，中非贸易研究中心网，2017年3月29日，http：//news. afrindex. com/zixun/article8719. html。

非不断加强在"蓝色经济"方面的合作。同时，中国与肯尼亚也在积极协商进行相关交流平台的建设。

（二）多边层面

中非之间存在广泛的海洋交流多边平台，21 世纪之初，双方就成立了中非合作论坛。借助中非合作论坛北京峰会主场外交平台，中非在双方涉海领域的合作也达成了更多实质性的成果。作为中非合作论坛机制下唯一的经贸合作平台，中非经贸博览会作为中非之间多边交流与沟通的重要形式，将成为中非海洋经济与贸易合作的重要平台。各方和与会各国就开展全方位、多领域海上合作进行交流。在地方对非合作方面，湖南在促进对非多边合作成效显著。中非合作论坛是发展中非关系的重要平台，也是中非在海洋经贸合作方面重要的多边合作平台。在中非合作论坛的框架下，中国与非洲国家开展了丰富多样的交流与沟通。自 2000 年至今，中国与非洲已成功举办了 3 次峰会和 7 次部长级会议，在巩固中非关系的过程中，也推动了中非双方在海洋经贸合作方面的新进展。[①] 2019 年 4 月，中国非洲研究院成立，更加紧密了中国海洋经贸合作中的人文交流。与此同时，"一带一路"建设也为中非海洋经贸合作提供了多样化的平台，并勾画出了中国—印度洋—非洲—地中海蓝色经济通道合作的蓝图。

（三）区域层面

中国与非洲重要的区域组织进行了多样化的海洋经济合作，合作潜力正在日益彰显。当前中国与非盟（非统）海洋发展战略的契合度不断提高，中国与非盟成员国海洋合作基础良好，以及非盟一体化程度的不断提高为双方海洋合作提供了有利条件。当前非洲存在众多涉海国际组织，比如西非和中非国家海洋组织（MOWCA）、非洲联盟委员会（AUC）、非洲发展新伙伴计划和协调机构（NPCA）、泛非议会（PAP）、经济、社会和文化理事会（ECOSOCC），以及其他机构的相关

---

① 《中非关系与"一带一路"建设》，求是网，2019 年 4 月 16 日，http://www.qstheory.cn/dukan/qs/2019-04/16/c_1124364289.htm。

标准，在非洲大陆层面协调该计划的执行、监督和评估程序；利用合作方和其他战略合作伙伴的优势，如非洲开发银行（AFDB）等。这众多区域组织为中非海洋经贸合作提供了丰富的区域性合作平台。非洲在国际事务中的集体影响力不断上升，国际社会对非洲的关注与投入持续增加，这为非洲发展带来了更多的合作选项和急需的资金技术，有利于非洲改善发展环境，早日实现工业化和自主可持续发展。①

四 中国地方政府对非海洋经贸合作形式多样

与此同时，通过福建、青岛、湖南、浙江、厦门、广州等地方政府的大力推进，中国地方政府对非海洋经贸合作形式逐渐多样化。

（一）福建与非洲的海洋经贸合作

作为中国远洋渔业的发源地，福建也在赴非开展远洋渔业合作中扮演了重要角色。近年来，福建对非新投资备案与投资额不断增加，该地企业也对与坦桑尼亚、塞舌尔、尼日利亚等非洲国家的海洋经贸合作表现出了更加浓厚的兴趣，福州、厦门、莆田三市的企业表现尤为突出。② 在福建转向海洋经济的过程中，福建企业也扮演着极为重要的角色。厦门的远洋渔业企业和远洋渔船分布非洲几内亚。非洲相关国家与厦门联合进行了相关讲习班培训，培训班主要学习、交流内容包括海水养殖品种、养殖方法、病害防治、水产品加工等技术和渔业发展与资源保护措施。作为福建知名企业，亿洲集团仍将在几内亚湾开展的远洋渔业作为业务的重中之重，同时为几内亚带来了更多的工作机会。

（二）青岛与非洲的海洋经贸合作

青岛在中非海洋经贸合作中扮演着重要角色。与此同时，青岛港还开通了直达非洲的航线，构筑起了联通"海上丝绸之路"沿线国家和地

---

① 《杨洁篪谈新形势下中非关系发展》，中国施工企业管理协会"一带一路"工作联络部网站，2019 年 12 月 23 日，http：//ydyl. cacem. com. cn/content/details_ 45_ 2293. html。

② 伊佳：《福建将在非洲开展远洋渔业合作》，搜狐网，2016 年 9 月 1 日，https：//www. so-hu. com/a/113162914_ 260039。

区的庞大海上贸易航线网络，为沿线国家和地区的贸易往来提供便利与支持。2014 年，青岛西海岸开始建设山东省内最大非洲野生动物展示区，将为中非旅游业的发展带来积极作用。2016 年，派出了 10 艘围网远洋渔船进行"沙丁鱼"捕捞。① 2019 年，青岛出台了《关于深入推进金融服务海洋经济高质量发展的意见》，为新时代青岛对非海洋经贸合作行稳致远保驾护航，为中国与非洲海洋经贸合作开辟了新的前景。

（三）浙江与非洲的海洋经贸合作

浙江与开普敦有着特殊关系，双方在旅游经济、海洋港口经济上存在合作潜力。依托跨境电商平台不断推动外贸经营模式信息化，深耕中非经贸合作，同时带动中非海洋经贸发展。在努力打造中国对非渔业合作示范省的过程中，浙江对推动中非海洋渔业合作做出了重要贡献。2015 年，浙江多家企业赴非进行远洋作业，比如安哥拉，吉布提等国。在此过程中，浙江渔企不断探索"非洲海洋牧场"的发展模式，为当地带来更多红利。② 在浙江面向"十四五"的"海洋强省"建设过程中，也在更加注重发挥自身比较优势，提供更多渔业金融配套服务，推动共建"浙江—非洲渔业合作产业园"。此外，基于舟山渔场进行非洲渔业专业人才培养的过程中，浙江加大力度培养更多非洲渔业专业人才。未来浙江在促进中国与非洲海洋经贸交流合作仍具有较大潜力，也将不断把双方经贸合作推上新的台阶。2017 年，在南非开普敦举行"中国浙江—南非经贸合作交流会"期间，双方就海洋港口经济的合作达成进一步共识。

第二节 新时代中非海洋经贸合作面临的主要问题

当前，中非海洋经贸合作存在着合作的法治化进程缓慢、受贸易

---

① 《青岛远洋捕捞版图再扩大 远洋船非洲捕"沙丁"》，半岛网，2016 年 5 月 5 日，http：//news. bandao. cn/news_ html/201605/20160505/news_ 20160505_ 2630497. shtml。

② 《关于促进浙江对非洲渔业合作的建议》，九三学社浙江省委员会网站，2017 年 6 月 20 日，http：//www. zjjs. org/news_ show. php？ ShowId＝31667。

"保护主义"负面影响以及中非海洋经贸合作的法律规范体系尚不完善等问题。

一　中非海洋经贸合作法治化进程缓慢

在国际关系里，"合作"是指个人与个人、群体与群体之间为达到共同目标，彼此协作配合的一种联合行动方式。① 如国际贸易投资法呈现出自由化趋势下，② 国家之间共同磋商、相互博弈，以原则、规范、规则、制度等为核心内容，促进国际合作的法治化、国际行为的规范化。但目前中非海洋经贸合作的关系、合作的内容等存在法治化进程迟缓的问题，降低了双方合作的稳定性、可预见性。

（一）中非海洋经贸合作机制法治化程度低

在经济全球化的浪潮下，国际贸易投资法呈现出自由化趋势。为保障投资安全，法律保障日益受到各国重视，国际经济交往的法治化更加凸显。国际经济主体（包括国家之间）为了推动合作程度的加深，缔结各种多边性、双边性的经贸合作条约，提高了合作的安全性、透明度与可预见性。

中非海洋经贸合作机制法治化程度低主要表现在两个方面：一方面，中非双方专门服务于海洋经贸合作的机制或平台缺失。目前中非海洋经贸合作机制需要依托原有的中非合作论坛来推动，还未出现专门服务于海洋经贸合作的机制或平台。另一方面，原有的中非合作论坛偏政治色彩。目前中非并未对中非合作论坛通过签订国际条约的形式予以确定下来，仍然处于政治层面或者政策层面推进的阶段，论坛的法治化程度较低，运行的随意性较大，极易受到外部因素的影响。例如"中非合作论坛—法律论坛"在举办第一届后，应为多方面因素影响，后续并未按期举办，极大地降低了中非双方在法律领域的合作。同

---

① Robert O. Keohane, "International Institutions: Two Approaches", *International Studies Quarterly*, Vol. 32, No. 4, December 1988, p. 380.

② 张辉：《中国国际经济法学四十年发展回顾与反思》，《武大国际法评论》2018 年第 6 期。

样如此，依托于中非合作论坛的海洋经贸合作也存在上述风险。

（二）中非海洋经贸合作内容法治化程度低

中非双方在海洋经贸领域的合作内容更多见于政策性的文件中，很少通过签订双边或多边国际条约的形式予以确定，法治化程度也较低。近年来，中非海洋合作的内容多是在中非合作论坛的政策性文件中提出和明确的，如2015年中国政府在约翰内斯堡发表的《中国对非洲政策文件》中提出的"拓展海洋经济合作"、2018年《中非合作论坛—北京行动计划（2019—2021年）》提出的"海洋经济"等。中国与非洲国家和地区的有关海洋经济和贸易合作的政策性文件，为双方的海洋经济和贸易共同发展构建了具有国际法性质的规范，具有一定的国际法效果，但不属于国际法意义上的国际条约。中非之间的海洋经贸合作缺乏国际条约的法律强制力和约束力，难以形成双方合作从"权力到规则"的转变。但是目前中非双方还未签订与海洋经贸有关的双边或多边性的国际条约，不利于未来中非海洋经贸健康、稳定发展。

二　中非海洋经贸合作受贸易"保护主义"负面影响

中非海洋经贸有效合作是双方克服海洋经贸挑战的重要路径，是中非双方参与实现全球海洋有效治理的重要方式，是维护全球化的重要力量。然而，当前全球经济下行，为部分国家实施贸易"保护主义"提供了滋生的土壤，对中非海洋经贸合作带来了较大的负面影响，增加了中非发生海洋经贸争端的风险、加大了中非海洋经济发展的不均衡性，影响产业化合作方向。

（一）贸易"保护主义"增加中非海洋经贸争端

"保护主义"是加大全球治理赤字的诱因，并成为全球海洋治理领域"多边主义"合作的阻力，其也将对中非海洋经贸合作带来消极影响。尤其贸易保护主义对世界经济全球化危害较为严重，已然成为中非海洋经贸合作的重要威胁。美国近年来实行的各种贸易政策，使全球贸易保护主义越来越成为阻碍国际经济合作的因素，尤其对原有开放的、合作的国际贸易秩序造成了严重影响，导致了国际间贸易投资争端不断、规则失范失序等问题。海洋经贸合作是国际经贸合作的组成部分，仍然超脱不了国际经济交往的大环境，而中非间由于地理位置相距遥远，之间的经济贸易合作更多的是跨区域的海洋合作，极易受到"保护主义"威胁。因此，为维护中非良好的海洋经贸合作生态，要提早警醒、提前准备，防止中非之间国际规则体系尚未形成有效保护的海洋经贸合作被破坏。固然，随着中国和非洲国家与地区的国际关系发展，可能有很多方式方法来解决，例如中国和非洲双方一致致力于创办的合作论坛。然而，中非合作论坛更重视合作的意向性、随意性，导致其具有浓厚的政治色彩，所以其构建起的"软法"体系并不对中国和非洲双方产生约束力，而最终会极大地降低中国和非洲国家与地区的海洋经济发展与合作的可预见性、安全性。

（二）贸易"保护主义"加大中非海洋经济发展的不均衡性

世界海洋理事会认为，有效的海洋治理模式，对实现全球的海洋经济和贸易的进步和发展，以及维护世界的海洋资源与环境的健康和与海洋有关的生产力起着重要作用。海洋经济治理是海洋治理的重要内容。然而，贸易"保护主义"对海洋经济治理构成挑战，限制了中非海洋经济的持续发展。中非双方海洋情况具有极大的相似性，都具有长达上万千米的海岸线，都管辖着巨大的专属经济区和众多岛屿，都有着丰富的海洋资源，有合作的自然条件，但是中非海洋经济治理能力不均衡。非洲海洋经济治理呈现出"碎片化"和债务压力增大的风险。[①] 究其原因在于，非洲国家经济发展水平的限制，对海洋经济的发展与规划缺乏整体性架构，海洋经济产业的发展呈现"碎片化"，完整的海洋经济产业体系尚未建成，导致海洋经济产业化水平较低。同时，非洲国家长期处于贫穷的境地，债务压力一直得不到缓解，财政收入普遍较低，导致其对

---

① 郑海琦、张春宇：《非洲参与海洋治理：领域、路径与困境》，《国际问题研究》2018 年第 6 期。

海洋经济治理的财政投入有限，因此许多海洋经济问题无法得到解决，海洋治理能力普遍较低。而中国则与非洲不同，中国强大的综合国力为海洋治理能力的提升以及对外的合作奠定了雄厚的基础，需要与能够提供高质量发展平台的国际主体合作，然而由于非洲国家海洋产业化水平低，限制中国追求海洋经济高质量发展，使得双方在合作层次、深度上受到极大限制，不利于中非海洋经贸合作。

三　中非海洋贸易合作的法律规范体系尚不完善

国际贸易对非洲国家的经济发展非常重要，超过90%的非洲国家通过海洋运输的方式进口和出口。淡水和海洋渔业资源能够促进超过2亿的非洲人民温饱问题的解决。因此，中非海洋贸易合作有着优越的条件。但也存在诸多问题。中非经贸关系仍然在政治层面或官方层面的状态下推进，无论是中国还是非洲，双方的经贸合作机制远未实现合作的法治化和从权力到规则的转变，稳定、持久的海洋贸易合作的国际规则体系尚未健全。

（一）中非国际贸易规则的体系完整性较低

由于非洲国家的发展水平不同，国家之间存在的技术能力和制度差距，使得贸易谈判水平参差不齐，体系性不强，呈现碎片化特征，使得中非双方出现了多种国际贸易规则体系。目前，中国与非洲国家开展双边贸易的国际规则的依据主要有三种：一种是依据双边签订的贸易协定①，另一种是双方没有贸易协定但是都属于 WTO 贸易组成员国②，依据 WTO 贸易协定，最后一种虽然不属于上述两种情况，但是中国与非洲国家所在的区域组织所签订的贸易协定③。三种贸易规则体系相互交织，编织成

---

① 例如，《中华人民共和国政府和吉布提共和国政府贸易协定》《中华人民共和国政府和坦桑尼亚联合共和国政府贸易协定》《中华人民共和国政府和肯尼亚共和国政府贸易协定》等。

② 根据WTO官方网站，目前非洲国家中有44个国家加入了世贸组织（WTO）。数据来源于WTO官方网站：https://www.wto.org/english/thewto_e/countries_e/org6_map_e.htm。

③ 例如，《中华人民共和国政府与东非共同体经济、贸易、投资和技术合作框架协定》《中华人民共和国政府与西非国家经济共同体经济、贸易、投资和技术合作框架协定》。

了一个复杂的国际贸易规则网，由此带来了诸多问题。一是重叠性的国际贸易规则体系，造成了信息交换效率低下，导致中国与非洲国家之间的贸易成本提高，削弱了中非进行海洋贸易的效率；二是中非双方根据不同的贸易规则体系，制定和实施法律或政策来协调贸易时，又导致因上述不同规则的要求不同，陷入两难境地，使得贸易合作目标陷入混乱，甚至引发无序竞争。因此，从促进中非海洋贸易合作战略目标实现的角度来看，将非洲大陆作为一个相对统一的整体，构建完整的贸易规则体系，才更符合双方利益。而目前中非间碎片化的贸易规则体系现状，不利于以海洋为依托的中非海洋贸易合作目标的有效实现。

（二）中非海洋贸易合作规范的约束力较弱

《中非合作论坛—约翰内斯堡行动计划（2016—2018 年）》《中非合作论坛—北京行动计划（2019—2021 年）》等在内的文件都涉及海洋贸易的问题，在一定程度上为中非海洋贸易合作构建了具有国际法性质的行为规范。但这些国际性文件缺乏国际条约的法律强制力和约束力，不属于国际法意义上的国际经济条约。上述文件，一是双方并未签署有约束力的条约的意识表示；二是未规定各方政府签署该文件的时间和程序等正式国际条约的必备条款；三是正文规定的内容都不多，且多为海洋合作的基本或概括性问题，并未对双方的权利和义务作出具体规定，用"愿""考虑"等约束力较弱的措辞来形成双方的合作，不利于中非海洋贸易合作的稳定和持久。

（三）中非部分双边贸易协定的操作性不强

16 年以来，中非之间的贸易一直在稳步增长。中非双方现阶段达成的贸易协定虽然为中非双方开展贸易合作奠定了国际法律基础，但是存在的突出问题是仅构建了合作的法律框架，操作性不强。① 国际法

---

① 例如，中国与吉布提签订的《中华人民共和国政府和吉布提共和国政府贸易协定》、中国与索马里国家经济共同体签订的《中华人民共和国政府和索马里民主共和国政府贸易协定》、中国与安哥拉签订的《中华人民共和国政府和安哥拉人民共和国政府贸易协定》、中国与肯尼亚签订的《中华人民共和国政府和肯尼亚共和国政府贸易协定》等。

律有效的关键在于精确的授权、可确定的权威机构以及有效的实施方式和执行机制,[1] 但中非签订的部分贸易协定则并非如此。例如中国与吉布提签订的全文仅有8个条款的《中华人民共和国政府和吉布提共和国政府贸易协定》第五条规定"两国间一切贸易和提供服务的付款,以双方同意的任何可自由兑换的货币办理"。又规定"双方同意的"概括性的内容。从上述协定的第四条和第五条内容可知,其仅仅是倡议性、概括性内容,并未规定或者具体规定双方如何落实、实现合作的事项和各自的权责,亦未规定相应明确的监督机制,导致合作事项的有效落实缺乏预期性和确定性,更无约束力和强制力,与当前贸易便利化的国际潮流不相适应,无法有力保障中非海洋贸易合作。

四　非洲复杂的政策法律限制中非海洋投资合作

随着中非经贸不断发展,双方在投资领域的合作取得显著的成就。但是中国在非洲的投资中,尤其在海洋领域的投资活动中,面临着较大的挑战,主要表现在非洲复杂的法律制度等层面给中国投资带来的困难。

（一）非洲日益突出当地含量政策限制投资

非洲国家,尤其是濒临海洋有着丰富油气资源的国家,如尼日利亚、南非、安哥拉等国,在接受外国投资时,开始日益注重对本国利益的保护,制定规范投资政策时增加当地含量。其目的是为保护东道国劳动就业、获得先进技术以及管制影响国计民生的重要产业,从而对外国投资予以一定的限制。中非海洋投资合作需要一个开放、包容的市场,来为双方的投资活动提供便利,实现双赢。而非洲东道国这些当地含量的政策,实质是基于"保护主义"的一种对外国投资市场准入的限制,在一定程度上会限制外国投资,不利于中非海洋投资合作的发展。当然"开放、包容"并不是指对当地产业或者利益的侵犯,而是在符合双边海洋投资合作法律框架内的利益平衡。但是目前在国际

---

① ［美］翁·基达尼:《中非争议解决:仲裁的法律、经济和文化分析》,朱伟东译,中国社会科学出版社2017年版,第38页。

"保护主义"不断抬头的背景下，非洲当地含量政策的日益增加，越来越成为限制中非海洋投资合作的问题。

（二）非洲复杂的法律制度使投资面临挑战

非洲大陆曾被西方国家殖民统治，深受殖民国法律制度的影响。一方面，非洲国家普遍存在双重法律制度，即国家一般存在两种法律制度：国家制定法和土著习惯法。前者是指国家法，也称为正式法律，由国家司法裁判机构主要适用的法律规则；后者则属于各个部族或土著社区适用的传统习惯法规则，没有法典化，亦称为非正式法律。另一方面，从国家法来说，非洲大陆又存在多元化法律体系。非洲有的国家受普通法系的影响，如利比亚、苏丹等；有的国家受大陆法系的影响，如阿尔及利亚、安哥拉等；还有的适用伊斯兰教法，如尼日利亚。非洲国家这种双重和多元的法律制度，使得其对投资规范的规则体系纷繁复杂、不易掌握，给中非海洋投资合作带来诸多问题。例如，中国企业在决定对非洲埃塞俄比亚等港口基础设施建设投资时，在遵照中非双边投资协定、埃方国内制定法等规定时，如果因为未对港口建设地的部族习惯法进行调查研究，未遵照当地习惯法，就容易导致后续投资建设的风险发生。非洲国家普遍性的双重和多元法律制度，大大增加了中国在非洲国家港口建设、海洋资源开发等投资活动的成本，不利于中非海洋投资合作的发展。

五　中非海洋经贸纠纷解决的法律规范尚不健全

当前，中非海洋经贸的国际规则仍呈现碎片化状态，在贸易投资争端解决的法律问题上也是如此，不利于中非海洋经贸合作的长远发展。

（一）中非海洋贸易纠纷解决中存在的法律问题

中国已连续多年成为与非进行贸易总额排名第一的国家，存在着大量的国际贸易纠纷。中非海洋贸易纠纷实质上是国际贸易纠纷。国际贸易纠纷一般有"政府—政府间或私主体—政府间"的贸易争端（如中美出版物市场准入案、中国—欧盟打火机装置案等）、"私主体之间一般货物或服务贸易纠纷"（如跨国的一般货物买卖纠纷、服务合同纠纷等），后一种国际贸易纠纷通常指国际商事纠纷。因此，中非海洋贸易纠纷也不外乎上述两种情况，即"政府—政府间的贸易争端或私主体—政府间的贸易争端"和"私主体之间一般货物或服务贸易纠纷"。① 但是目前中非海洋贸易纠纷解决的国际法律规则体系仍存在问题。

1. 中非之间海洋贸易争端解决中存在相关法律问题

从中非之间海洋贸易争端解决中存在的法律问题来看，突出表现在争端解决规则空白和规则过于原则化问题。

（1）中非之间海洋贸易争端解决规则空白

对于如何解决中非之间"政府—政府间或私主体—政府间"海洋贸易争端离不开中非共同遵循的国际规则，依据双方遵循规则的规定来解决争端。上文已经提到过，规范中非海洋贸易的国际规则不外乎三种：一种是签订的双边贸易协定，另外一种是 WTO 贸易协定，再就是中非所在的区域组织所签订的多边贸易协定。但是目前非洲 54 个国家中，与中国有双边贸易协定的国家仅有 45 个，和中国一样都加入 WTO 的非洲国家仅有 34 个。中国一旦与这些在没有双边贸易协定且不是 WTO 成员方发生海洋贸易争端，将无法利用上述法律途径有效解决，会带来重大损失。

（2）中非之间海洋贸易争端解决规则过于原则化

早在 2009 年《中非合作论坛—沙姆沙伊赫行动计划（2010—2012年）》中，就提出了强化中非间"司法合作"，② 但尚在构建中，并未形成可用于规范中非双方海洋经贸争端解决生效的、可操作的法律规则，包括一些现有的合作协定也是如此。部分协定基本上都是框架性协议，没有规

---

① 此处，将"政府—政府间或私主体—政府间"的贸易纠纷称为贸易争端，将"私主体之间"的一般货物或服务贸易纠纷称为国际贸易纠纷，实则为国家商事纠纷。

② 2009 年《中非合作论坛—沙姆沙伊赫行动计划（2010—2012 年）》：2.4 领事、司法合作：2.4.1 认识到加强人员往来的必要性，双方同意在及时妥善处理涉及双方公民的领事案件方面加强合作。2.4.2 同意进一步促进双方司法、执法部门的交流与合作，共同提高防范、侦查和打击犯罪的能力。密切中国与非洲各国移民管理部门的合作，通过协商解决非法移民问题。

定发生争端后如何解决的条款，不利于未来中非间海洋贸易争端的解决。

2. 中非之间海洋贸易纠纷解决中存在相关法律问题

从中非之间海洋贸易纠纷解决中存在的法律问题来看，突出表现在海洋贸易纠纷判决的域外承认与执行困难。由于中非之间经济发展的互补性、中国对非洲国家的关税优惠政策，以及双方之间长久的友好政治默契，使得中非之间几乎没有发生过海洋贸易争端。根据对 WTO 官方网站发布的案例统计，发现自中国加入 WTO 以来，与中国有关的贸易争端案共计 65 件（其中中国作为申诉方的有 21 件、作为被申诉方的有 44 件），但这 65 件中没有一件是中国与非洲国家发生的"政府—政府间或私主体—政府间"贸易争端。因此，中非之间海洋贸易纠纷基本上是"私主体之间一般货物或服务贸易纠纷"，即一般国际贸易纠纷。① 对于一般国际贸易纠纷往往涉及的是域外判决能否获得承认与执行的问题，即中国私主体与非洲私主体因海洋贸易纠纷获得需要跨国执行的时候，往往需要得到与中国有司法互助条约的前提。中国与这 5 个国家的司法互助双边条约对判决的相互承认与执行做了相关规定，但对于还没有与中国签署此类条约的非洲国家，判决的相互承认和执行就会存在很大的不确定性。② 如果中非企业、公民等私主体之间因海洋贸易发生纠纷，则胜诉的判决可能无法获得对方所在国的有效执行，这为海洋贸易纠纷裁决的申请执行带了不便和不可预测性。

（二）中非海洋投资纠纷解决中存在的法律问题

近年来与海洋有关的港口建设的投资更是成为中国对非投资的主要方向，例如由中国企业总投资额 33 亿美元建设的阿尔及利亚舍尔沙勒港、总投资额 4.217 万亿美元建设的吉布提港等。③ 当前中非海洋投资

---

① 对于这一论断已有学者表述过，"中非之间更为常见的贸易纠纷是发生在作为平等主体的公司、法人或自然人之间的一般商事案件"。参见朱伟东《构筑中非贸易法治保障网》，《中国投资》2018 年第 22 期。

② 朱伟东：《构筑中非贸易法治保障网》，《中国投资》2018 年第 22 期。

③ 《非洲 33 个沿海国家，就有 20 个港口是中国建设的》，搜狐网，2018 年 4 月 25 日，ht-tps：//m.sohu.com/a/229415156_ 433360。

纠纷涉及的国际海洋投资纠纷类型，包括私人主体的投资者之间、投资者母国与东道国政府产生的争议，以及投资者与东道国政府之间的纠纷。其中，第一种投资争议属于私法所调整的范畴，是纯粹的国际商事纠纷；第二类纠纷属于国家与国家之间公法范畴的争端，通常会将双方之间签订的条约或者区域条约用以解决争议，属于国际投资争端；第三种纠纷同样属于国际投资争端。而上述三种中非之间的海洋投资纠纷解决的国际法律规则却并不完善，存在如下问题。

1. 中非"私主体投资者"间的海洋投资纠纷解决存在相关法律问题

中非私主体之间海洋投资纠纷同样也面临着解决纠纷判决的域外承认与执行难的问题。域外国家的判决获得承认与执行一般是两条路径，一条是双方所属国的司法协助条约，一条是依据"互惠原则"。就中非来看，第一条路径的问题前文已经阐述过，由于中非签订的司法协助双边条约较少，导致很多投资纠纷的判决无法获得域外国家的承认与执行。对于第二条路径来说，由于"中国法院一直以来都适用严格的正向互惠的做法，即在判断与外国之间是否存在判决承认与执行的互惠时，把外国法院曾经承认和执行过中国法院判决的事实作为判断互惠是否存在"。① 使得中国法院对拿到非洲国家针对投资纠纷的判决往往以非洲国家没有执行过中国判决为由，不予适用互惠原则，从而对中国私人主体拿到的域外国家的判决不予承认和执行，进而导致没有与中国签订司法互助条约的非洲国家因中国没有适用互惠原则，从而不予在其国家内承认和执行中国法院做出的判决。因此，就中非私人主体间的海洋投资纠纷而言，亦不适用"互惠原则"。

2. 中非"投资者母国与东道国政府""私主体投资者与东道国政府"间因海洋投资争议解决存在相关法律问题

一方面，从中非"投资者母国与东道国政府"间海洋投资争端解

---

① 朱伟东：《试论中国承认与执行外国判决的反向互惠制度的构建》，《河北法学》2017 年第 4 期。

决来看，目前，中国已同 54 个非洲国家中的南非、尼日利亚、坦桑尼亚等 18 个非洲国家存在有效的双边投资保护协定，仍有 36 个国家没有签订保护投资的双边条约，一旦中非政府因海洋投资发生争端，将不利于保护双方海洋投资的利益。

另一方面，从中非"私主体投资者与东道国政府"间因海洋投资争议解决来看，对中国向非洲海洋投资的企业来说，中国私主体投资者与东道国政府之间因海洋投资争议的仲裁裁决域外承认与执行受到国内法律阻碍。中国《仲裁法》制定至今已有 20 多年，其规定调整范围仅局限于"平等主体"之间发生的财产争议，而不包括"投资者—东道国"之间的国际投资争端，未能适应当前中非海洋投资争端对仲裁的需求。如果中国的仲裁法未作出修改，仍然保持于平等私主体之间的商事仲裁的传统框架，中国仲裁机构作出的裁决，必须保持与仲裁地仲裁立法的一致性。被请求承认和执行地所在国的司法机关，就有可能以中国仲裁机构作出的投资裁判结论并非平等主体间的裁决，于法无据，而以主体不合规的理由拒绝对裁决承认与执行，不利于保护中非海洋投资合作的发展。

第三节　推进新时代中非海洋经济合作的对策建议

20 世纪 80 年代以来，全球化特别是经济全球化成为时代特征，使得经济领域的问题越发成为全球的公共问题，必须由国际社会共同参与协调处理，国际经济法规则在全球治理中的作用日益凸显。法治化是新时代国际经济合作发展的方向之一。中国与非洲国家、国际组织的交往，也是一个不断由"随意性合作"向"规则性合作"发展的过程，双方慢慢地开始注重将以往建立起的合作模式、合作机制等，通过签订正式的国际规则予以确定和规范，不断走向法治化。因此，面对当前世界的许多新问题新挑战，特别是在"保护主义"不断抬头、国际海洋领域激烈竞争引发的争端与日俱增的情况下，需要多方位、多视野地来看待，以构建人类命运共同体、推动构建新型国际关系、共建"一带一路"等重要理念和倡议指导，通过法治保障新时代中非海洋经贸合作。

一　推动新时代中非海洋经贸合作法治化和多元化

经贸合作遵循开放共享原则可有效应对贸易"保护主义"的挑战，推动经济全球化的发展。新时代中非海洋经贸合作作为世界经贸合作的重要组成部分，应当遵循开放共享原则，并在此基础上向法治化和多元化方向发展。

（一）新时代中非海洋经贸合作应遵循开放共享原则

二战后，各国共同遵守《联合国宪章》的宗旨和原则，维护了世界各国的平等相处，推动了经济全球化的发展。也正是加入世贸组织的国家共同遵守《WTO 规则》，才建立起"多边贸易体制"，使全球贸易和投资实现了自由化便利化。正是这些国际规则维护了新时代中非海洋合作所需要的国际环境。因此，保障新时代中非海洋合作发展，应有规则意识，倡导世界各国遵循开放共享原则。

开放、合作、共享是蓝色经济发展内涵的重要内容。习近平主席在2018 年中非合作论坛北京峰会开幕式上的主旨讲话中也提到："中国在合作中坚持开放包容、兼收并蓄。"① 并分别从责任共担、合作共赢、幸福共享等内容，阐述了新时代中非合作的方向。中非海洋经贸合作在全球范围内呼吁各国遵循开放共享原则。一方面，中非在海洋经贸合作中应倡导世界各国坚持公平互利。在海洋领域，全球各国包括中非国家之间均在国际法上有权参与海洋经贸活动、有权通过相应的国际规则实现合作，从而公平地分享海洋经贸活动产生的成果。另一方面，中非在海洋经贸合作中应呼吁世界各国坚持开放共享。中非在海洋领域开展经贸合作，是一项新的探索，其中会有很多以往未遇到的问题。未来的国际经济秩序仍应以法律规则为支撑，但规则体系应更体现公平价值。要注重

---

① 习近平：《携手共命运 同心促发展在二〇一八年中非合作论坛北京峰会开幕式上的主旨讲话》，《人民日报》2018 年 9 月 4 日第 2 版。

对对方利益的尊重，平衡双方在合作中的利益追求，化解矛盾、实现双赢。中非双方也应在平等互利的基础上积极开展双边海洋经贸合作，积极参与双方在该领域内国际规则的制定，促进海洋经贸国际体系改革，最大限度地维护共同利益，反对"保护主义"，构建新时代全球海洋合作新秩序。

（二）新时代中非海洋经贸合作应向法治化、多元化方向发展

未来中非海洋经贸合作，需要向法治化和多元化方向深化，克服面临的问题与挑战。未来要实现中非海洋经贸由"点"到"面"、由"单一领域"到"产业集群"的发展，就需要解决好双方海洋经济发展水平不均衡和合作法治化进程迟缓的问题、同时也要应对好全球海洋经济贸易秩序日趋不稳定带来的风险和挑战。

1. 新时代中非海洋经贸合作应向法治化方向推进

新时代中非海洋经贸合作应向法治化方向推进，实现中非海洋经贸合作从"权力到规则"的转变，为中非海洋经贸全面深化合作保驾护航。法治化符合当今世界国际交往的潮流。2019 年十九届四中全会《中共中央关于坚持和完善中国特色社会主义制度推进国家治理体系和治理能力现代化若干重大问题的决定》提出，中国要"加强涉外法治工作，加强国际法研究和运用，提高涉外工作法治化水平"。面对全球众多涉及海洋经济和贸易的新挑战，特别是在"逆全球化"趋势的日趋发展、国际海洋经济和贸易领域激烈争端的与日俱增，全球经济秩序日益不稳定，此时通过签订国际条约的形式，将中非双方在海洋经贸合作中权利和义务规定下来，避免人为变动，方能更好地稳定中非海洋经贸合作关系。同时，中非双方需要多方位、多视野地来看待未来合作的法治化问题，运用新思想，以"一带一路"倡议、推动构建新型中非海洋经贸领域关系、构建中非海洋命运共同体等重要的全球治理理念为指导，在世界、区域和国家多层次完善中国和非洲共同努力的国际法律规则，来保障海洋经贸合作的持久发展。

2. 新时代中非海洋经贸应向合作主体多元化方向前进

新时代中非海洋经贸应向合作主体多元化方向前进，构建三方共同合作机制，克服"逆全球化"和第三方因素带来的压力与挑战，为中非海洋经贸合作维护良好的外部环境。非洲一直是世界各国关注的大陆，尤其是世界强国激烈竞争的"商场"。随着中国国力的不断提升，美国、法国、英国等西方国家开始不断调整对中国的战略定位，如美国将中国"融入"西方的"接触"战略向把中国定位于"战略竞争对手"的"竞争战略"转变，这些战略定位的变化势必会影响未来中国和非洲的海洋经贸合作。中国为避免被孤立的境地，应采取分化瓦解的战略，在与非洲国家进行海洋经贸合作的同时，积极吸纳西方国家作为第三方合作主体参与。如德国就是中国可以拓展的第三方合作主体。中国在非洲区域有着市场资金的优势，而德国有技术优势，如果把中德的优势融合来满足非洲国家和地区的需求，最终会惠及三方，产生"一加一大于二"的效果。因此，为避免西方国家与中国形成"多对一"的竞争格局、为分担中美竞争带来的压力，中非在未来应向合作主体多元化方向前进，构建海洋经贸三方合作机制。

二　新时代中非海洋经贸合作应向产业化方向发展

中非海洋经贸合作有其发展逻辑，从 2015 年中国政府在约翰内斯堡发表《中国对非洲政策文件》提出的中非"加强海洋捕捞、近海水产养殖、海产品加工、海洋运输、造船、港口和临港工业区建设、近海油气资源勘探开发、海洋环境管理等方面"的合作，到 2018 年《中非合作论坛—行动计划（2019—2021 年）》提出的"海洋经济特区、港口和临港工业区建设、海洋产业以及港口信息化建设"的合作，可以清晰地看出，双方海洋经贸合作是由"单一领域"的"点对点"合作逐步向"产业集群"的"面对面"合作转变。因此，新时代中非海洋经贸合作向"面对面"合作，产业化方向发展是未来的发展趋势。

（一）新时代中非海洋经贸合作应向产业化方向发展

新时代中非海洋经贸合作有其机遇，就双方内部而言，中非有着强劲的发展动力，中国国内经济正在深化改革，海洋经济向高质量转型，需要向外部拓展，而非洲大陆自贸区刚刚建立，非洲国家处于经济上升期，工业化和海洋资源开发的需求旺盛，急需通过海洋合作来吸引外部力量；就双方外部而言，中非有着优越的外部发展条件，如共建"一带一路"的不断深化、构建"蓝色伙伴关系"在全球的倡导等，发展前景广阔。因此，双方应抓住机遇，解决和应对面临的问题与挑战，把准未来向产业化、法治化和多元化合作的方向，不断努力、全面深化。

1. 新时代中非双方应进一步加强海洋经济自由化、产业化合作

新时代中非海洋经贸合作应向产业化方向发展，提升非洲国家经济发展水平和海洋治理能力，解决中非海洋经济发展水平不均衡的问题，为中非深化海洋合作奠定基础。中国重视帮助非洲国家提升自身的海洋经济治理能力，应继续提供资金和技术援助，帮助非洲国家培养海运人才和加强能力建设，促进海运业可持续发展。双方应进一步加强海洋经济自由化、产业化合作。中国可为非洲国家编制海岸带、海洋经济特区、港口和临港工业区建设以及海洋产业相关的规划提供技术援助和支持。

2. 新时代中非应当加快推进"点"到"面"的"产业集群"合作转变

新时代中非海洋经贸由"点"到"面"的"产业集群"合作转变有着重大机遇。一是共建"一带一路"的深化，为中非海洋经贸产业化合作的实现提供了平台。"一带一路"倡议是当前中国为加强国际交流合作、实现共同发展而提出的最大的公共产品和国际发展的合作平台。伴随着共建"一带一路"的不断深化，中国开始在深化共建"一带一路"实践中，积极倡导在"一带一路"沿线的非洲国家中构建自由贸易区、建设产业园区，通过自由化、产业化的合作方式带动沿线国家经济发展，而中非海洋经贸合作则可充分利用"一带一路"平台开发非洲国家沿海城市经济特区，实现自由化、产业化海洋经贸合作，目前非洲沿海国家已经开始建立一些经济特区，但尚未形成产业集群。

二是构建"蓝色伙伴关系"在全球的倡导，为未来中非海洋经贸合作政策共识的制度化提供路径。构建"蓝色伙伴关系"是中非在新时代参与全球海洋治理的重要路径，符合中非双方发展海洋经济的现实需求。双方通过"蓝色伙伴关系"的构建，可以实现政策共识的制度化，稳定双方已经形成的海洋经贸合作共识，保障双方海洋经济和贸易的可持续发展。

（二）新时代中非应重视推动双方跨区域海洋经贸合作

未来中国和非洲的涉海跨区域合作的发展将更加深入。2019年7月，非洲大陆的自由贸易区成立，实现了非洲国家区域经济一体化的规则状态，对于非洲整体对外发展具有重要的意义。非洲自贸区的成立对促进中非双方的经济和贸易合作具有重要意义，统一的非洲市场将使中国和非洲国家的经济体量与贸易额度获得大幅的提高，尤其是实现中国跨海洋的区域贸易的发展。目前，中非的海洋经贸合作存在碎片化的状态，即中国单独与非洲40多个国家进行海洋贸易，极大地增加了中国与非洲国家的交易成本，不利于海洋贸易与投资效率的提升，这也是未来中非海洋经贸合作面临的障碍之一。为此，中国和非洲国家要进一步促进海洋经贸发展，应当重视推动双方跨区域海洋经贸合作。中国应当充分把握非洲自由贸易区成立的历史契机，加快研究中国和非洲整体自由贸易区的构建，实现双方在海洋经贸领域更加紧密的合作。

1. 确立构建中非自贸区的目标和选择合适的合作主体

一是确立构建中国与非洲国家整体自由贸易区的目标。加快研究双方构建自由贸易区的相关问题，选择一条合适的合作道路，这样可避免国际其他区域自贸区的弊端、实现双方涉海经济和贸易、投资的便利化和法治化；二是选择合适的合作主体。中国可以积极主动地与非洲国家联盟（以下简称非盟）这一国际组织合作，探索中国与非盟的自由贸易区建设的合作。非盟是非洲国家构建的国家联盟，其具有较强的区域组织力、团结力。中国与非盟合作建设中非自由贸易区，可以极大减少自由贸易协定谈判的成本，同时可以充分发挥非盟在非洲国家中的组织和协调作用，提高自由贸易协定谈判的效率。

2. 探索适合双方合作的自由贸易区法律模式

中国和非盟共建自由贸易区有丰富的可以借鉴的经验和模式。"中国—东盟自由贸易区"是重要的合作典范，中国如何在非洲国家特殊情况下，复制"中国—东盟自由贸易区"的法律模式，走出一条适合双方发展的法律模式，保障涉海经贸的合作，尤其要在"中非—非盟自由贸易协定"中增加涉海经贸合作内容，确保未来中非海洋经贸合作的提升与发展。

三 构建系统的中非海洋经贸合作国际规则体系

党的十九届四中全会更是结合新时代中国参与世界治理的时代需求与法治化潮流，提出了"加快中国法域外适用的法律体系建设，以良法保障善治"。系统完整的国际规则体系，可以实现国家之间交往的有序性和规范性，避免因无规则状态引起争端。虽然中非国家之间的交往已经有了贸易和投资规则体系保障，但是海洋经贸合作作为新的合作领域，已经超出以往建立起来的规则所规范的行为模式，原有的规范体系在新时代中非海洋经贸合作发展中将难以应对。因此，中非之间要建立海洋合作，有必要构建中非区域间的海洋经贸合作法律规则体系，继续深化多边双边合作。

（一）构建中非海洋贸易投资合作法律体系

完善的对外贸易投资法律体系，有利于中非海洋投资的发展。构建中非海洋贸易投资法律体系，中国政府应积极与非洲一体化组织沟通协商，在原有已经签订的双边贸易投资协定的基础上，尽快制定出适用于中非双方所有国家的区域性多边贸易投资合作法律规则。具体来讲，一是确立中非海洋贸易投资合作的基本原则，指导普遍性的投资活动，解决因非洲国家双重或多元化的法律制度影响中非海洋贸易投资合作的问题。二是支持非洲各国利用外资实现发展自身合理的诉求。

当前国际投资法追求促进投资自由化、保护投资者利益与保障东道国国内监管权的平衡，如更加注重东道国在国家安全、金融稳定、环境保护、劳工保障等重要公共政策领域所保有的适当监管空间。中非在制定多边贸易投资规则时，要注重非洲国家当地利益政策制定的合理性，通过贸易投资规则予以明确维护当地利益的边界和范围，使双方贸易投资利益在法律框架内平衡，避免因海洋贸易投资问题发生争端。

（二）完善中非海洋经贸纠纷解决法律体系

新时代中非海洋经贸合作需要国际化、法治化的经贸争端解决法律体系，为经贸争端解决保驾护航。一方面，应完善投资争端仲裁法律体系，为中非海洋经贸合作、"一带一路"建设提供优质高效的仲裁产品和服务。但中国仲裁机构投资仲裁规则，面临如何让非洲国家愿意将投资争端提交至中国仲裁机构进行解决以及仲裁裁决的承认与执行难的双重障碍。因此，中国仲裁机构投资规则应在保障仲裁员的中立性与专业性、建立上诉制度，以及仲裁费用的收取应契合非洲国家国情等方面进行完善，为中非海洋经贸合作提供更加公平公正的环境。另一方面，应完善国际商事纠纷解决法律体系，构建多元化纠纷解决机制。通过对国内法的修改，对在中国国际商事法庭上审理的案件，可考虑在一定程度上允许当事人采用域外国家的语言、聘请外国律师提供法律服务等措施。[①] 在优先考虑国际商事案件诉讼效率的前提下，要兼顾公正，如中国国际商事法庭在程序上应设置上诉制度，争端当事方可就事实审理、法律适用等方面的错误进行上诉，由上诉机构进行纠正，保证裁决的公正性。

（三）提升中非海洋经贸司法协助法律保护

有效的国际司法协助法律体系，可以为中非涉及海洋的民商事纠纷有效的解决提供法律保障。目前，中国与非洲国家签订的民商事司法协助双边条约还很少，不利于解决私人实体之间的民商事纠纷。解决

---

① 张晓君、陈喆：《"一带一路"区域投资争端解决机制的构建》，《学术论坛》2017年第3期。

这个问题，可以从两种路径来选择，一是构建中非之间的民商事司法协助国际规则体系。通过中国与非洲国家签订一个多边条约，实现中国与非洲国家之间的生效判决、裁定能够得到执行。二是中非双方应进一步修订原有的"中—非 BITs"中的概括性条款。将有关概括性表述具体化，明确双方的权责，增加规范适用的确定性和约束性。例如，关于争端解决机构的选择问题，可规定中非企业在发生争端时，可以选择如 ICSID 国际仲裁机构裁决；或者在具体争议解决条款中仲裁机构的选择，可加入"双方当事人约定的其他仲裁机构"这一兜底条款，将中国国内仲裁机构纳入可选择的范围，为后续裁决的承认与执行提供法律支持。就中非海洋投资仲裁法律制度而言，可考虑采用推定互惠原则。中国可采取先行给予非洲国家作出的裁决承认与执行的方式，吸引非洲国家将投资争端提交至中国仲裁机构裁决的意愿，从而为后续裁决的执行奠定基础。

四　完善中非海洋经贸合作的相关法律规则

当前，国际经济合作规则体系的变革成为大趋势。中国应以现行规则体系的遵守者和变革者的双重角色，推动建立更加公平合理的国际海洋经贸新秩序，匡正规则体系的缺陷和不足。中国应完善与海洋经贸合作相关的国内法，修正与中非海洋经贸合作有关的法律规范，确保中国企业对外贸易投资，尤其是对非洲国家海洋领域的贸易投资获得国内法律支持。

（一）《宪法》中增设海洋条款

新时代中非海洋经贸合作的相关法律构建需要宪法的支撑。当前《中华人民共和国宪法》并未设定"海洋条款"，无法为中非海洋合作包括中非海洋经贸合作的法律构建提供支撑。海洋条款纳入《宪法》可以为中国制定推动海洋发展的相关法律规范奠定基础。因此，中国在修订宪法时应增设海洋条款。

在《宪法》中增设海洋条款，应当重视以下几点内容：一是要明确中国海洋发展的战略目标。增设海洋条款的目的就是将中国建设海洋强国的目标通过根本大法的形式予以明确，确保中国海洋发展政策的稳定。二是要明确中国海洋发展的理念和原则。应当将构建人类命运共同体、蓝色经济理念、开放共享原则等纳入海洋条款，确保未来中国海洋发展的道路正确。三是要明确海洋条款设置的章节。海洋条款事关国家发展大局，内容涉及国家发展的方方面面。因此，建议将海洋条款设置在宪法总则部分，起到统领作用。

（二）制定和完善相关部门法

有效推动新时代中非海洋经贸合作，需要更加具有操作性和实践指导性的法律规范体系予以保障。目前，中国在境外投资领域和争端解决领域的相关法律规范存在较大空白和缺陷，继续通过制定和完善相关立法予以弥补，从而更好地为新时代中非海洋经贸合作保驾护航。

制定和完善保障中非海洋经贸合作的相关部门法，应当从以下几个方面开展相关立法工作：第一，制定《中国境外投资法》，尤其增加对海洋基建、海洋资源开发项目的规范。第二，修订《境外投资项目核准暂行管理办法》，进一步对境外投资涉及的金融、外汇、保险、财税等具体领域进行专门系统的规范，确保对外投资的便利化。第三，适时修改《仲裁法》。中国投资者在对非洲国家投资时，可争取将与东道国发生的投资争端，提交中国仲裁机构解决，保障双方争端的有效解决。

（三）成立境外贸易投资管理的专门机构

新时代中非海洋经贸合作需要一个有效的执行机构，有效的执行机构可以保障合作内容的积极落实，推动合作的持续发展。因此，中国应成立一个服务于中非海洋经贸合作的专门机构，尤其是在境外投资领域。

中非海洋合作的境外贸易投资管理的专门机构，应承担以下职责：一方面，与非洲国家建立可以对接的联系机构，保证对非海洋贸易投资能够实现信息互通，管理协调。另一方面，还应建立对非海洋贸易投资法律政策后续审查。中国目前颁布了许多鼓励、引导和管理对非贸易投资的规范性法律文件，但由于缺乏必要的事后审查机制，导致这些文件的执行效果无法评估。因此，赋予该专门机构，负责对外贸易和对境外投资政策进行审查的权力，可以确保制定的法律规范文件能够促进中非海洋贸易投资的发展。

新时代中非海洋经贸合作是践行构建人类命运共同体、秉持共建"一带一路"共商共建共享理念的重要实践，其发展既有机遇也有挑战。面对国际经济合作的法治化趋势，以及"单边主义"与"保护主义"、① 国际海洋争端日益激烈等新问题，中国应在中非海洋合作中重视合作的法治化。在全球层面，应积极倡导"树立合作法治理念、遵循开放共享原则"。在区域层面，完善中非间海洋经贸合作法律体系，实现海洋经贸关系的有序化、合作行为的规范化。在国家层面，中国应完善与海洋经贸合作相关的国内法，确保中国企业对非洲国家海洋领域的贸易投资能够获得法律支持。除此之外，中国还应该着眼未来，站在提升中国参与全球治理能力的战略高度上，通过中非海洋经贸合作专业人才的培养，以及海洋经贸合作其他国际规则的制定等方面不断创新，推动中非海洋经贸合作向专业化、国际化的方向提升，为中非海洋经贸合作的长远持久发展提供优质高效的法律服务与平台，也为国际其他区域合作提供典范。

第四节　案例分析：新时代中国与埃及
海洋经济合作

一　新时代中埃海洋经济合作的必要性

中埃两国建交 60 多年来，两国的合作也包含政治、经济、文化交流等各个方面。新时代深化中埃海洋经济合作是两国经济发展的需要，

---

① 丁丽柏、陈喆：《论 WTO 对安全例外条款扩张适用的规制》，《厦门大学学报》（哲学社会科学版）2020 年第 2 期。

也是中埃两国强化南南合作参与全球海洋经济治理的需要。

（一）埃及的地理位置为中埃海洋经济合作提供了客观条件

阿拉伯埃及共和国位于非洲东北角和亚洲的西南角，与地中海接壤，在利比亚和加沙地带之间，苏丹以北，红海以西。埃及海洋线狭长，大约为 2700 千米，可以利用海岸线发展深水港口、海洋渔业产业、海洋旅游等相关产业。尼罗河贯穿埃及全境，为埃及带来了广阔的绿洲地带和狭长的河谷，也为埃及的航运业发展带来了便利。由于埃及所处的地缘位置和其所具备的地缘政治影响，使埃及成为"一带一路"倡议中重要的支点国家，与埃及进行海洋经济合作具有非常重要的意义。

长期以来，埃及占据着中东的主导话语权。工农业较为发达，军力也远强于其他阿拉伯国家，且 1950 年埃及就已达 2000 万人，对叙利亚（300 万人）、伊拉克（600 万人）与沙特阿拉伯（300 万人）等国有着压倒性优势，经济实力远在它们之上，是当时西亚、北非地区当之无愧的"老大哥"。加之革命后，埃及新政府奉行社会主义政策，推行免费教育，对工商业、银行业、保险业、运输业与进出口贸易实行国有化，并重新分配土地，将个人所拥有的土地面积上限定为 200 费丹（1 费丹 = 0.42 公顷），超出部分由政府收购，转租给无地或少地农民，以上举措使得埃及下层人民的生活水平有所提高，因而更加支持新政府；同时，得益于国有化与所有政党被解散，埃及政府短时间内可调动的国家资源也大幅增长，由此埃及的国家凝聚力与政府执行力有了明显的提升。因此埃及在阿拉伯世界的影响力不断增强，尽管在"阿拉伯之春"后埃及在整个中东的影响力下降，但是埃及在阿拉伯世界仍然存在着一定的影响力。中国与埃及两国海洋经济合作，有利于充分利用埃及的重要地缘位置，深入开展海洋基础设施建设、海洋渔业、海洋运输、海上贸易等方面的合作。

（二）中埃海洋经济合作符合两国经济发展的需要

许多结构性问题也纷纷显现，其中产能过剩成为一个比较突出的问题。这就要求中国在经济增长中既要保持增长速度平稳，又要保障经济的转型与协调发展。

埃及由于实体经济不足和之前阿拉伯之春造成的政治动荡，导致埃及经济受到了比较严重的冲击，埃及国内生产总值比较低，其2013—2019年的国内生产总值如图5-1所示。埃及的失业率也居高不下，其2013—2019年的失业率如图5-2所示。在塞西总统执政以来，通过埃及"振兴计划"不断吸引外资和外国援助，大力开展基础设施建设，以缓解埃及国内失业率过高的问题。并且大力发展苏伊士运河经贸区，企图将苏伊士运河经贸区打造成促进埃及经济增长的引擎，进而学习引进资金和先进技术，增加大量的就业机会。

图5-1　埃及2013—2019年国内生产总值

资料来源：trading economics，https：//zh. tradingeconomics. com/egypt/gdp。

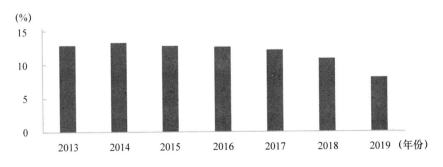

图5-2　埃及2013—2019年失业率

资料来源：Knoema，https：//cn. knoema. com/atlas/。

中国同埃及的海洋经济合作一方面能将中国国内过剩的产能转移到埃及，从而解决中国国内因产能过剩而带来的一系列经济问题；另一方面埃及可以充分利用中国过剩的产能带动埃及经济发展，促进埃及基础设施建设从而缓解埃及经济不景气，失业率居高不下的问题。此外中国与埃及海洋经济合作，可以扩大中国对外市场，缓解中美贸易摩擦所带来的影响，埃及也可以充分利用中国产品进行国家基础设施建设。

（三）中国与埃及海洋经济合作是"海洋命运共同体"的内在要求

作为全球治理的全新理念，其为全球发展注入新的活力，当前全球海洋问题日益严重影响全球海洋的可持续发展。在此背景下，"海洋命运共同体"理念应运而生。中埃两国海洋经济合作是中国与非洲大陆构建"海洋命运共同体"的重要环节，为中埃两国蓝色增长发展创造动力。另外可以推动"海洋命运共同体"这一全球海洋治理的中国方案赢得全球范围内的认同，从而增强中国在全球海洋治理中的话语权。

（四）中埃海洋经济合作强化南南合作参与全球海洋治理的需要

中国与埃及同为世界上颇具影响力的发展中国家，中埃两国都是参与全球治理中的重要成员。埃及总统塞西在上任初期提出了埃及"振兴计划"。塞西总统也使埃及成功回到非洲舞台，并逐步开始在非洲事务中扮演积极参与者和领导者的角色，同时亦致力于实现非洲2063年行动计划制定的可持续发展目标，埃及还致力于建设非洲经济共同体，推动非洲热点议题在国际场合得到更多重视。[①] 埃及希望通过与中国合作共建"一带一路"，加强非洲基础设施互联互通，塞西总统的第二次对华国事访问对于两国领导人而言将是一次加强协商交流的良好机遇。据此可以预料到今后中国与埃及之间的合作前景十分广阔，中埃两国在基础设施建设、海上运输与海洋经贸、水产养殖以及渔业技术交流、海洋能源开采、海洋科技交流与应用等领域均存在着十分广阔的合作

---

① 《中非合作论坛为埃及在非洲大陆振兴提供机遇》，中华人民共和国商务部网站，2018年9月5日，http://www.mofcom.gov.cn/article/i/jyjl/k/201809/20180902784595.shtml。

前景。

21 世纪以来，中国经济快速增长，中国在此过程中也不断地为全球各个领域各个方面的问题提供了中国智慧与中国方案。[①] 在人类命运共同体的指导下对全球经济、安全、气候问题、海洋问题等方面都提出了相应的解决机制和解决方案。近年来，西方国家产生了逆全球化的浪潮，推行单边主义、贸易保护主义政策不仅严重影响了国际形势，而且严重冲击了当前的全球治理体系。在这种背景下，中国积极推进全球治理体系的变革，努力为全球治理体系的发展提供中国方案。[②] 埃及在塞西总统执政之后也不断想要重新振兴埃及，恢复埃及在阿拉伯世界的影响力。而且致力于推进非盟《2063 年议程》，计划推动建立非洲经济共同体，增强非洲大陆整体的实力。综上，中埃两国海洋经济合作不仅是两国加强南南合作的重要方式，而且有利于中埃两国参与全球海洋治理，不断提升自身参与全球海洋治理的能力。

二 新时代中埃海洋经济合作的基础

中埃在 60 多年的交往中已经奠定了相对良好的海洋经济合作基础，两国在海洋渔业捕捞以及渔业生产加工方面开展了众多的合作，在海洋油气资源的开采与勘探以及海洋油气设备领域也开展了相应的合作，在港口船舶建设等领域也开展了密切的交流。中埃两国的政策也为两国开展全方位的海洋经济合作提供了政策支持。埃及在塞西总统执政后提出了埃及"振兴计划"以及《埃及 2030 愿景》对埃及海洋方面的建设提出了要求，而中国的"一带一路"倡议也为两国海洋经济合作提供了政策支持。

（一）海洋渔业合作

埃及北临地中海，东临红海，有 2900 千米长的海岸线，全年仅有

---

① 牛政科、刘海霞：《深入研究习近平新时代中国特色社会主义思想，推进世界社会主义运动的复兴和发展——"第六届国际共运论坛"综述》，《世界社会主义研究》2018 年第 9 期。

② 刘宏松：《中国参与全球治理 70 年：迈向新形势下的再引领》，《国际观察》2019 年第 6 期。

3 个月的时间气温低于 20 度，其余时间均高于 20 度，无台风、地震等自然灾害，非常适宜水产养殖。埃及渔业养殖历史悠久，而且埃及渔业一直是该国传统农业的组成部分，渔业资源可以作为减轻陆上食物供给的压力，为经济多元化担负着重要的作用。① 埃及政府也重视海水养殖的发展，并为之努力了 10 多年。国内每年水产品需求约 200 万吨，供应约 150 万吨，其中 90% 为海洋捕捞，人工养殖的主要是淡水鱼，几乎没有海水养殖的鱼虾，仍有约 50 万吨的缺口。② 尽管埃及渔业发展历史悠久，水产品产量也十分丰富，但是由于缺乏先进的养殖技术，埃及渔业无法进行深度开发。2015 年 7 月，中国恒兴集团与埃及政府签约了价值将近 9000 万美元的合作项目。2017 年 11 月 18 日，面积约为 1230 公顷的 Ghalyoun Lake 海水养殖产业链工业园项目正式投入使用。它是集鱼苗培育、渔业饲料加工生产、渔业技术深入应用、水产品加工储藏等多种功能的综合性渔业产业基地，同样也是当前北非地区最大规模的渔业产业园。③ 恒兴集团不仅为埃及提供了技术和基础设施的支持，而且为埃及提供了技术培训和运营指导，为埃及创造就业机会 3000 多个，该项目的成功运营极大地提高了埃及国内水产品的供应能力，提高了埃及水产养殖、加工的技术水平，为埃及水产产业发展奠定了基础。

（二）海洋油气资源合作

21 世纪以来，各国加强了对海洋资源的利用与开发，其中就包括对海底油气资源的勘测，海洋油气资源对全球能源格局的影响也日益提升。埃及国内的海洋石油与天然气储量总量比较可观。主要分布在尼罗河三角洲、地中海、西部沙漠和苏伊士湾。埃及 2008—2018 年天然气年产量如图 5 - 3 所示，2008—2018 年石油年产量如图 5 - 4 所示。

---

① 张霖、明俊超、王芸：《埃及水产养殖业发展概况》，《科学养鱼》2015 年第 5 期。
② 方松、赵红萍：《埃及渔业现状、问题及建议》，《中国渔业经济》2010 年第 3 期。
③ 《"中国湛江水产产业链"输出到埃及》，一带一路中非智库网，2017 年 11 月 21 日，http：//news. afrindex. com/zixun/article9921. html。

（十亿立方米）

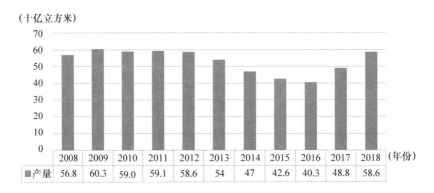

	2008	2009	2010	2011	2012	2013	2014	2015	2016	2017	2018
■产量	56.8	60.3	59.0	59.1	58.6	54	47	42.6	40.3	48.8	58.6

图 5－3　埃及 2008—2018 年天然气产量

资料来源：《BP 世界能源统计年鉴》（2019），https：//www. bp. com/content/dam/bp－country/zh_ cn/Publications/2019SRbook. pdf。

（百万吨）

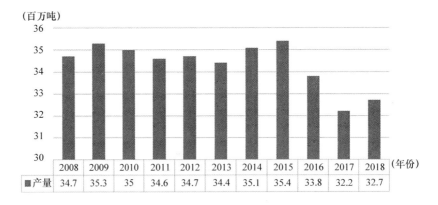

	2008	2009	2010	2011	2012	2013	2014	2015	2016	2017	2018
■产量	34.7	35.3	35	34.6	34.7	34.4	35.1	35.4	33.8	32.2	32.7

图 5－4　埃及 2008—2018 年石油年产量

资料来源：《BP 世界能源统计年鉴》（2019），https：//www. bp. com/content/dam/bp－country/zh_ cn/Publications/2019SRbook. pdf。

中埃两国早在 20 世纪 90 年代已经就油气资源的开发利用签订了相关协议。随着中埃两国关系日益密切，中埃两国在油气资源领域的合作也越发密切。2002 年中国石油天然气总公司与埃及石油部签署了《中国石化与埃及石油部友好合作谅解备忘录》。[①] 2012 年 7 月，中萨钻

---

① 朱雄关：《"一带一路"背景下中国与沿线国家能源合作问题研究》，博士学位论文，云南大学，2016 年。

井公司投资 2.7 亿美元购买了由中国大连船舶重工建造的海上石油钻井平台"海洋一号"，主要对埃及周边海域的石油资源进行勘探和开发。①这一钻井平台的成功应用标志着中埃两国海上油气资源的开发合作进入了新的发展阶段。

（三）港口建设合作

埃及是处于"海上丝绸之路"倡议的重要支点地位的国家，地理位置十分重要，埃及作为非洲大陆较为发达的国家，具有苏伊士运河，因此埃及港口运输发展潜力巨大。与沿线国家开展港口合作是与沿线国家开展海洋合作的重要环节，也可以为海洋经济的不断发展提供动力。在此基础上，中埃两国在港口基础设施的建设、先进港口运营理念等方面开展了交流。

至 2018 年初，该项目总计投入建设资金 1.05 亿美元，招商及投资额度总计接近 10 亿美元。② 作为可以连通尼罗河与红海的重要港口城市，苏伊士对航运贸易起着十分重要的作用。中埃泰达苏伊士经贸合作区的建立不仅聚集了一大批先进企业，形成了产业集聚效应，而且为苏伊士港口建设提供了大量资金、技术、人才的支持。2015 年，中港集团成功负责参与和承包了项目金额高达 60 亿美元的苏哈纳港和杜米亚特港的扩建工程。该集团在埃及开展项目合作工程为中埃两国深入推进港口合作产生了重要的借鉴。③ 作为"一带一路"倡议中设施联通的重要环节，港口是与各国进行海上出口、经贸往来的重要出口，也是国家综合国力的重要体现。中埃两国在"一带一路"倡议和建设海洋命运共同体的倡议下，开展港口合作，发挥港口海洋集散的强大功能，有利于促进两国海洋经济的发展，打造中埃海洋命运共同体。

---

① 刘恩然、张立勤、王都乐、王艳红、缪彬：《埃及油气资源勘探开发现状》，《桂林理工大学学报》2019 年第 3 期。
② 陈欣烨：《"一带一路"下中国境外经贸合作区的发展实践——以中埃苏伊士经贸合作区为例》，《改革与战略》2019 年第 1 期。
③ 赵军：《中国参与埃及港口建设：机遇、风险及政策建议》，《当代世界》2018 年第 7 期。

（四）中埃两国政策支持

中埃两国进一步深化海洋合作，打造"蓝色伙伴关系"，有着两国政策上的支持。

1. 埃及"振兴计划"以及《埃及 2030 年愿景》

2014 年，埃及总统塞西针对埃及经济社会所面临的高失业率、高通货膨胀率以及经济持续低迷等问题，推出了促进埃及民生发展的政策，从而摆脱了近年来埃及所面临的种种困境。[①]

塞西总统所提出的振兴计划具体内容主要是大力发展基础设施建设，如医院、铁路、学校等，以保证和稳步提升人民的生活质量；确定切实可行的产业发展计划，推动产业优化升级；进行经济改革，改革埃及国内的财政制度，减少财政赤字，促进经济平稳发展，改善通货膨胀；实行经济刺激计划，开展苏伊士运河经济走廊建设计划，并在周边地区新建港口，将其变成国际物流枢纽，以增加就业机会改善埃及失业率过高的现象；引进外资，学习吸收先进的发展经验；实行平衡的大国外交，调整对美、俄、中、欧的关系，实行"东向"政策。

2016 年，塞西总统针对埃及国内积累多年的经济弊端，推出了《埃及 2030 年愿景》。《埃及 2030 年愿景》主要集中在发展经济层面，该愿景希望能够促进埃及可持续经济增长，提高埃及经济发展的内生动力，发展多元化的经济政策，尤其突出知识经济的作用。[②]《埃及 2030 年愿景》致力于通过经济改革，革除埃及现存的经济弊端，在 2030 年使埃及的国内生产总值大幅度上升，增幅在 2030 年达到 12%，人均国民生产总值增长至 2030 年每人 10000 美元，贫困率也能大幅度下降，至 2030 年降到 15%。埃及成为世界经济前 30 强。

埃及所提出的"振兴计划"与《埃及 2030 年愿景》使得中埃两国在发展理念与发展目标上有高度的契合，因此埃及需要引进中国的大规模

[①] Al Jazeera，"Sisi's Resignation Speech in Full"，2014 – 03 – 26，http：//www. aljazeera. com / news/middleeast/2014/03/sisi – resignation – speech – full – 2014326201638123905. html.

[②] 戴晓琦：《塞西执政以来的埃及经济改革及其成效》，《阿拉伯世界研究》2017 年第 6 期。

投资从而发展基础设施和增加就业，并且改善经济发展环境，提升技术水平。这意味着两国今后应当在各领域开展深度海洋经济项目合作。

2. 中国"一带一路"倡议

十八大之后中国针对当今国际形势，为了与世界各国开展广泛合作，提出了"一带一路"倡议。二者一为陆上路线，另一为海上路线，二者相辅相成赋予了古代丝绸之路以新的理念和新的内涵。政策沟通是"一带一路"倡议的保障，这要求中国与"一带一路"沿线国家积极开展对话交流，以求同存异为准则，深化利益重合点，加强双方的政治互信，从而为中国与沿线国家形成新的合作共识，深入进行政策对接，达成优势互补。政策沟通作为"一带一路"倡议的政治保障，属于软保障，而设施联通是"一带一路"倡议的物质保障，属于硬保障。[①] 设施联通不仅局限于交通设施的联通，而且应当包含通信、电力等设施的互联互通。贸易畅通可以充分带动周边国家经济的发展，不断促进贸易交流的便利化。资金融通为"一带一路"倡议提供了资金基础。没有了大量资金的支撑，基础设施的互联互通就无法形成。稳定的资金来源能够确保"一带一路"倡议获得长期稳定的推行。"一带一路"沿线国家众多，各国的历史风俗、发展现状各不相同，因此要真正做到民心相通有一定的困难，因此要推动各个文明之间相互理解与包容需要高度的智慧与耐心。中国通过不断与"一带一路"沿线国家开展旅游合作、人文交流等措施加强与沿线国家人民的友好往来，从而不断推进民心相通。

三　新时代中埃海洋经济合作的宏观环境

中埃两国海洋经济合作的优势主要体现为：中埃两国经济上存在巨大的互补性、政治上两国存在着良好的政治互信、文化上两国交往密切、两国具有高度的战略契合点。

---

① 王凤：《习近平"一带一路"建设重要思想研究》，博士学位论文，山东师范大学，2019 年。

（一）中埃海洋经济合作的优势

中埃两国海洋经济合作的优势主要体现为：中埃两国经济上存在巨大的互补性、政治上两国存在着良好的政治互信、文化上两国交往密切、两国具有高度的战略契合点。

1. 经济上巨大的互补性

当前中埃两国经济合作密切，中国和埃及两国在资源禀赋、产业结构和工业化水平等方面存在着巨大的互补优势，这些有利因素为两国进行投资贸易、产能合作和共同构建"蓝色伙伴关系"提供了坚实基础。从两国经贸往来上看，据中国海关统计，2018 年 1—12 月，中国与埃及双边货物进出口额为 138.68 亿美元，比去年同期（下同）增长27.63%。其中，中国对埃及出口 120.34 亿美元，增长 26.2%。中国从埃及进口 18.34 亿美元，增长 37.84%。埃及从中国进口的主要是机电产品、纺织品及原料、贱金属及制品。埃及对中国出口的主要是矿产资源、植物产品、橡胶塑料等基础工业产品。两国的工业品可以达到优势互补，满足两国发展的需要。截止到 2018 年 12 月，埃及是中国第49 大贸易伙伴。从中国在埃及的投资来看，埃及对外招商引资的项目由中国承包的金额超过了 30 亿美元；最近几年，中国对埃及的投资数额增长十分迅速，总额已达 50 亿美元。这表明中埃两国经贸往来十分密切，经济上交融密切。

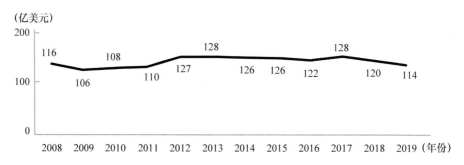

图 5-5　埃及营商环境排名

资料来源：trading economics，https：//zh. tradingeconomics. com/egypt/ease - of - doing - business。

2. 政治上良好的政治互信

中埃两国由于具备相同的历史背景，都在历史上遭受了殖民压迫，也经历过反抗殖民压迫的独立斗争，因此两国人民具有相似的民族情感。中华人民共和国成立后，埃及国内也开展了反对殖民压迫的反抗活动，并最终实现了民族独立。在1955年万隆会议上，中方所提出的"和平共处五项原则"使得中国同埃及开始了相互理解，并愿意在和平基础上开展两国合作。1960—1970年，中方多次对埃及进行访问，深化两国的交流和理解，不断使中埃两国的关系加深。自从两国建交之后，埃及也一直支持"一个中国"立场，肯定中国在参与国际事务和国际政治中的积极作用。20世纪90年代，中埃两国签订了《联合公报》，两国在21世纪也要继续密切合作，宣告了中国同埃及的战略合作关系。进入21世纪后，两国也不断深化政治交流，2015年埃及表示愿意参与中国"一带一路"倡议，同中国开展密切的合作。中埃两国政治上的密切交流深化了两国的政治互信，为两国海洋经济合作的开展奠定了基础。

3. 中埃具有高度的战略契合点

埃及作为海上丝绸之路沿线重要的支点国家，中埃海洋经济合作对中国推进海上丝绸之路倡议具有重要意义。2014年埃及总统塞西为了恢复埃及在阿拉伯—伊斯兰世界领头羊地位，在当选总统后推出了埃及复兴计划。这一计划旨在摆脱埃及近年来在经济政治上的困境，具体包括针对税收和补贴的整顿和调整来促进埃及经济机构改革；设立专职的政府工作部门从而完善行政问题；改造现有基础设施，完善学校医院等重要的基础设施；对各个行业的发展提出明确而具有针对性的措施；改善当前埃及国内失业率居高不下的问题；引进先进的农业设施，实现埃及国内农业水利系统的现代化；完善第三产业提升旅游业对经济的带动作用，加强城市化建设的进程。在2015年，中国国家发改委、外交部与商务部共同发布了《推动共建丝绸之路经济带和21世纪海上丝绸之路的愿景与行动》，这一文件标志着中国"一带一路"倡议进入全面推进的阶段。这与塞西提出的埃及复兴计划有着高度的契合。

（二）新时代中埃海洋经济合作的限制因素

新时代中埃海洋经济合作的限制因素包括非传统安全所带来的海上通道威胁和当前不合理的海洋秩序。

1. 非传统安全所带来的海上通道威胁

海上航线和港口设施的日常运营离不开安定和谐的安全环境。中埃两国开展海洋合作进行海上互通必然依赖于稳定的安全环境，因此区域海上通道安全势必成为中埃两国构建"蓝色伙伴关系"中的影响因素。目前埃及苏伊士运河区域的恐怖主义问题严重。自从 21 世纪以来，恐怖主义对埃及的影响不断加深，其中西奈半岛的情况最为严重。由于西奈半岛的特殊位置造成了当地部族与恐怖主义进行联手合作获取利益的状况。埃及政府曾经在 2018 年在全国采取紧急行动，以保证能够对当地恐怖主义进行有力的打击。

此外，索马里海盗严重干扰了该区域的通道安全，自 2008 年起，索马里海盗在国际海域进行的犯罪活动日益猖獗，严重影响了世界航运安全，也造成了严重的经济损失。由于多国在该区域进行巡航，海盗事件一度下降。然而近年来由于各国的放松，自 2016 年起该区域海盗对过往商船的骚扰和袭击所造成的经济损失继续上涨，并在该年造成损失约为 17 亿美元。[①] 从 2017 年至今，国际社会继续加强了对该区域海盗的警戒程度。此类非传统安全问题势必会给中埃两国构建"蓝色伙伴关系"、开展多层次的海洋合作造成威胁。

2. 当前不合理的海洋秩序

当前的国际海洋机制是基于 1982 年第三届联合国海洋法会议所签署的《联合国海洋法公约》（以下简称《公约》）而形成的。然而由于全球化和国际形势的不断发展变化，国际海洋形势也发生了深刻的变

---

① 孙海泳：《"一带一路"背景下中非海上互通的安全风险与防控》，《新视野》2018 年第 5 期。

化，海洋权益也在世界范围内得到重视，因此全球范围内海洋权益竞争也不断增强。各国对海洋利益的争夺客观上导致了国际海洋问题争端的种类不断扩大，国际海洋问题的影响力也不断增加，海洋问题也日益成为影响国家交往和制定政策的影响因素。① 当前海洋领域中传统安全与非传统安全问题凸显，岛屿主权争端与海洋领域划界等争端日益增加，海洋资源开发的摩擦、海洋污染、海上通道安全等非传统安全也不断增多。因此当前海洋形势已经不能完全通过《公约》进行解决。或者可以说，《公约》不是万能的，其理论意义仍高于现实作用。②

此外，当前的国际海洋秩序仍然存在大国主导的因素。由于《公约》不符合以美国为首的发达国家的利益，因此美国在内的西方国家并没有签署加入该《公约》。同样在海洋国际机制的建设方面，比如国际法院、联合国海洋法法庭等组织也大多由发达国家所决定。发展中国家由于在经济、法律等方面缺乏相应的储备，在这些机构中难以表达自己的意愿。③

四　新时代中埃海洋经济合作的实施路径

新时代中埃应选择开拓型战略推动双方海洋经济合作。主要包括以下五个方面。

（一）加强中埃两国政治沟通，建立多层次的战略对接机制

中埃两国在推进海洋经济合作过程中，应当通过建立多层次的对接方式来实现，具体来看应该从政治、经贸、金融、人文等不同领域打造多层次的对接机制。在政治层面，中埃应当就现有的政治互信上，根据两国发展交流过程中固有的问题进行总结，并建立起双边互动机制。基于这个互动机制，两国能够及时了解对方的政策，共同推进政策的

---

① 姜延迪：《国际关系理论与国际海洋法律秩序的构建》，《长春师范学院学报》（人文社会科学版）2010年第3期。
② 王逸舟：《全球政治和中国外交》，世界知识出版社2003年版，第225—226页。
③ 李亚敏：《海洋秩序在国际秩序变迁中的地位与作用》，博士学位论文，中共中央党校，2007年。

制定与推行。在经贸层面，中埃两国应该建立一个规范化、便利化的双边贸易机制。贸易便利化旨在推动国际贸易环境实现透明化、连续性、可预见性，减少国际贸易成本，使得产品与服务更加快捷的流通。① 两国应当在现有贸易机制的基础上，进一步推进信息交流互动机制的高效运转、增强在进出口过程中的各项问题的监管力度、推动司法流程的精进以提高司法效率，制定高效便利的贸易政策，从而推动双边贸易高效运转。在金融层面，中埃两国应当建立一个高水平的金融筹资对话机制。充分发挥丝路基金、亚投行、中非合作基金的作用，为中埃"蓝色伙伴关系"构建提供资金支持。在人文层面，两国应当建立一个高水平的人文交流机制。针对两国"蓝色伙伴关系"的构建，加强两国间学术机构以及智库之间的交流，将"蓝色伙伴关系"的内涵通过学术交流、会议展览等形式加以宣传，为中埃两国构建"蓝色伙伴关系"提供充分的民意基础。

（二）防范经贸风险，建立多渠道、多领域的海洋经贸合作

为了防范可能出现的经贸风险，一方面，应当加强对埃及国内政治局势的潜在风险进行长期的监测和预警，为在埃及投资的中国企业提供及时有效的信息，以便将可能出现的经贸风险降到最低。另一方面，应当加强法律服务水平，在面临相关经贸风险时，要运用法律手段加以合理解决。中国企业在埃及投资建设过程中，应当积极鼓励中国企业拓展自身的公关水平。鼓励企业积极履行和承担埃及社会责任，加强与所在地的民众、非政府组织的联系，以便出现相关风险时，能够获得最大程度的支持。在促进经贸合作多元化方面，首先，应当加强对埃及投资的相关产业的引导，促进中埃两国经贸合作的均衡化发展。不断开拓市场，寻找新的经贸合作机遇，积极推动电子信息技术等高新技术产业领域走向埃及市场。其次，中国应当提升对埃及贸易投资便利化水平，提高进出口监测能力，不断推动两国之间进出口信息、监管

---

① 付辰钢：《贸易便利化解读》，《中国对外贸易》2015年第2期。

互认以及两国之间执法互助。

此外，除了加强政府层面的金融支持外，还应当积极引导有海外投资需求的中国企业到埃及进行实地考察，并且直接与埃及相关行业进行对接，充分引导企业自主进行对埃及投资建设，以增加金融支持来源。

（三）促进中埃两国民心相通，打造良好的舆论环境

首先，要紧跟时代发展的步伐不断提炼中国文化中有益于时代发展的优秀价值观。将这些符合时代发展的中国传统文化成果作为中国对外交流的重要精神载体。其次，随着信息化时代的不断推进，中埃两国应该充分利用多种手段和方式加强两国之间的文化交流，扩大中国文化在埃及的影响。在官方层面，通过影视、网络等新媒体这一传播媒介推动埃及民众更加深入地增强对中国文化的理解，或者开展文化旅游线路，充分利用两国历史优势，使民众在娱乐中感受两国文化，深入加强两国文化之间的交往。在民间交往中，应当充分发挥民间团体和民间智库的作用，积极开展交流会议，针对两国海洋经济合作进行实地考察与走访，可以及时掌握两国海洋经济合作中的动态，不断提出新的有益建议。经过多年的投资建设以及比较熟悉埃及当前的文化与生活习惯，并且了解当地的行业标准和经营理念上的差异，因此这些中国企业可以把"中国文化"融入中国制造的产品中，将中国的最新科技与中国先进的传统文化相结合，从而加强埃及人民对中国文化的了解，实现中埃两国的民心相通。

此外，在与埃及进行交流互动时，应该邀请西方重要媒体参加并及时向其释疑解惑，使其对中国相关政策有一个正确的认识，减少其对中国的误解。同时，对于西方媒体的不实报道，中国外交部等职能部门也应当针对这些问题进行合理的澄清和回应；在与埃及媒体开展交往时，也应当避免其被西方国家的不实信息所误导，要发挥埃及媒体的正面舆论宣传作用。

（四）开展海洋科技合作，加强海洋环境保护

中埃两国应充分利用现有的科技能力，积极开展海洋科技领域的合

作，两国应当加强海洋科技交流，积极共建海洋科技实验室、海洋科技园、海洋监测系统。将海洋高新技术运用到海洋环境监测领域，监理海洋监测网络充分利用大数据系统及时监测海洋环境动态，并对海洋数据进行及时有效的处理，对潜在问题要及时预警并提前建立突发状况的应急预案。此外要积极与相关涉海企业和涉海高校加强交流，鼓励其在海洋监测领域的科技创新与投资，提升海洋科技领域的发展水平。同时应当借鉴先进国家在海洋环境监测、海洋资源开发与利用、海洋环境保护等方面的先进经验，积极与相关国家开展交流合作。

（五）积极参与全球海洋治理，推动建立合理的国际海洋秩序

首先，以"海洋命运共同体"为发展理念积极参与全球海洋治理，进一步加强双边、多边以及区域等多层次的全球海洋治理合作。[1] 其次，要充分发挥现有的条件从软议题入手，并且针对海洋治理的相关事务提出中国方案，可以从海洋环境、海洋科技交流等领域入手提升中国海洋治理的能力与水平。中埃海洋经济合作作为中国参与海洋治理的重要环节，可以提升全球海洋治理中国方案的影响力。再次，提升中国在制定全球海洋治理规则等领域的话语权，在建立更为合理的国际海洋秩序的进程中提出中国方案，推动国际海洋秩序朝着更加合理的方向发展。[2] 最后，面临当前全球范围内的逆全球化浪潮，以及美国针对中国进行的贸易争端，中国应当在全球治理中不断贡献力量促进世界各国加强合作。

---

[1] 杨泽伟：《新时代中国深度参与全球海洋治理体系的变革：理念与路径》，《法律科学》（西北政法大学学报）2019年第6期。

[2] 傅梦孜、陈旸：《对新时期中国参与全球海洋治理的思考》，《太平洋学报》2018年第11期。

第六章　新时代中非海洋科技与文化合作及其相关法律问题

中非海洋科技与文化交往历程源远流长，海洋科技与文化合作由来已久。进入新时代后，中非海洋科技与文化合作关系经历了多重挑战，面临着多重机遇，逐渐完成了从自发到自觉的伙伴关系建构，体现出平等、公正、互助的特点。目前中非海洋科技与文化合作已经取得了一定成就，可以有效推动中非战略伙伴关系提升，促进政治上平等互信、经济上互利共赢、安全上和平稳定，从而进一步促进中非海洋合作。但在"百年未有之大变局"背景下，中非在进行海洋科技与文化交流合作方面也面临着许多挑战，需要中非双方共同克服困难，推动中非海洋合作更上一层楼。

第一节　新时代中非海洋科技与文化合作取得的成就

中非在古代就已经开始关于海洋科技与文化的交流。随着古代海上丝绸之路的开通，中非之间的科技文化交流也日益密切。中国所取得的科技与文化成果陆续传往非洲国家，而非洲的科技成果也随之传入中国。① 双方的海洋科技与文化成果相互借鉴，取长补短。进入 21 世纪后，中非海洋科技与文化合作在以下方面取得了一定成就：政府加

---

① 王涛：《论中非科技合作关系的发展历程及特点》，《国际展望》2011 年第 2 期。

速中非海洋科技合作平台建设；民间促进中非海洋科技合作发展；中非海洋人才交流合作硕果累累。

一　政策加速中非海洋科技合作平台建设

自15世纪哥伦布发现新大陆以来，全球化现象产生并不断加深。全球化是一把双刃剑，全球化带来生活便利的同时也面临着日益突出的环境问题。人口数量的快速增长、环境的破坏、资源的枯竭、气候的恶化等，严重威胁着人类的生存，而金融危机也给世界经济带来了重创。面对这些全球性问题，科学技术创新水平的提升，为全球生产力的发展作出了重要保障。但是这些问题并不能仅靠一个国家解决，需要全世界全人类的合作才能解决，因此科技合作自然也成了国家与地区之间的必然选择。伴随着中非科技水平的不断提高，中非科技合作在发展政策、目标上逐步完善。伴随着海洋技术水平的不断提升，中非海洋科技合作关系也在稳步推进。

（一）中国政府搭建海洋科技合作平台

中国政府通过不断搭建海洋科技合作平台，着力推动中非海洋科技合作取得新进展。作为世界上最大的发展中国家，中国进行改革开放，着重发展科技创新并取得了显著成果。同样，同为发展中国家的非洲国家独立后以飞快的速度崛起。除此之外，中国与非洲发展需求较为相似，尤其是双方经济发展经历、科技发展经历、发展环境较为类似，双方都希望抓住新一轮科技革命的绝佳机遇。在世界科技发展体系加速调整的背景下，发展科技、投身合作是每个国家的必然选择。因此中国政府着力推动搭建海洋科技合作平台，不断完善双方海洋科技机制建设。

进入21世纪以后，中非之间的政府搭建了诸多海洋科技合作平台，为双方间的海洋科技合作提供了绝佳机遇。《南海及周边海洋国际合作框架计划（2011年—2015年）》（以下简称《框架计划》）于2012年实施并全力推行，中国与非洲海洋国家也在《框架计划》的指导和引领下进行了双边、多边的具体的海洋科技合作，目前，中国已与苏丹、利比亚、赞比亚、尼日利亚、加蓬、埃及、科特迪瓦、阿尔及利亚、南非、马里、摩洛哥、突尼斯、莫桑比克、埃塞俄比亚等 14 个非洲国家签订了 16 项政府间科技合作协定。① 中非在海洋科技领域合作拥有丰富的成果。此外，中国在大陆架划界等海洋科技研究方面取得了一定的成绩，成为中非海洋科技合作的重要推动力。近年来，中国通过在非洲海洋国家进行大陆架联合调查等工作，推动中非海洋国家在"21 世纪海上丝绸之路"的引领下共同发展海洋科学技术，为中非海洋科技领域合作贡献力量。中国与诸多非洲海洋国家进行了大陆架联合调查、联合海洋环境监测站建设等具体的科技合作项目，主要包括莫桑比克、埃及、阿尔及利亚、牙买加、瓦努阿图等国家。② 中国与尼日利亚于 2012 年首次进行关于海洋科技的研究合作，中国赴大西洋海陆架与尼日利亚进行联合航次调查，取得了丰硕的合作成果，这也是中国第一次与尼日利亚开展海洋科研合作。③ 2016 年 7 月中国的"向阳红 10 号"船在结束了中国—莫桑比克、中国—塞舌尔的大陆边缘海洋地球科学联合调查航次任务后成功返航，意义重大。这是中国首次与东非沿海的海洋国家共同进行海洋科学联合调查航次合作，也是继 2012 年中尼在海洋国际合作后又一次中非海洋科技合作的成功案例实践。这不仅是中非全球海洋科技合作的体现，也是中非贯彻"南南合作"理念的重要体现，更为推动"21 世纪海上丝绸之路"与非洲沿线国家合作创造了有利条件。2017 年 11 月，自然资源部第二海洋研究所主办了第三届中非海洋科技论坛，中国与非洲相关国家就共同建立联合海洋合作研究中心、加大涉海人员培训、建立海洋观测站及签订政府间协议等内容达成了初步合作意向。"非洲民生科技行动计划"是"中非科技合作

---

① 《让科技成为中非友谊的桥梁——中非科技合作成就综述》，《科技日报》2013 年 2 月 8 日第 8 版。

② 《中国—东非国家国际合作 调查航次首航收官》，中非合作论坛网站，2016 年 7 月 26 日，https：//www.focac.org/chn/zfgx/jmhz/t1384476.htm。

③ 《中国自然资源部与塞舌尔环境、能源与气候变化部签署海洋领域合作文件》，中国自然资源部网站，2018 年 9 月 4 日，http：//news.mnr.gov.cn/dt/ywbb/201810/t20181030_2291400.html。

论坛"的重要组成部分，使中非海洋科技合作得到不断提升。这次非洲民生科技行动作为"中非科技合作论坛"的关键内容，将会共同推动中非海洋科技合作的深入发展。[①]"非洲民生科技行动"旨在将海洋领域的科技行动包含其中，可以将中国已经发展较为成熟的较低成本的科学技术提供给非洲国家，从而推动非洲国家科技建设能力的不断提升，其中最为重要的就是海洋科技发展能力。[②] 在"一带一路"框架的引领下，中国为非洲相关国家提供资金、专业知识和工业技术，在丝绸之路所辖地区实施大规模基础设施项目路经济带和"21世纪海上丝绸之路"，为非洲海洋的科技发展带来了更多机遇。[③]

（二）非洲各国政府推动完善海洋科技合作平台建设

非洲各国政府也在积极推动中非海洋科技合作平台建设，极力推动中非海洋科技合作取得成果。近年来，非洲经济发展水平有所提升，但仍然是世界上较为贫困的地区，多种问题始终困扰着非洲，对非洲发展造成了消极影响。究其根源，非洲科技水平是造成其发展落后的重要原因。而非洲海洋国家科技发展水平较为落后，对外出口的海洋产品都不具备较强的加工能力，出口的部分加工比例和程度都较低。因此，进入新时代非洲政府加大了资金投入，着力推动完善海洋科技平台建设，以期推动非洲海洋科技水平迅速提升。

进入21世纪以后，非洲各国政府通过积极加入海洋科技合作平台，完善海洋科技合作平台建设。非洲国家通过多次主办和承办政府间海洋科技合作论坛，加速提升了非洲海洋科技水平。主要包括：2015年第二届"中非海洋科技论坛"在非洲国家肯尼亚成功召开，本次会议将非洲海洋科技能力作为会议讨论重点，就非洲需要更新海洋监测设备、创新海洋科技发展能力、更新海洋科技合作渠道等内容进行了更多讨论。本

① 米雪：《中非科技合作夯实社会民生》，《非洲》2012年第1期。
② 李白薇：《中非友谊开出科技花》，《中国科技奖励》2018年第10期。
③ Alvin Cheng-Hin Lim, "Africa and China's 21st Century Maritime Silk Road", *The Asia-Pacific Journal*, Vol. 13, No. 3, Mar. 2015, p. 2.

次会议将提高非洲对外出口的海洋产品加工能力，从而提升非洲海洋科技发展水平，为非洲海洋产品出口提供保障。这次"中非海洋科技论坛"举办地点选择在非洲国家肯尼亚，非洲多个国家的代表出席了论坛会议，对论坛表示出极高的赞赏和重视，并表示会积极推动中非海洋国家之间进行海洋科学技术与能力的交流合作，增大双方利益交会点，从而推动中非海洋合作。非盟也提出《2024 科技创新战略》，在官方层面加强科技创新，加速构建中国与非洲国家海洋科技创新机制。整体来看，虽然非洲海洋科技水平较为落后，但在特定技术领域和方向上也具有较为领先的科技优势，值得其他国家充分借鉴。如海洋新能源（海洋能、潮汐能、海流能、盐差能、波浪能等）利用的技术优势，可与中国形成优势互补，对双方的海洋科技发展都将大有裨益。

此外，中非海洋科技合作不断深化离不开中国和非洲政府的共同努力。首届"中非海洋科技论坛"于 2013 年在中国杭州成功召开，中非双方在多方面进行了协商合作，包括进一步加强中非海洋经贸、海洋科技合作，不断完善科技合作平台机制建设等，与会专家和代表进行了为期两天的学术交流和中非合作研讨，会议将进一步推动和落实中非海洋领域的合作。① 中国原国家海洋局局长王宏于 2016 年 3 月出席了毛里求斯独立 48 周年暨共和国成立 24 周年招待会，此次会议极大地促进了中国—毛里求斯海洋科技合作。王宏强调，中毛两国在海洋资源开发利用、海洋科学研究等领域拥有广袤的合作前景。② 2009 年 11 月，聚焦于中非科技合作的"中非科技伙伴计划"正式启动，该计划对未来中非科技伙伴关系发展提出了具体建议，并对海洋科技合作提出了可行性计划。该会议致力于推动非洲国家科技能力建设，实现中非海洋科技资源互利共享，从而实现中非共同发展。③ 该计划是使中非海洋

---

① 《我所主办第三届中非海洋科技论坛》，自然资源部第二海洋研究所官网，2017 年 12 月 2日，http：//www. sio. org. cn/redir. php？catalog_ id = 60&object_ id = 85776。

② 《重温与非洲的海洋友谊》，网易网，2018 年 9 月 1 日，http：//dy. 163. com/v2/article/detail/DQKUN1CS051492EO. html。

③ 王涛、张伊川：《论中非关系新的增长点——"中非科技伙伴计划"述评》，《西南石油大学学报》（社会科学版）第 14 卷第 2 期。

伙伴关系不断深化发展的举措，也是中国作为负责任大国推动南南合作的具体举措。"中非科技伙伴计划"旨在增强非洲国家科技能力，其中就包括海洋科技能力提高建设。中非进行海洋科技合作时，首先应该尊重非洲海洋国家的海洋科技发展需求，其次要选择对非洲海洋国家发展有重要推动作用的科技领域，最后要通过务实的中非海洋合作推动非洲国家的科技自生能力产生自主的飞跃式发展。而非洲海洋科技水平的提升，根本上是为了促进非洲海洋经贸、海洋外交、海洋安全、海洋生态环境等领域的可持续发展。在该计划的框架下，中国海洋科技人才交流不断，目前已经建立了 42 个中非联合与技术示范项目，并且已有首批非洲科研人员来华开展博士后项目研究，中国已经为非洲国家培训了近 200 名科技人员，其中就包括海洋科技领域的高新技术人才。[①] 2018 年通过的文件《中非合作论坛—北京行动计划（2019—2021 年）》中提到，应该具体明确"中非海洋科学与蓝色经济合作中心"的合作内容与合作预期成果。[②]

二 民间促进中非海洋科技合作发展

中国与非洲在官方层面已经取得了丰富的海洋科技与文化合作成果，对区域和国际层面的海洋科技与文化合作起到了良好的示范与引领作用。此外，民间相关涉海企业和海洋科技研究机构的合作规模也在不断扩大，有关海洋科技领域的专家交流合作也不断增多，中非产业园区迅速建立与发展，中非海洋科技交流合作正呈现出欣欣向荣的景象。

（一）海洋科技研究机构与涉海企业合作规模扩大

一方面，在中国科技部与"中非科技伙伴计划"和"中非海洋科技合作论坛"的指引下，中国的海洋科技研究机构与非洲海洋国家进

---

① 李白薇：《中非友谊开出科技花》，《中国科技奖励》2018 年第 10 期。

② 王严：《中非合作论坛 20 年取得丰硕成果》，中国社会科学网，2020 年 10 月 15 日，http：//www.cssn.cn/gd/gd_rwhd/gd_ktsb_1651/zfhzlt20nzlzfhzxwzy/202010/t20201015_5194667.shtml。

行了一系列具有针对性的人才交流培训。人才交流与培训是中非海洋科技合作的重要方式，可以有效地促进中国与非洲人才优势互补，为双方海洋文化、海洋经济的发展创造动力。值得肯定的是，中国与非洲的海洋科技研究机构于 2009 年在埃及成功举办了"中国科技与创新技术及产品展览会""中非科技合作圆桌会"。[①]"中国科技与创新技术及产品展览会"是由埃及高教科研部和中国科学技术部共同举办的，是民间科技产品交流合作的一个重要途径，展览会上展出了中国近 200 项自主创新领域的高科技产品，其中就包括海洋类的自主创新产品。此次展览会共有近 150 家科研院所、大学等代表参会，极大地提高了中国与非洲海洋科技研究机构的交流往来，推动了合作形成。埃及环境事务国务部长马吉德·乔治、埃及高教与科研部国务部长卡勒德·阿卜杜勒·加法尔等共同出席了"中非科技合作圆桌会"会议，会议上中非相关涉海研究机构就未来中非科技合作的发展路径、方向、目标等方面交换了意见，会议极大地促进了中埃、中非民间的合作交流，为中非海洋合作奠定了基础。

另一方面，中国的有关渔业、港口、油气、海洋滨海旅游等相关涉海企业也与非洲的相关涉海企业进行了海洋技术交流与合作，中国也对相关企业进行了技术援助，双方的海洋企业合作规模正逐渐扩大。2018 年中非合作论坛北京峰会期间，中国与非洲 30 多个国家的领导人和来自 53 个非洲国家的工商界代表共同出席了"第六届中非企业家大会"，受到了非洲和国际社会的广泛关注。[②] 港口与自贸区管理局主席哈迪（Aboubaker Omar Hadi）在会议上表示非洲拥有独特的海洋地理位置和天然的海洋资源优势，在中非进行海洋合作时可以取长补短；尼日利亚投资促进委员会首席执行官伊万蒂·萨迪库（Yewande·Sadiku）

---

① 《中非科技合作圆桌会在开罗举行》，中国驻阿拉伯埃及共和国大使馆网站，2009 年 12 月 4 日，https://www.fmprc.gov.cn/ce/ceegy/chn/gdxw/t631538.htm。

② 《自然资源部：中非工商界代表共话涉海合作》，中国政府网，2018 年 9 月 7 日，http://www.gov.cn/xinwen/2018-09/07/content_5320066.htm。

则表示非洲可以与中国进行进一步的合作伙伴关系，共同发展；毛里塔尼亚雇主联盟阿迈德在会议上也表示，毛里塔尼亚应该与中国进行渔业合作，尤其是渔业养殖业和捕捞业，可以充分发挥双方的海洋技术合作潜力，共同推动双方海洋经济发展。中国与非洲国家的政府海洋科技合作开始较早，合作过程有迹可循。而民间的中非海洋科技交往则要追溯到更久以前。官方海洋科技合作可以推动中非海洋科技合作走向更快更强，而中非民间海洋科技交往则是推动中非海洋科技合作走向更稳更长远的重要推手。2018 年《中非民间友好伙伴计划（2018—2020）》提出中非将举办"一带一路"框架下的关于中非科技合作的研讨会，并且中非将开展非洲科研组织调研，依托中非高校、智库资源，开展科技合作建设。中非民间合作亦存在更多问题，因此中非民间机构和企业等通过论坛对中非海洋科技领域遇到的挑战、存在的有利条件和基础进行讨论，并对中非开展有效的海洋科技合作提出可行性建议。在民间促进中非海洋科技合作发展的过程中，双方已经取得了显著成果。具体包括：2016 年，中国路桥公司与刚果（布）签署黑角港项，可以有效推动非洲临港产业聚集，促进经济多元化发展，从而推动中非海洋产能合作。2019 年中国企业华为展开了"海洋 PEACE"项目，并且通过打造"中非共建非洲信息高速公路项目"，使南非、吉布提、埃及、肯尼亚等海洋国家成为东部非洲沿海重要的区域通信枢纽，为中非海洋通信作出贡献。"中非最短路径海底光缆系统"，PEACE 海缆将为中国与非洲海洋国家的互联互通作出重要贡献。①

中非双方互派海洋科技领域的专家进入民间进行交流合作，使专家互相学习新知识，从而获取关于海洋科技运用与发展的新方法，共同研究关于海洋科技的新课题，互相聘请专家进行海洋的科学技术学习和经验传授，提供海洋技术的培训基地或者实践基地等。这些举动都大大加强了双方在海洋科技领域的认知与学习，以此来激发中非民间

---

① 《华为海洋 PEACE 项目海洋勘测顺利进行中》，华为网站，2018 年 5 月 2 日，https：//www.huawei.com/cn/news/2018/5/Huawei － Marine － PEACE － Project。

海洋科技领域的更大潜力。

（二）中非产业园区迅速建立与发展

中非产业园区的建立与发展也迅速推动着中非海洋科技合作的稳步发展，成了中国与非洲民间海洋科技合作的典范。非洲拥有建立产业园区的绝佳因素，例如：全球最年轻的大批人群位于非洲，非洲的劳动密集型产业有着良好的发展前景、广阔的发展空间以及巨大的发展潜力。预计到2050年，全世界1/3的25岁以下的年轻人将基本来自非洲。① 中非产业园区的建立始于20世纪末期，在北京峰会的推动下，中非产业园区迅速建立与发展，不断激发着中非民间海洋科技领域的合作潜力。中非共建产业园已经成为中非产能合作的重要载体和推动力，中非产能合作是中非海洋科技水平提升的重要物质基础。中非共建产业园的合作模式是中国"一带一路"倡议和非盟《2063年议程》的战略原则与内容的体现。因此，中非共建产业园代表着中非科技合作发展的新方向，也代表着中非科技合作发展的新趋势。② 中非海洋科技合作起步时间晚、起点较低，因此中非产业园区在合作项目管理效率水平、执行率等方面存在问题，因此中非双方也应携手合作，共同应对海洋科技合作遇到的诸多问题。

中非共建产业园最初是由贸易企业创造的新合作模式，后来逐步演变成多种模式共同发展的形式，包括相关中国涉海企业依托贸易促进形成产业园区、中国相关涉海大型企业主导下形成产业园区、非洲政府邀请中国企业建设中国式的工业园区等发展模式，③ 极大地丰富了中国和非洲的海洋科技产业发展。在中国与非洲政府和民间的政策和资金支持下，中非产业园区发展迅速，更多的中国与非洲大型企业包括

---

① "Des Emplois pour les Jeunes en Afrique," Groupe de la Banque Africaine de Développement, 2018, https://www.afdb.org/fileadmin/uploads/afdb/Documents/Generic-Documents/Brochure_Job_Africa_Fr.pdf.

② 《共建产业园：中非经济合作新趋势》，新浪网，2017年9月2日，http://finance.sina.com.cn/roll/2017-09-02/doc-ifykpysa2667061.shtml。

③ 王洪一：《中非共建产业园：历程、问题与解决思路》，《国际问题研究》2019年第1期。

涉海企业都积极投身于建设产业园区的热潮，有些产业园区甚至已经成为国家和区域的重点产业项目。主要包括：天唐集团于2002年在非洲国家乌干达注册建设天唐工业园，中国企业和乌干达在钢铁、海洋旅游业、矿产开发与合作等方面展开了进一步合作，短短10多年就已经成为东非地区的大型生产制造企业，为东非地区提供了较为先进的制造业生产技术，也包括海洋矿业、濒海旅游业的发展技术等；2013年，中国招商局集团投资约100亿美元与坦桑尼亚共同规划建设巴加莫约临港产业区，可以将非洲与亚欧大陆相连接，从而增加中国进入非洲的港口数量，为中国产业和技术更好地进入非洲国家提供了有利条件。2016年，中国路桥公司①在"一带一路"倡议和"走出去"战略的引领下，与非洲海洋国家刚果（布）签署黑角港项目，并承揽了毛里塔尼亚友谊港改扩建工程、塞尔维亚泽蒙—博尔察大桥等项目。②

总之，中国与非洲在民间层面展开了多项海洋科技合作，并取得了一定的成果。通过中非共建产业园区的建立与发展，中国企业与非洲国家在民间的交流合作已经形成一定的规模与标准，为中非海洋科技合作奠定了良好的合作基础。

三 中非海洋人才交流合作

在中非进行"海上丝绸之路"的合作过程中，海洋文化也随着丝绸之路不断传播发展，并促成了诸多文化领域的发展，其中中非海洋人才合作取得了较好成绩。近年来，中国与非洲双方不仅在海洋科技领域展开了丰富的合作，形成了紧密的共同体，中国与非洲也不断拓展在海洋人才合作领域的合作渠道。双方通过增加中国政府海洋奖学

---

① 中国路桥工程有限责任公司（英文缩写CRBC）是中国最早进入国际工程承包市场的四家大型国有企业之一，主要从事道路、桥梁、港口、铁路、机场、房地产、工业园等领域工程承包及投资、开发、运营业务，在亚洲、非洲、欧洲、美洲近60个国家和地区设立了分支机构，形成了高效快捷的全球市场开发网络。

② 《王毅与刚果共和国外长科索举行会谈》，外交部网站，2017年1月11日，https：//www.mfa.gov.cn/web/zyxw/t1429524.shtml。

金覆盖范围以及不断健全中非海洋人才合作培养机制，为中国与非洲双方输送了类型多样的海洋人才。

（一）中国政府海洋奖学金涵盖范围增多

中非海洋领域人才互补。非洲国家涉海的相关高新技术人才极为稀缺，海洋管理、海洋研究等设备也较为稀缺，而中国通过"海洋强国"战略等已经培养了一批又一批的海洋科研人员，非洲国家的青年海洋科技人才也首选中国进行留学或者交流探讨，中国政府海洋奖学金就是为了推动中国与非洲海洋领域的科研人才进行更好地交流合作、为了更多的非洲留学生可以学有所成而建立的，事实证明，经过几年的发展，中国政府海洋奖学金涵盖的非洲国家范围不断增多，中国为非洲国家已经培养了一批又一批的涉海高新技术人才。

中国政府积极推动与非洲的涉海人才交流合作，并通过采取多种措施推动双方的文化交流合作。2012 年中国浙江大学、厦门大学、哈尔滨工程大学、中国海洋大学、同济大学等多所中国高校已经开始设立中国政府海洋奖学金，使很多非洲青年的"留学梦"得以实现。中国政府海洋奖学金旨在为非洲等地区的发展中国家的优秀青年提供资金上的帮助，帮助其来中国攻读海洋及相关专业硕士或博士学位，为中非海洋领域合作的可持续展开提供了重要支撑。① 事实上，设立中国政府海洋奖学金可以为非洲的海洋国家培养海洋专业的高级人才，也是推动双方进行海洋科技合作的重要举措，可以加强中国与非洲各国间的海洋文化合作与交流，从而促进区域乃至全球海洋实现和谐发展。自中国政府海洋奖学金设立以来，进展十分顺利，受到了非洲海洋国家的高度评价，中非之间也形成了培养学生层次高、覆盖国家范围广与海洋管理部门等相关业务工作结合紧密的鲜明特点。2017 年，中国政府海洋奖学金被教育部列入"丝绸之路"奖学金序列。同年，中国与联合国教科文组织政府间海洋学委员会非洲分委会达成共识，中国

---

① 《中非海洋人才合作交流硕果累累》，新浪网，2019 年 9 月 5 日，http：//finance. sina. com. cn/roll/2018－09－05/doc－ihitesuy4223351. shtml。

承诺每年将拿出一定名额专门招收非洲留学生，此举措可以提高非洲在中国的文化交流传播，也能进一步使非洲人民感受中华海洋文化的博大精深。

（二）中非海洋人才合作培养机制不断健全

除了中国政府奖学金这一以中国为主体的中非海洋人才合作培养机制外，中非其他海洋人才合作培养机制也在不断健全。中非除了健全中非海洋人才合作培养机制及建立中非海洋科技论坛等交流平台，中非之间还建立了关于海洋管理、海洋资源开发与利用、防止和减少海洋灾害等的相关培训班，使得中非人员在海洋领域的往来愈加密切，海洋文化交流日益密切。

中国与非洲之间的海洋人才合作主要聚焦于海洋管理培训、海洋生物养殖技术培训等领域，形成了培养学生层次高、涵盖国家范围较广等特点，并且海洋人才合作培养机制也得到了中国与非洲国家的政策支持，中非海洋人才合作培养机制正在不断健全的过程中。2014年9月，"阿拉伯国家海洋生物养殖技术培训班"研修学员前往中国宁德市海洋与渔业局进行参观学习，本次研修参加成员国报考非洲的苏丹、吉布提、突尼斯、摩洛哥等国家，主要参观了宁德市的海洋渔业管理、大型渔港与捕捞生产、海水养殖与水产品加工，并对其技术实施与中国人员进行了交流合作。2016年9月在中国福建厦门开展了"阿拉伯国家海洋生物养殖技术培训班"，本次培训班共有来自阿尔及利亚、摩洛哥、突尼斯、埃及等多个非洲国家的25名学员参加，培训课程内容主要为水产品养殖、了解中国和厦门的养殖技术、特色鱼虾等的繁殖技术，为来自非洲的学员提供了良好的平台，使中国与非洲的海洋养殖技术得到了深层次的交流、进步与提高。

2018年8月21日在天津召开了由自然资源部国家海洋信息中心主办的为期一个月的"国际海洋学院①——中国西太平洋区域中心2018

---

① 国际海洋学院成立于1972年，是一个非营利性的非政府组织，致力于发展中国家海洋教育、培训和公众海洋意识培养。

年海洋管理培训班",其中有多个非洲海洋国家参加此次培训,包括埃及等国。[①] 此项活动是中国政府旨在为参与国家的学员提供多种海洋管理培训课程,意在使参与国学员得到更多先进的海洋文化和海洋意识培养,以此提升参与国的海洋发展能力。此项活动教授的课程主要涵盖海洋学理论解读、海洋预报、海洋灾害预防与减少、《联合国海洋法公约》解读、海洋生态环境保护、国际海底制度规则的建立、海洋垃圾治理、海洋经济统计、海洋治理、海洋资料管理、海岸带综合管理等诸多领域。海洋管理培训班将会在很大程度上推动中国与非洲的海洋文化信息交流共享,也会提升非洲的海洋区域管理能力,从而推动中非海洋人才合作机制不断健全和完善。

第二节　新时代中非海洋科技与文化合作面临的主要问题

早在 2010 年,埃及就对中国发展海洋科技与文化的方式表示了肯定。[②] 埃及的环境国务部前部长马吉德·乔治(Maged George)在 2010 年访问中国时表示,中国与埃及同为发展中国家,双方在海洋科技、海洋文化、海洋经贸等方面拥有诸多共同利益,而中国发展和提升海洋科学技术的经验能力、技术成果更适合埃及及其他非洲国家的发展。[③] 中国与非洲国家双方在海洋战略互信持续深化、海洋伙伴关系不断加强的同时,也会不可避免地在部分领域发生碰撞与摩擦。如海洋科技与文化合作平台建设不够完善、自主创新能力较弱、文化差异严重影响双方进行科技与文化合作等问题,中非双方应正视问题,努力找到合适的方法解决问题。

---

① 《国际海洋学院 2019 海洋管理培训班开班》,中国海洋网,2019 年 8 月 23 日,http://ocean.china.com.cn/2019－08/23/content_75129677.htm。
② 《埃及环境国务部部长马吉德·乔治访华》,中国科技部网站,2010 年 7 月 14 日,http://www.most.gov.cn/kjbgz/201007/t20100713_78400.htm。
③ 王晓:《中非科技合作的形势分析与政策建议》,《中国科技论坛》2013 年第 8 期。

一 中非海洋科技与文化合作平台建设不够完善

中非海洋科技与文化合作平台建设不够完善，对中国与非洲海洋国家进行海洋科技与文化领域的交流合作产生了消极影响。具体来说，中国与非洲对海洋科技与文化合作平台建设的资金投入不足、海洋科技与文化平台建设的政策沟通不足等严重影响了中非海洋科技与文化合作。

（一）中非海洋科技与文化合作平台建设的资金投入不足

尽管目前中非已经存在相关的科技与文化合作平台机制的建设，但是聚焦于海洋领域的科技与文化的合作平台机制却十分稀缺，尤其是双方平台机制建设的资金支持也并未完全到位。进入 21 世纪后，中国和非洲海洋国家的交流主要通过非洲国家政府间组织的官方组织进行，但随着非洲国家政治体制在新时期发生了新变化，加之资金缺乏，中非双方签署的海洋科技与文化平台建设的执行计划项目常常难以落实。①

一方面，就中国政府而言，中国政府未能对非投入较多的人力、财力来推动海洋科技与文化平台机制建设。随着"一带一路"和中国特色大国外交理论的提出，中国全面扩大对外交往范围，中国的科技与文化交流活动明显增加。虽然总体上中国对海洋领域的资金投入增大，但并未相应地对海洋科技与文化领域进行更多资金投入，而资金投入是完善平台机制建设的根本保障。如果资金和财力支持未能完全到位，则中非海洋科技与文化的平台建设将会遇到较大阻碍，平台建设仍会维持碎片化、规模体系较小的现状。另一方面，非洲对海洋科技与文化合作平台建设资金的投入主要是为了改善民生。非洲地区较为贫困，而非洲海洋国家众多，发展海洋具有得天独厚的地理优势，因此发展海洋科技与文化可以更好地改善非洲贫困地区的经济，从而为中非海

---

① 周亚娟：《以文化交流为纽带搭建中非合作发展主桥梁》，《广东经济》2016 年第 10 期。

洋科技与文化合作平台的建设提供保障。根据 2019 年国际货币基金组织（IMF）发布的报告来看，根据人均 GDP 指数换算出的世界最为贫困的 10 个国家全部位于非洲。① 此外，截止到 2018 年全世界经联合国批准的最不发达国家已经有 47 个，非洲国际占据 33 个。非洲经济发展问题十分严重，因此迫切需要改善在粮食、健康等方面的发展状况，而发展科技就是重中之重，为此非洲也应不断加大资金投入，才能更好地发展科学技术。非洲在海洋科技方面投入经费不足。非洲国家大多属于发展中国家，有些国家的民众还生活在贫困线下。国家没有足够的金钱能够投入海洋科技的研发过程中，对海洋的重视程度也不高。② 总之，中非海洋科技与文化平台建设应该首先确保资金投入，这是发展海洋合作的根本保障。

（二）中非海洋科技与文化平台建设的政策沟通不足

一方面，目前现行的关于中非科技与文化合作的机制政策缺少海洋领域的相关内容，且主要集中于海洋经济贸易与投资合作以及海洋安全合作，对海洋科技合作和海洋文化合作涉及较少。这主要是由中非间海洋科技与文化平台建设的政策沟通不足引起的。事实上，海洋科技与文化平台建设是帮助非洲改善海洋经济发展现状、释放潜力的重要举措，应该得到足够的重视。"中非海洋科技论坛"仅在中非民间起到一定的交流合作作用，但仍未上升到政府层面，因此在实际的平台建设中政策沟通仍然不足，难以产生实质性的效果。此外，由于中非海洋科技与文化平台建设的政策沟通不足，中非在"中非合作论坛"这一会议机制的指引下推行海洋科技与文化合作，缺乏直接的针对性和层次性，虽然取得了一系列成果，但并不能够充分地调动非洲海洋国家的积极性，对于中非海洋科技与文化平台建设的成果并未十分显著。

另一方面，由于中非在海洋战略互信、海洋安全合作等方面存在问

---

① "World Economic Outlook", IMF, 2020 – 06, https：//www. imf. org/en/Publications/WEO/Issues/2020/06/24/WEOUpdateJune2020.

② 望俊成、贾伟：《中非科技合作缺些什么?》,《科技日报》2013 年 2 月 8 日第 8 版。

题，即使中非双方已经在海洋科技与文化领域开始了相关研究，但是双方在政策上缺乏一个清晰的发展思路和战略规划，因此未能直接付诸行动，构建更加完善的海洋科技与文化合作平台。而且对于一些具体的海洋科技领域的项目，如海洋探测和监测合作、海洋开发与管理、海洋矿产开发等海洋发展项目的发展思路和战略规划并不清晰。许多海洋项目实施人缺少长期眼光，重前期工作却忽视后期工作，对一些技术合作项目的后续管理尚不够重视,[①] 因此对双方海洋科技与文化的合作平台建设是极为不利的。总之，虽然近年来海洋科技与文化领域逐渐受到国家和民众的重视，但聚焦于海洋科技与文化合作的平台机制建设却较为稀缺，加之官方政策沟通不足，导致诸多具体项目实施起来困难重重。

二　中非海洋科技与文化自主创新能力较弱

海洋科技与文化的发展需要拥有强大的自主创新能力，这是中国和非洲进行海洋合作的基本前提。但是目前中国和非洲在海洋科技和文化合作方面都存在自主创新能力不足的弊端，主要包括非洲海洋科技与文化自主创新性有待提高，中国与非洲海洋科技人才培养不足。

（一）非洲海洋科技与文化自主创新性有待提高

其一，非洲是全球海洋发展和科技发展最不发达的地区，拥有数量较少的世界排名靠前的高校，因此也难以在海洋科技创新性方面产生质的飞跃。究其根本原因，在于其自主创新性不高，目前经济发展和科技发展多依赖进口或者国际社会的其他援助。且非洲与其他国家进行海洋科技与文化的交流合作时，单向性较为明显，如中非海洋科技合作主要是由中国一方进行推动，非洲较为被动，这也为非洲国家独立自主地展开科研调查提供了消极因素。非洲的海洋科技与文化拥有强烈的发展需求，因此想在竞争激烈的海洋发展领域得到良好的提升，

---

① 刘青海：《新时期中非技术合作：内容、问题与对策——以喀麦隆为例》，《江西科技师范学院学报》2011 年第 5 期。

就要不断提高其海洋科技与文化的自主创新性，减少对其他国家的恶性依赖，增强非洲自主创新的能力。

其二，非洲学校科研环境较为恶劣，海洋科技与文化自主创新性有待提高。学校是非洲海洋科技与文化水平不断提升的重要平台，也是非洲国家增强独立自主创新的关键所在。目前非洲大学普遍存在科研管理规范化、制度化缺失的困境，在海洋方面尤其如此，甚至更为严重。此外，由于非洲大学的海洋学科探索目前尚处于起步阶段，学科结构有所失衡，海洋政治学、海洋经济学、海洋管理学等学科都尚未形成完整的体系与结构，科研生态环境极度恶劣，因此非洲涉海人才的培养也日渐式微。[①] 事实上，中国虽然高校数量很多，在海洋科学技术方面取得了一定的突破，但是在一些关键领域，仍和发达国家存在明显的差距。

（二）中国与非洲海洋科技人才培养不足

中国与非洲都存在海洋科技人才培养不足的弊端。而培养海洋领域的高科技人才是提高自主创新能力的关键渠道，也是提高海洋经济发展水平的第一资源。中非海洋科技合作的发展无疑需要大量的海洋科技人才。进入新时代，受"百年未有之大变局"背景的影响，中国与非洲进行海洋合作所需要的科技人才不仅仅是要学习对方的高新技术能力，更对人才的业务能力、实践能力、语言能力以及国际视野和全球化思维提出了更高要求。放眼未来，中非海洋合作所需要的人才是可以为中非海洋科技与文化进行顶层设计的高端人才，需要完善人才培养方案和人才培养机制。[②]

近年来，随着中非海洋经贸合作往来不断扩大，中国与非洲更多的民营企业家也不断进入中非经贸合作市场，但受制于人才储备等限制，进一步的往来合作发展较慢。一方面，中国的海洋科技人才培养不足。

---

① 万秀兰：《非洲大学科研政策、困境及中非合作建议》，《比较教育研究》2016 年第 12 期。

② 肖皓：《创新经贸人才培养体系 助力中非经贸长期发展》，《湖南日报》2019 年 6 月 18 日第 4 版。

虽然随着海洋强国战略和"21世纪海上丝绸之路"倡议的实施，中国越来越注重海洋科技与文化的发展，但现阶段的海洋人才仍然储备不足，培养的高精尖人才仍然稀少。中国的海洋研究机构也处于不断完善和改进的过程中，在海洋领域的高新技术人才仍然较为缺失。此外，中国对非海洋人才培养不足，其中涉及非洲和非洲海洋的课程都较为缺失，严重影响了中国高校科研人才对外交流合作。另一方面，非洲国家海洋科技人才培养不足。非洲国家对待人才的力度更弱，对人才培养方面投入的精力更少，明显不利于其海洋科技与海洋文化的发展。在具体的人才培养过程中，非洲国家往往会面临这样一个问题：从事海洋科技的高校毕业生缺乏相关专业知识，自主创新实践能力尤为不足。在具体领域的海洋科技教学过程中，不应仅仅局限于实验数据的累积，更重要的是增加实践次数与实践经历，在学校阶段就应培养学生独立自主创新实践的能力。因此，如何创新海洋科技人才培养体系、提升高校毕业生自主创新实践能力、提升非洲创新能力，是非洲国家的当务之急。

三 海洋文化差异对中非海洋合作造成不利影响

中非之间有着不同的时间观念、不同的宗教信仰、不同的价值观念，且非洲国家语言体系丰富、文化内涵丰富，中国与非洲进行海洋合作会遇到文化领域的较多阻碍，双方的海洋文化差异会对双方进行海洋文化合作造成较大的不利影响。

（一）中非海洋文化存在较大差异

非洲政治局势较为动乱、海洋环境日益被破坏等问题是中国科研人员和企业走进非洲的严峻挑战。不管是中国企业进入非洲发展，还是非洲企业进入中国市场，陌生的海洋文化、落后的海洋科技工作效率都对中国企业、科研人员在非洲进行交流合作制造了阻碍。①

---

① 王晓：《中非科技合作的形势分析与政策建议》，《中国科技论坛》2013年第8期。

1. 中非海洋语言体系存在较大差异

非洲海洋国家众多，每个国家的语言体系大不相同，语言种类丰富，这为中国前往非洲进行交流合作造成了阻碍。受诸多历史因素影响，非洲独立后形成了多种语言体系，如尼日利亚、肯尼亚、坦桑尼亚、加纳和喀麦隆等国家以英语为主，贝宁、多哥、尼日尔等国家以法语为官方语言，而有的国家使用的官方语言竟然有两种及以上之多，因此在与每个海洋国家的具体合作中，中国将会遇到较大困难。

2. 中非获取相关海洋文化资源渠道有限

中国国内可以获取的相关的非洲海洋和非洲语言文化类信息极为有限，不管是出版刊物还是电子资源，都不能全面系统地介绍非洲的海洋发展，这为中国进一步了解非洲海洋文化造成了一定的阻力。且目前非洲海洋国家的电子网络资源信息比较落后，这对中国提出了更多要求。① 此外，非洲经济发展受限，科技发展缓慢，因此电子网络信息安全不能充分地保障，电子网络资源获取渠道和方式较为单一。

3. 中非海洋观不同

中国与非洲有着不同的海洋观。中国提出新型海洋观，着力建设和传播和谐友好的海洋秩序、合作与和平的海洋观念，并在"海洋命运共同体"和"一带一路"的具体实践中不断践行和完善新型海洋观。② 中国的新型海洋观是具体的，是互利共赢的，是开放包容的，也是合作和平的，将会为国家和社会贡献更多的中国智慧和中国方案。而由于历史与现实的双重因素，非洲受西方国家海洋文化的影响较深。西方的海洋观念是一种掠夺式的海洋观念，以追求本国利益为主要目标，对海洋生态环境等方面造成了较大损害。非洲在被西方国家掠夺和殖民的过程中，或多或少会被西方国家的海洋文化所影响，且目前法国、葡萄牙等国家仍然会对非洲国家独立自主地处理海洋事

---

① 李岩：《新时期中非合作背景下法语专门人才的培养现状及前景展望》，《非洲研究》2019年第14期。

② 胡正塬：《海洋命运共同体引领新型海洋观》，《学习时报》2020年6月26日第2版。

务进行干涉与阻挠，严重破坏了非洲国家海洋文化的统一性和自主性。综上，中国与非洲在海洋文化方面的差异为中非海洋合作造成了不利影响。

（二）中非在海洋合作中难以统一价值观念

中非在海洋合作中也难以统一价值观念。中国将惜时守时、谦逊勤劳、无私奉献等看作传统美德，而非洲人的价值观念却与中国存在较大分歧。非洲人追求自由、金钱，时间观念淡薄，与中国存在差异。受长期西方殖民文化的不良影响，非洲人俨然形成了"非洲与西方""非洲文明与西方文明"的二元认知结构。非洲若长期以这种认知结构去理解自身与外部世界的关系，很容易失去对国际社会及海洋社会的发展方向的正确把握。因此，中非在海洋科技与文化合作过程中很容易导致相互认知的分歧与偏差。如果中非双方不能及时地就海洋文化合作过程中出现的问题进行沟通、理解，将会影响中国与非洲国家的进一步交流合作。

此外，非洲人的思维模式多受西方思想的传播与渗透的影响，尤其体现在非洲领导人会议中。这种思维方式也深深影响着中非海洋文化的差异。不同的海域造就不同的海洋文化，中非海洋文化也因此拥有较大差异。中国海洋文化讲求相互尊重、互利共赢，以表象精彩、内涵丰富、源远流长为其主要特点，与中国陆地的文化相辅相成、共同促进。而非洲国家海洋文化多伴随着海洋问题频发、国家政治动荡等现象，在发展过程中常常会伴随着"暴乱""动荡"等形容词，与中国海洋文化存在本质不同，但也存在一定合作空间。西方人性格较为直接直爽，在诸多谈判过程中非洲领导人则表现得较为直来直往。而中国人则会显得更加含蓄内敛，这是由于儒家思想推崇的"温良恭俭让"造就了中国人独特的处世方式。[①] 在中国就与非洲海洋合作过程中出现的问题进行谈判时，中国与非洲的谈判往往出现词不达意、话不投机

---

① 况璐琳：《文化差异对中非经贸合作的影响及其应对》，《产业与科技论坛》2019 年第 3 期。

的情况，最终可能导致双方谈判出现较大问题，从而导致谈判不欢而散，影响双方的切实合作。而且在中非海洋文化交流过程中，双方之间的宗教信仰存在较大差异，造成了较大的文化沟通障碍。在中国，无神论者占主导地位，这让非洲人很难产生文化认同感，进而也影响了双方之间的海洋科技与文化交流合作。

四　海洋科技与文化资源共享存在阻力

中非之间的海洋科技与文化资源共享存在较大的阻力。具体来说，中非科技与文化资源共享面临着语言和制度两方面的阻力，同时中非海洋科技与文化发展的整体环境也对资源共享造成了阻力。

（一）海洋科技与文化资源共享面临语言和制度差异阻力

由于语言不通、制度差异等问题，在双方的科技与文化资源共享方面存在不小的阻力。一方面，中非海洋科技与文化资源共享面临语言差异阻力。如上文所述，非洲独立语言种类最多，非洲国家拥有多达2400余个语种，不同的语种代表着不同的文化体系，这为中非进行海洋科技、文化的资源共享造成了语言问题上的阻碍。作为中非海洋科技与文化合作的主体——政府、科学家、技术人员、双方民众，数量不断增多，而相应的主体文化背景和语言使用偏好也必然存在着较大差异，诸多非洲国家并不善用英语进行交流。因此中非海洋合作应是跨越较多语言、跨越较多不同文化的共同合作。事实上，减少语言障碍是推动实现中非海洋合作的必要前提。在实际的交流合作过程中，一些中国民间海洋企业与涉海高校技术人员错误地认为，只要能够对非洲官方语言进行翻译，基本理解其意义，就可以基本达成合作目的。[①] 但仅仅使用官方语言是不够的，在许多文件中还会有不同含义的语句，加大了双方合作的阻碍。中非双方对语言沟通障碍的认识不足，明显阻碍了中非海洋科技与文化的共享合作。

---

① 黄钊坤：《中非科技合作模式与推进策略研究》，《科学管理研究》2019年第1期。

另一方面，中非海洋科技与文化资源共享面临政治制度差异阻力。政治制度不同，使得资源共享信任基础较为薄弱，为中国和非洲双方合理化地提供信息、发展合作造成了不利影响。由于政治互信较为缺失，非洲国家内部也不乏怀疑的声音，质疑中国崛起的声音，对于一些有争议的涉及关键利益的问题，部分"亲美"的非洲国家或许会与中国产生分歧，使双方的互信更加缺失，增加了双方的海洋科技与文化资源共享阻力。另外，由于中国与非洲国家同为发展中国家，在一些科技与文化资源结构方面较为类似，在国际市场的占有中也很容易形成竞争格局，不仅会造成中非海洋科技与文化资源共享的积极性不断降低，也会增大双方的信任鸿沟，不利于未来海洋科技与文化合作的进一步展开。

（二）海洋科技与文化资源共享面临发展环境阻力

在"百年未有之大变局"背景下，中国与非洲的海洋科技与文化资源共享面临发展环境阻力，主要包括国际环境、中国与非洲内部环境和区域环境。其一，国际环境动荡为资源共享增大了困难。当前国际霸权主义愈演愈烈。唐纳德·特朗普执政后竭力谋求美国单方面安全优势，严重破坏了全球战略稳定。美国霸权主义行径包括单方面承认耶路撒冷为以色列首都、承认戈兰高地为以色列领土、退约退群行为层出不穷、恶意挑起中美经贸摩擦、全方面遏制和打压中国等，种种行为严重破坏了国际秩序，加剧了资源共享危机。在此背景下，中非进行资源共享面临环境阻力。

其二，恐怖主义、国际粮食安全、公共卫生安全、网络安全等非传统安全问题已成为中国和非洲政府战略与决策所面临的新课题。第一，全球粮食市场供需结构长期面临失衡，如今世界有近十亿人处于饥饿或半饥饿状态，还有十亿人却处于营养过剩状态。① 第二，新冠肺炎疫情暴发使得国际公共安全问题更加凸显。疫情具有全新病毒肆虐、"信

---

① 肖洋著：《非传统威胁下海湾国家安全局势研究》，时事出版社 2015 年版，第 98 页。

息疫情"深重和导致综合危机三大特点，[1] 其不断扩散暴露了全球公共卫生安全治理的一系列短板，给世界带来了全方位多层面的破坏性影响。第三，新一轮网络安全问题逐渐显现，如勒索软件肆虐、关键网络基础设施不断遇袭，以及大规模数据泄露事件增多和网络空间军备竞赛加剧等。[2] 据 IBM 发布的网络安全报告分析，疫情下远程网络工作成为研究者主要关注问题。76% 的受访者认为远程工作会增加发现和控制数据泄露所需的时间，70% 的受访者则认为会增加数据泄露成本。[3] 此外，非洲难民潮、美国非法移民潮与宗教极端化有关的政治极端化也加剧了地区形势的紧张，对中非海洋科技与文化资源共享造成了严重的阻碍。

五　知识产权保护机制不健全

在非洲海洋科技与文化合作方面，知识产权保护具有重要的作用。一方面，在海洋科技的生产过程中，技术的创新离不开知识产权的相关支撑。技术有了专利权和商标权的保障，才能更好地实现自身的发展，从中国走向非洲，走向全球。如果少了知识产权的支持，不仅会产生商标抄袭模仿的行为，而且会产生大量的假冒伪劣产品，给中非经贸合作和科技合作带来巨大的损失。另一方面，在海洋文化的合作过程中，著作权的保护也格外重要。中国和非洲海洋文化历史悠久，都存在着大量的优秀传统海洋文化，也有着大量的海洋著作等出版物出版。如果缺失了著作权的保护，则大量的海洋文化产品和海洋文化创意被剽窃，会严重损害两国的海洋文化事业发展。因此，就当今而言，海洋科技与文化的合作越来越重要。

---

[1]　徐彤武：《新冠肺炎疫情：重塑全球公共卫生安全》，《国际政治研究》（双月刊）2020 年第 3 期。

[2]　中国现代国际关系研究院：《国际战略与安全形势评估 2017/2018》，时事出版社 2018 年版，第 134 页。

[3]　IBM Security, *Cost of a Data Breach Report 2020*, https：//www. ibm. com/security/digital－assets/cost－data－breach－report/#/zh.

表 6-1 近年来中非双方知识产权的交流活动

时间	地点	形式	中方	非方	第三方
2011 年 3 月	非洲	签署合作谅解备忘录	国家工商总局	OAPI、ARIPO	
2011 年 11 月	北京	研修班（谅解备忘录框架内）	国家工商总局、商务部	非洲部分法语国家知识产权局、OAPI	
2012 年 6 月	北京	研修班（谅解备忘录框架内）	国家工商总局、商务部	非洲部分英语国家知识产权局、ARIPO	
2015 年 2 月	北京	代表团访问	国家工商总局	OAPI	
2017 年 7 月	广州	中非知识产权制度与政策高级研讨会	国家知识产权局	ARIPO 部分非洲知识产权机构的相关负责人	WIPO
2017 年 7 月	深圳	中非知识产权座谈会	深圳市知识产权局、华为公司	非洲部分国家知识产权局、ARIPO	
2018 年 3 月	北京	访问	北京知识产权局	OAPI	
2018 年 11 月	广州	中非知识产权制度与政策高级研讨会	国家知识产权局	非洲知识产权组织、OAPI 及其 17 个成员国，摩洛哥、突尼斯两国的知识产权局局长或高级代表	WIPO
2019 年 4 月	津巴布韦	申长雨率团访问非洲地区知识产权组织	国家知识产权局	非洲地区知识产权组织（ARIPO）	

资料来源：根据国家工商总局、商务部、国家知识产权局新闻整理。

（一）非洲法律法规掌握难度较大

受英法等殖民地的影响，非洲国家具有不同的法律制度，各种法律制度并行不悖。加之非洲国家法律稳定性往往不强，经常修改，如尼日利亚《版权法》，自 1992 年颁布以来，已修订 3 次，这无疑会加大对非洲知识产权法律制度掌握的难度。[①] 此外，非洲习惯法居多，发挥作用各有差异。非洲国家由于受宗教、国内部族的影响，不同国家和地区

———————————

① 张龙、李玫、赵祚翔：《"一带一路"倡议下加强中非知识产权保护的路径探究》，《国际贸易》2018 年第 11 期。

的习惯法也各有不同，在社会发展过程中所扮演的角色也有所不同。非洲各国在走向现代化的过程中，传统习惯法在其中发挥着重要作用。在相关海洋科技知识产权案件审判过程中，非洲法院可以借助习惯法解决大量的纠纷。

（二）非洲两大知识产权组织不统一

由于非洲大陆长期遭受英法的殖民统治因而在知识产权法律制度方面也建立了两种不同的体系。一是法语区知识产权组织—非洲知识产权组织（简称OAPI）。二是英语区工业产权组织—非洲地区知识产权组织（简称ARIPO）。两个组织由于受到的国家影响不同，因此在适用范围上存在不同的差异。而且在内容方面也有所不同，前者更多的是实体权利的保障，后者侧重于科技工业的保护。两大知识产权组织在保护知识产权方面的举措和内容各有差异，给中非海洋科技与文化的知识产权保护带来了一定的问题。

（三）中非合作论坛对知识产权保护关注不够

"中非合作论坛—法律论坛"虽然已经取得诸多成就，但经过分析来看，一些具体目标的达成仍待细节予以落实。法律论坛交流的过程更多的是学者的参与，缺乏实务人士的交流。尤其是中非知识产权律师和商务人士的参与，在其中扮演的角色较少。中非合作论坛对于中非经贸合作关注较多，对于知识产权保护的关注较少，只有为数不多的话语涉及。涉及的内容也只是要加强知识产权方面的合作，没有具体展开一些合作的措施或者途径。中非知识产权合作缺乏明确的政策指引，也给中非海洋科技与文化知识产权合作带来了一些困扰。

第三节　推进新时代中非海洋科技与文化合作的对策建议

中非在海洋科技与文化领域取得了丰富的成果，但在海洋科技与文化资源共享、海洋文化差异等多方面存在合作阻碍。因此，新时代中非应该继续加强对海洋科技与文化的重视，完善海洋科技与文化合作平台机制建设，共建更多的海洋科技与文化合作平台，通过多种途径提高双方海洋科技与文化自主创新能力，同时建立海洋科技与文化合作标准与规范、建立海洋科技与文化信息沟通制度。

一　共建更多的中非海洋科技与文化合作平台

在中非海洋科技与文化合作的过程中，海洋科技与文化的合作平台为双方提供了良好的保障作用。在中非海洋科技与文化合作平台建设尚不完善的情况下，中国与非洲应不断完善相关机制建设，共建特色海洋科技与文化园区，建立海洋科技与文化智库联盟并通过"21世纪海上丝绸之路"共建海洋科技合作园。

（一）加强中非海洋科技与文化资金投入

资金投入是建设海洋科技与文化合作平台的重要物质基础。只有双方政府、民间和个人都不断加强海洋科技与文化发展的意识，才能加大对海洋科技领域的资金投入，加大拓宽资金来源，增大资金来源的范围。因此中非双方在政府间、民间合作的过程中应该加强不同渠道、不同来源的资金投入，这是培养高端专业海洋人才与技术所必需的物质基础。

1. 中国应加大中国政府海洋奖学金的投入

由于非洲极度缺乏海洋科技人才，并缺乏相应培养海洋科技人才的培训机构，因此中国可以加大自2012年起设立的中国政府海洋奖学金的投入，增加其对非洲涉海国家的支持力度，推动非洲国家自主培训出具有较高能力和专业水平的涉海高新技术人员，使非洲海洋国家可以独立地展开海洋研究和分析工作，从而更好地进行中非海洋合作。中国也应充分利用教育部设立的"丝绸之路"中国政府奖学金平台，为非洲国家培养更多的海洋科技与文化领域的专业人才。

2. 向非洲地区提供更多的海洋科技援助和人才培养项目

中国应该继续加大资金支持，向非洲地区提供更多的海洋科技援助和人才培养项目。中国在开发和利用海洋的过程中已经取得了较大的成果、较为丰富的经验，可以有效地为非洲海洋国家提供经验教训，使其取长补短。例如："非洲人才计划"于 2012 年被中国政府实施，到 2015 年就已经为非洲国家培训了三万余名人才，包括海洋领域的科技与语言人才，同时提供了政府奖学金约 2 万个名额。[①] 中国通过中国政府海洋奖学金资助和各类培训班来为非洲国家提供更多的海洋科技援助和人才培训，可以有效地提高中非海洋科技与文化自主创新能力。

（二）通过"21 世纪海上丝绸之路"共建中非特色海洋科技与文化园区

中国要与"21 世纪海上丝绸之路"非洲沿线国家共同合作建设海洋科技合作园。[②] 海洋科技合作园并不是一朝一夕可以完成的，中非海洋科技与文化合作应该循序渐进。首先，应该加强中非双方海洋科技与文化合作的顶层设计，为海洋科技合作园的建立奠定制度和政策基础。其次，在建立过程中应该着重推动海洋相关部门间的协调合作，同时考虑到双方在不同层面的差异。如设立以东非、西非区域和南非国家为基础的海洋文化交流合作机构，以促进国内不同海洋文化部门间的协调与沟通，使海洋文化项目的规划与实施更加具有针对性。[③] 在此基础上，中非还可以建立双边海洋科技与文化交流合作协调与规划机构，以明确双边海洋工作的宗旨、目标、原则、具体实施方案和部门分工。

1. 中国和非洲国家要共建特色的海洋科技园区

中非海洋科技园区的建设，要立足于双方关于海洋的科技基础和特色内容，并不断丰富中非海洋科技合作的形式与内容，包括中非之间的海洋科技合作网络平台、海洋科技合作基础数据库、海洋科技平台

[①]　洪丽莎、曾江宁、毛洋洋：《中国对推进非洲海洋领域能力建设的进展情况分析及发展建议》，《海洋开发与管理》2017 年第 1 期。

[②]　《"一带一路"建设海上合作设想》，《中国海洋报》2017 年 6 月 21 日第 3 版。

[③]　魏媛媛、肖齐家：《中国与东非国家的人文交流与合作研究》，《亚非研究》2016 年第 2 辑。

门户网站、企业海洋科技合作服务体系的建设，这些都是至关重要的平台建设。同时，关于海洋科技发展的媒体数据的更新要体现在双方的合作网络平台和各大门户网站的建设中，以及各大高校官网的完善过程中，从而提升中非海洋科技合作水平。中国应该建立"企业+技术"的走出去模式，[1] 将海洋科技园区建设成以企业发展需求为主要内容的特色园区，注重中国企业在非洲海洋科技的利益与技术发展，推动科技合作成果植入商品和市场。同时非洲也应及时考察本国海洋发展特色，建立产学研相结合的科技产业园区，使得科技产业园区辅助本国企业设计和规划，促进非洲国家改善民生、摆脱贫困，帮助非洲提高发展高科技产业的能力。[2]

2. 中国和非洲国家要共建特色的海洋文化园区

中国与非洲海洋国家拥有差别较大的海洋文化体系和观念，双方可以求同存异，在文化园区发展的过程中尊重对方的海洋文化观念，开放包容，形成具有"南南合作"特色的海洋文化园区。海洋文化特色园区应该包括有特色的滨海旅游、科教培训、海洋发展历程与特点等涵盖不同层面的内容。海洋文化园区可以重点打造中国和非洲各自特色的海洋文化发展观念与发展历史，可以使中国和非洲双方更好地了解对方的海洋文化发展历程，更好地融入文化合作体系。

二 提高中非海洋科技与文化自主创新能力

鉴于中国和非洲海洋科技与文化自主创新能力不足，因此中国与非洲在进行海洋科技与文化的合作时要着重加强海洋科技与文化资金投入、建立海洋科技与文化自主创新基地、共同推进海洋科技与文化联合技术攻关，从而提升双方独立自主的创新能力，减少对其他国家和

---

① 张永宏、王涛、李洪香：《论中非科技合作：战略意义、政策导向和机制架构》，《国际展望》2012年第5期。
② 《中非科技伙伴计划》，中国外交部网站，2009年11月，http：//swedenembassy. fm-prc. gov. cn/chn/gxh/wzb/ywcf/P020091126496314749396. pdf。

国际社会的依赖性。

（一）建立中非海洋科技与文化自主创新基地

建立自主创新基地是科技与文化发展的重要途径。中非应建立海洋科技与文化自主创新基地，主要包括建立中非海洋科技与人才交流委员会、中非海洋科技与人才教育基地、海洋文化研究基地等，以此更好地推动中非海洋科技与文化自主创新能力的建设和提高。

中非海洋科技与文化自主创新基地应建立在人才培养的基础之上，旨在为中国与非洲海洋科技与文化自主创新提供良好的平台。一方面，中非海洋科技与文化自主创新基地应该着重建立若干个国际科技合作重点实验室、研发中心，也应重点支持非洲海洋国家的海洋经济产业带关键领域和重点产业，不断引进国外智力，为中国和非洲的海洋科技与文化发展献言献策。另一方面，在政府、民间和个人的支持下，中非海洋科技与文化自主创新基地可以提供更多的创新比赛来提升非洲国家的自主科研和创新能力，从而提升中非海洋科技与文化合作水平。此外，中国与非洲海洋国家要充分利用国家科技和文化资源，打造良好的自主创新环境，对海洋科技自主创业给予强有力的政策支持，通过国家间的省市县联动进行合作，如中国沿海省市与毛里求斯、南非等国家联动合作，力争在科技创新的关键性环节上实现有效突破。① 中国提出的"实施能力建设行动"支持设立旨在推动青年创新创业合作的创新合作中心，中非海洋科技与文化自主创新基地也可以借鉴这个模式，促进青年创新创业，为青年进行创新创业提供必要的政策保障支持。

（二）建立中非海洋科技与文化智库联盟②

中国与非洲国家应共建海洋科技与文化智库联盟。要加强中非双方

---

① 廉毅敏：《积极营造创新环境，大力支持科技创业》，《中国科技奖励》2007 年第 7 期。

② 智库联盟是指，依托于国内外多所知名高校的学科优势，进行高端学历学位教育咨询、培训、教学和实践推广，共同致力于社会科学和自然科学领域的经济发展研究、交流、教育，同时为地方政府决策和企业、行业发展提供咨询服务的营利性研究机构。

间的学术交流合作，可以建立双方海洋科技与文化的智库联盟，来更好地应对中非双方间出现的关于海洋科技与文化的问题，同时可以加大双方在海洋科技与文化相关高校留学生的资金支持，推动更多的海洋类高校参与到双方的海洋科技与文化的合作平台建设当中来。

一方面，中非应该进一步改进前往非洲留学人员选派机制。出国留学人员是智库联盟的后备力量。首先应该调动中国高校学生的积极性，加大对中国公费派往非洲留学生的资助，提高福利待遇，同时增大前往非洲留学生的数量。此外，中非在选拔相应的涉海留学生时，应该提高选拔标准，完善留学人员选拔办法，同时与吉布提、埃及、阿尔及利亚、南非等非洲海洋国家协商，在条件允许的情况下增加奖学金名额，等等。① 另一方面，中非海洋科技与文化的人才培养需要强化实习实践，海洋科技与文化智库联盟无疑是其重要载体。海洋科技与文化智库联盟需要大量实习生参与其相关的实践和服务性工作，实习生则可通过联盟了解更多中非海洋科技与文化合作前景，从而为中非海洋科技与文化的发展提出更多有针对性的建议。② 此外，中国与非洲国家还应积极推动企业、科研机构及高校的联合攻新，搭建更多的实习实践平台联盟，为中非海洋科技与文化大发展储备高质量人才。

（三）推进中非海洋科技与文化联合技术攻关

双方要共同推进海洋科技与文化联合技术攻关。要推动中非的自主创新水平提高，只有同时推进海洋科技与文化共同发展，协调发展，二者缺一不可。一方面，海洋文化水平的提高可以为海洋科技水平的提高提供强大的精神力量。要增强海洋科技的创新发展质量，就必须提高海洋文化的驱动指引作用。③ 先进的、开放包容的海洋文化是推动海洋科技创新的强大动力。因此中国与非洲要推动海洋科技发展在海洋

① 魏媛媛、肖齐家：《中国与东非国家的人文交流与合作研究》，《亚非研究》2016 年第 2 辑。

② 肖皓：《创新经贸人才培养体系 助力中非经贸长期发展》，《湖南日报》2019 年 6 月 18 日第 4 版。

③ 荆博：《以创新文化培塑创新型科技英才》，《政工学刊》2020 年第 12 期。

文化的方向引领下发展，以海洋文化提供战略导航。在经济全球化不断加速的新时代，只有学会利用每个国家的文化所长，平等交流、相互学习，才能更好地取长补短、共同进步。

另一方面，海洋科技水平的提高可以为海洋文化水平提升提供源源不断的物质基础。科技不断发展，国家才能不断发展进步。因此中国和非洲需要围绕目前的各类海洋相关科技与文化问题，优化组合现有人才及设施，开展联合攻关。此外，中非也应加强海洋科技与文化创新平台的建设，包括海洋科技实验室、海上航道运行机制、海洋科学研究网络体系、海上试验场等平台，平台建设可以为中非海洋科技合作提供良好的合作环境。[1] 只有实现海洋科技创新与海洋文化的产学研一体化进程，才能促进海洋文化创新及科技应用，在技术层面上为中非海洋合作提供切实可行的有力保障。

三　建立中非海洋文化合作标准与规范

由于中非之间有着不同的时间观念、不同的宗教信仰、不同的价值观念，且在进行海洋科技与文化合作时面临较多的对话障碍，因此中国和非洲亟须建立合作标准与规范，通过建立海洋文化共享数据库和信息平台、公共传媒建立海洋科技与文化合作规范来推动中国和非洲早日形成双方共同认可的合作标准。

（一）建立中非海洋文化共享数据库和信息平台

进入新时代，中国相关海洋文化资源共享机制匮乏，因此要以聚合企业、资源共享的方式，以科技行业为基础，带动周边产业协同发展，汇集各个领域的技术与经验优势，带动产业链上各链条企业参与海洋科研文化，形成双方共同的科技与文化资源共享平台机制。

一方面，面对中国与非洲之间存在的海洋文化信息沟通制度不完善的情况，中国和非洲政府间要建立海洋科技与文化电子信息网络，并

---

[1]　张新勤：《国际海洋科技合作模式与创新研究》，《科学管理研究》2018 年第 2 期。

且不断完善电子信息网络的相关数据更新，充分利用大数据平台，同时必须加强海洋领域的信息安全法制建设、规范化建设以及标准化建设。另一方面，中非科技伙伴计划是一个可以充分利用的科技平台，可以推动对对方的海洋文化的深入了解。因此中国与非洲也要继续推动实施中非科技伙伴计划，推动具体落实到非洲每个国家、每个海洋领域。中国和非洲双方要及时沟通海洋科技与文化工作情况，建立起专业的海洋文化的信息沟通制度，使得海洋文化的信息沟通更加顺畅，同时要加强海洋生态环境文化、海洋军事文化、海洋经贸文化等方面的沟通协调，并且中非要对可能影响海洋生态环境文化事件及时通报相关信息。双方共同建立海洋文化信息沟通制度，相互提供海洋科技等方面有关数据，建立海洋文化共享数据库和文化信息平台，共同建立海洋文化的分析和评价机制，才能推动中国与非洲海洋科技与文化信息沟通制度不断完善，从而改善双方沟通不及时的缺陷，推动双方海洋文化合作水平显著提升。

（二）通过公共传媒建立中非海洋文化的合作规范

公共传媒是建立海洋文化的重要媒介。公共传媒包括大众媒介（广播、电视、报纸、杂志等）、群体媒介（讲座、座谈会、新闻发布会）和人际传播等。通过公共传媒，可以对海洋文化形成约定俗成的合作规范，为中国与非洲海洋国家进行海洋文化合作提供了便利。

中国与非洲有关国家应尽早打造中非海洋文化媒体合作网络，使中国海洋文明能够尽快在非洲国家实现广泛传播与发展。[1] 首先，中国影视机构需要增加对非洲的正面报道和宣传，有计划地组织影视团体与报刊界人士赴非洲采访和拍片，增进中国与非洲国家之间的深入了解。[2] 其次，非洲国家了解中国的海洋文化多是从电视新闻等公共传媒上，而此类报道或可能具有不实性和夸大性，容易使非洲民众对中国

---

① 胡心媛：《中非经贸文化交流迈上新台阶》，中国经济网，2019 年 3 月 28 日，http：//www. ce. cn/culture/gd/201903/28/t20190328_ 31756969. shtml。

② 解飞：《中国同非洲国家的文化交流与合作》，《西亚非洲》2006 年第 6 期。

的海洋文化和海洋战略产生误解。因此非洲海洋国家应该多举办座谈会和论坛，并邀请中国海洋文化领域的专家学者进行具体的讲解与介绍，使非洲民众可以更加具体地了解中国的海洋文化。

四　健全中非海洋科技与文化信息沟通制度

由于中非科技与文化资源共享面临着语言、制度以及整体环境三方面的阻力，因此中国与非洲应加强合作，减少海洋科技与文化领域对话障碍，推动海洋科技与文化信息安全法制建设。

（一）减少中非海洋科技与文化信息沟通障碍

中非双方之间要减少在海洋科技与文化领域的对话障碍，培养属于双方的共同默契。一方面，中非之间要求同存异，共同尊重彼此的海洋科技与文化合作的标准与规范。中非双方在用语习惯、规范上存在较大差异，因此中非双方想要实现海洋科技与文化领域的互利共赢，推动合作实现新进展，就应该充分了解和尊重双方的海洋科技和海洋文化传统，尽量减少对话交流上的差异，这也对中国培养多种语言类人才提出了新要求，这也是双方必须要面对和克服的最重要的步骤之一。双方要推动建立关于海洋科技与文化的合作标准与规范，因为科技和文化上的相互欣赏可以帮助中非培养互信基础、增加默契、建立信任感，从而为中非海洋领域全方位的合作提供绝佳基础。在中非海洋合作过程中，中非双方既要很好地利用中非海洋科技与文化的共性，更要了解并尊重彼此的个性。双方要取长补短、相互借鉴、尊重不同的海洋文明，这是中非海洋文化交流的应有态度。

另一方面，新时代中国涉非的海洋人才稀缺，应着重加强培养涉非多语言人才，如掌握法语、葡萄牙语等语言的人才。人才培养是一个漫长的过程，因此，中国涉海高校如中国海洋大学、浙江海洋大学、大连海洋大学的教学人员和科研人员应当具备足够的非洲情怀，在对海洋科技等专业知识传授的过程中也应注重对语言的教学，消除海洋科技与文化领域的对话障碍，使中国与非洲海洋科技与海洋文化相关工作人员可以更好地进行对话交流。具体来说，可以通过以下几个方面来培养海洋高校的涉非多语言人才。第一，与非洲海洋国家孔子学院进行交流合作，拓宽海洋文化了解渠道。第二，目前中国高校和非洲已有在读的法语、中文专业的本科、硕士和博士研究生，应不断强化现有学生的培养方案，加强对合作对象国家的海洋历史、海洋文化、通用语言等专业知识的嵌入。① 第三，要以留学生为资源，建立中非科技与文化学术共同体，为海洋科技与文化相关学术知识的学习与应用奠定基础。

（二）加强中非海洋科技与文化信息安全法制建设

海洋科技与文化信息安全是现代海洋安全体系的重要组成部分。面对中国和非洲国家国内外海洋科技与文化信息安全环境的巨大变化，对中国的国家认同挑战也在不断加剧。② 随着中国主导的"一带一路"、"海洋命运共同体"以及"亚投行"等不断发展，如何在进一步发展中国特色社会主义、深化改革开放的同时，又能不断维护和赢得中国海洋科技与文化信息安全建设所需要的整体安全环境，为国家的科技与文化安全提供必要保障，俨然成为维护中国海洋科技与文化信息安全的重大核心战略问题。而非洲国家同为发展中国家，也正面临着相同的甚至更为恶劣的发展环境，维护国家科技与文化信息安全是当下解决非洲国家信息共享安全的关键问题。因此中国和非洲国家需要从法制建设的层面，通过加强中非海洋科技与文化信息安全法制建设，维护国家信息资源安全。

首先，要加强中国与非洲的海洋科技信息安全法制建设。国家通过制定海洋相关的科技信息法制建设，为国家间信息资源共享提供法制保障。中国与非洲应该着眼于海洋科技领域的保密核心技术研发，发展自主安全可控产业，解决"技不如人"的问题，为海洋科技发展提

---

① 李岩：《新时期中非合作背景下法语专门人才的培养现状及前景展望》，《非洲研究》2019年第14期。
② 胡惠林：《国家文化安全法制建设：国家政治安全实现的根本保障——关于国家文化安全法制建设若干问题的思考》，《思想战线》2016年第5期。

供法制和战略优势。其次，要加强中国与非洲的海洋文化信息安全法制建设。中国和非洲国家要维护和保障国家核心价值观、主流意识形态以及优秀传统文化的有效传播，并不断建立健全有关海洋和海洋文化的法律体系，有效掌握国家的核心文化体系和传播的主导权。要建立健全电子资源信息共享、网络安全的相关法律，为中非海洋科技与文化信息安全建设提供必要的法制保障。

五　加强中非海洋科技与文化知识产权合作

中非海洋科技与文化的知识产权合作拥有较大合作空间。因此应加强中非海洋科技与文化知识产权的交流合作，积极参与非洲大陆自贸区的自贸协定谈判，发挥多元化纠纷解决机制，以此来加强中非海洋科技与文化知识产权合作。

（一）加强中非海洋科技与文化知识产权的交流合作

首先，不断完善"中非合作论坛—法律论坛"的合作机制。在法律论坛的基础上，召开专门的知识产权保护论坛。派遣相关的专家学者去非洲学习相关的海洋科技和文化知识产权保护理论与制度，加强实务人士的交流。对于海洋科技知识产权保护而言，要加强技术的保护，增强创新能力。其次，加强中非海洋科技与文化知识产权保护经验的交流合作。双方要在知识产权保护中心方面，加强相关人员之间的交流互动。对于非洲而言，中国知识产权保护的经验，例如专门法院的审判模式，可以为非洲提供相关的借鉴，转化为非洲相关的制度模式。最后，推广非洲国家海洋科技与文化知识产权保护的经验。对于南非而言，有一些比较好的经验也值得中国借鉴。例如，南非的知识产权上网程度较高，一些案卷材料都可以在网上查到。中国可以借鉴其部分经验，推动知识产权的线上资源普及活动，助推双方海洋科技与文化知识产权保护力度的提高。同时，中方在加强对非洲国家知识产权保护研究的过程中，也可以加深对西方国家海洋科技与文化知识产权保护制度的理解，减少中西方知识产权的摩擦，扩大中国知识产权对外开放的力度。

（二）积极参与非洲大陆自贸区的自贸协定谈判

一方面，在与非洲大陆自贸区的谈判中，要积极地将中国海洋科技与文化知识产权的情况对非洲国家予以反馈。增进双方的了解，减少海洋科技与文化知识产权摩擦的可能性。另一方面，中非双方建立联合的海洋科技与文化知识产权保护中心。海洋科技与文化知识产权保护中心的一部分职责在于介绍和推广双方海洋科技与文化知识产权保护的内容和方式，增进彼此的互信。另一部分职责，也可以创新一种适合中非双方海洋科技与文化知识产权保护的新运营体系，调适出适合中非双方海洋科技与文化知识产权保护的制度体系，将两者的优秀做法予以结合，实现双方知识产权保护的互利共赢。

（三）充分发挥多元化纠纷解决机制的作用

基于非洲特色的双轨制司法，一方面要综合运用诉讼、调解和仲裁等法律机制解决海洋科技与文化知识产权纠纷，依法维护投资者的利益。另一方面，对于非洲海洋文化的保护，要善于运用非洲本土的习惯法，化解海洋文化保护的纠纷，促进争端的解决。对于知识产权的保护，尤其要重视仲裁在其中的作用。对非洲国家而言，大多数贸易纠纷都是通过国际投资争端解决中心（简称 ICSID）来解决纠纷。关于中国企业对非投资的知识产权问题，可分两种情况来解决。一是如果东道国是 ICSID 缔约国，那么对于东道国来说，ICSID 裁决的效力较强，它会依据仲裁裁决做出对知识产权争议的改变或调整。二是如果东道国不是 ICSID 缔约国，双方可在中非联合仲裁中心寻求解决。中非之间已设立多个中非联合仲裁中心，不但能够在适用的国际条约下解决争议，而且还能够考量到中非两国的实际情况，解决双边海洋科技与文化知识的产权纠纷。①

---

① 张龙、李玫、赵祚翔：《"一带一路"倡议下加强中非知识产权保护的路径探究》，《国际贸易》2018 年第 11 期。

第七章　新时代中非海洋资源与环境保护合作及其相关法律问题

近年来，中非海洋资源与环境保护合作在海洋生物资源、海洋矿物资源、海洋空间资源等方面取得了诸多成就。在此过程中，随着海洋生物、矿物等资源利用率的提升，非洲沿海国家所面临的海洋环境污染问题日益严重，相关国家已经意识到要运用法律手段来解决海洋资源与环境保护的相关问题，并将其付诸实际。尤其是《联合国海洋法公约》，更是成了非洲国家解决海洋资源与环境保护问题的重要法律依据。

第一节　新时代中非海洋资源与环境保护合作取得的成就

进入新时代，中非海洋资源与环境保护合作已取得诸多成就。一方面，中非目前已经在海洋生物资源合作、海洋矿物资源合作、海洋空间资源合作等资源合作领域收获了丰硕成果。另一方面，中非也已经在海洋污染的环境保护合作、海洋污染防治的人才培训等环境保护合作方面取得了显著成就。

一　中非海洋资源合作取得的成就

中非海洋合作历史悠久，经历了21世纪初至2012年海洋经济合作迅速发展的阶段，再到新时代（2012 年以后）全面海洋合作的时期。在海洋资源合作方面，主要成就体现在海洋生物资源、海洋矿物资源、海洋空间资源等领域。

（一）中非海洋生物资源合作

就中非海洋生物资源合作来说，双方的合作主要集中在海洋渔业合作方面。中非渔业合作的成就主要体现在以下几个方面。

1. 中非海洋渔业合作实现了双方经济上的互补共赢

长期以来，囿于非洲捕捞业技术和水平的落后，非洲的捕鱼业都被英国、法国等西方国家所垄断。有资料显示，欧盟进行海洋渔业捕捞的大型拖船长度每艘都过百，一天的捕捞作业量就能达到 200 多吨，几乎可将其附近海域"清理干净"，严重影响了非洲国家居民的生存和发展。面对这种情形，中国广泛地发挥自身的技术优势，增加与非洲国家的技术合作，将自身的先进技术传授给非洲国家，提高非洲国家合理利用非洲渔业资源的能力，最终满足非洲人民的生计需求。例如，在渔船的制造方面，中国为非洲提供先进的造船技术，帮助非洲国家制造渔船，从而帮助其提高渔业产量，实现双方的技术交换，合作共赢。同时，中国水产科学研究院淡水渔业研究中心作为中国向非洲提供技术支持的重要平台，已经连续 30 多年开设水产养殖技术培训班，为 100 多个发展中国家培训了 1000 多名渔业技术和管理人才，其中绝大多数学员都是来自非洲。①

2. 中非海洋渔业合作深化了双方政治上的互助互信

中国与非洲的海洋渔业合作模式完全区别于西方。中非的海洋渔业合作是以互惠共享为原则的，从本质上完全区别于西方国家与非洲的渔业合作模式。中国作为最大的发展中国家，非洲作为最具发展潜力的大洲，双方海洋渔业合作的深入发展，深深触动着西方国家的敏感神经，不免引起他们的猜忌和误解，将中非合作关系妖魔化，这是严重违背客

---

① 贺鉴、段钰琳：《论中非海洋渔业合作》，《中国海洋大学学报》（社会科学版）2017 年第 1 期。

观事实的，是对中国的严重污蔑。其实，中国与非洲国家开展海洋渔业合作，一方面是使非洲国家能够从自身的资源中真正获取相应的收益，另一方面则是将这些收益用于经济发展所急需和必需的领域。双方是在自愿互信的基础上开展海洋渔业合作的，是完全区别于西方的。①

3. 中非海洋渔业合作促进了双方文化上的包容互鉴

中非国家文化交流历史悠久，具有长期的基础。中国劳工多被英、法、德等西方国家雇用，或在小岛上当农民，或在南非和黄金海岸做矿工，或在坦噶尼喀、莫桑比克等修铁路，或是在南非、马达加斯加承担各种工程，或是在毛里求斯和留尼汪的种植园进行劳作等，还有其他原来的非洲的自由移民。20 世纪 60 年代，非洲国家获得独立，中国曾经派出文化代表团到非洲进行学习，非洲国家也曾经派出年轻人到中国留学；坦赞铁路的修筑更是极大地提高了中非民间交往的水平，促进了非洲国家对中国的了解。众多中国工人参与了坦赞铁路的修建工作，据估计，人数超过六万，这也为中非双方的接触提供了良好的契机。21 世纪，中非海洋渔业合作为中非的民间交往提供了新的机遇，有利于传承双方遗留下的可贵传统，巩固友好情感，增进彼此了解。中国可以将自身的和谐包容的传统文化理念，借助中非海洋渔业合作的平台，通过一系列的文化产品，传递到非洲，加强双方互动交流，增加彼此认知，消除误会；非洲国家也可以与当地的中国工作人员进行文化交流活动，将更多的非洲信息传递到中国去，双方加强认同，增进互信。此外，中非还可以互派人员交换学习，尤其是青年学者，对消除中非彼此的偏见和误解有着很大的促进作用。②

4. 中非海洋渔业合作进一步提高了中国负责任大国的形象

中国与非洲国家开展海洋渔业合作，始终本着负责任大国的形象。

---

① 贺鉴、段钰琳：《论中非海洋渔业合作》，《中国海洋大学学报》（社会科学版）2017 年第 1 期。

② 贺鉴、段钰琳：《论中非海洋渔业合作》，《中国海洋大学学报》（社会科学版）2017 年第 1 期。

中国在资金、技术、经验方面占据优势，非洲则拥有廉价的人力资源、市场以及当地的安全保障措施等，双方凭借巨大的互补性开展合作，符合各自的发展意愿。而欧盟国家，通过提供一定的资金，与西非国家签订具有捕捞年限的协议来获取捕捞许可，为满足自身的资源需求和实现经济发展，完全不顾及非洲国家的发展利益。反观中国在与非洲国家的海洋渔业合作中，中国积极帮助非洲提高自身建设能力，包括加强本地渔业从业人员的技术培训，加强和非洲国家渔业领域的协作科研工作以及科研机构之间的合作等，从而帮助非洲国家解决粮食安全的问题。二十多年来，中国先后与非洲众多发展中国家建立了平等互利、灵活多样的海洋渔业合作关系，建立起互利互补的合作格局。不仅帮助非洲国家充分开发利用渔业资源，还为他们提供了大量的就业机会，拉动经济发展，稳定社会，提高人民生活水平等，深受当地国家和人民的欢迎和称赞。中国与非洲国家的海洋渔业合作是双向互动的，中国利用自身的优势，本着务实负责任的态度，真诚地与非洲国家开展海洋渔业合作，更多地是扮演着领导者的角色，起着引领的作用，而不是一意孤行的霸权者，只顾及自身的发展，完全不把别国的利益放在眼里；非洲国家更是借自身的长处，积极参与，取长补短，扮演着参与者的角色，而不是一味地处于被动地位的接受者。在中非海洋渔业合作的大框架下，中国既是实践者，也是传播者。通过自身的实际行动，向国际社会传递更多的中国信息，让国际社会充分了解和认识中国，赢得更多国际社会的认可，从而进一步提高了中国负责任大国的形象。①

5. 中非海洋渔业合作助力了"海丝梦"的早日实现

中非海洋渔业合作也是"海丝梦"的重要组成部分。2014 年，双方提出了"中国非洲联合投资开发海上丝绸之路沿线城市计划"的构想，引起了外界的高度关注。"21 世纪海上丝绸之路"是中国为了建设全球伙伴关系网联通世界的新型贸易之路，其原则是共商、共享、共

---

① 贺鉴、段钰琳：《论中非海洋渔业合作》，《中国海洋大学学报》（社会科学版）2017 年第 1 期。

建。让众多国家参与其中，发展成果共享，兼容并蓄，互利共赢，这是"21 世纪海上丝绸之路"的重要内容。中非海洋渔业合作完全符合该原则与该内容，双方进行海洋渔业合作最大的突出特点就是互利共赢，这完全与"海丝梦"的"共享"理念相吻合。非洲渔业资源丰富，需要资金、技术和经验来提高自主开发力度，实现对渔业资源的充分利用；而中国经过改革开放，取得了一系列的成就，总结了宝贵的发展经验，中国经济的进一步发展则需要开辟更多的资源渠道，双方恰好优势互补，开放合作，实现互利共赢。它有利于进一步促进双方的经济繁荣，产业优化升级，实现投资多元化，开辟投资新环境；有利于进一步开启新的合作模式，实现可持续发展；有利于民心互通，携手共进，全面发展；有利于争创更加和平稳定的国际合作环境，促进和谐国际新秩序的构建。这些无疑对"21 世纪海上丝绸之路梦"的早日实现起到了助推作用，符合中非共同的长远利益。[1]

（二）中非海洋矿物资源合作

海洋矿物资源主要包括石油、天然气和海洋矿物。非洲国家拥有丰富的海洋石油和矿物资源，红海富含铁、铜、锰等金属矿藏，非洲西岸几内亚湾蕴藏着丰富的石油资源，西海岸海底有金刚石砂矿。[2] 2016 年1 月 29 日，由科学技术部（DST）和南非海上石油协会（OPASA）联合发起的南非海洋研究和探索论坛（SAMREF）成立，旨在提供科学界与石油和天然气行业之间合作的平台。中国与非洲一些国家相继开展了石油等的开采和开发活动。例如尼日利亚浅海区蕴藏着丰富的石油资源，中石油、中石化相继参与了尼日利亚的油气开发，有利于实现互利共赢。中国与南非海洋能源的合作有利于中国"一带一路"框架下能源合作与伙伴关系建设的目标，促进南非海洋能源的开发以及能源

---

①　贺鉴、段钰琳：《论中非海洋渔业合作》，《中国海洋大学学报》（社会科学版）2017 年第 1 期。

②　张艳茹、张瑾：《当前非洲海洋经济发展的现状、挑战与未来展望》，《现代经济探讨》2016 年第 5 期。

消费结构的转变。目前中国与南非在海上石油与天然气、海洋矿业以及海上风力发电等方面合作存在较大潜力。非洲的海上石油和天然气储量相当大，中国可加强在非洲近海石油、天然气勘探和海底采矿方面的投资，促进双方在钻井平台、海洋油气勘探开发和管道路线的合作。参与海洋油气工程设施建设和设施提供，并寻找直接参与勘探开采、石油服务基地以及油气相关产业合作的机会。海上风电是海洋新能源发展的重点领域之一，目前中国海上风电累计装机容量位居全球前列。然而南非的电力供应存在不足的问题，为改善南非国内电力供给情况，南非不断完善电力设施建设，扩大电力进口，充分利用可再生能源。南非对可再生能源的需求正在增长，尽管沿海条件良好，但风力发电装置仍主要在陆地上，而不是海上。在此背景下，中国可帮助非洲进行海上风电的开发，积极开展海上风能的勘测评价，加快在建和规划项目的建设，为非洲提供更多的就业机会。

（三）中非海洋空间资源合作

海洋空间资源主要包括海上通道和海上航线。非洲联盟（AU）政策认识到需要克服历史边缘化，更好地将非洲的船只、港口和人民的预期增长联系起来。其中包括 2050 年非洲"海上综合战略"（2050 AIM Strategy）和非盟的《2063 年议程》。像南非这样的国家也在引入一项全面的海上运输政策，并制定了路线图，使之成为海运国家。许多非洲最大的港口是由殖民国家建立或发展起来的，主要用于奴隶的运输和贩卖等贸易。虽然非洲许多国家靠海，有些港口也适宜发展贸易等，但大多数港口的货物吞吐量太低。囿于上述因素对中非贸易的影响，中国相继展开了对非洲国家港口建设的援助工作。近年来，中国公司承担了大量非洲港口的建设和运营工作，帮助非洲国家建设港口，运输货物，发展贸易。中非双方除了双边和多边的专门会议等平台之外，双方打通了各层级的官方沟通交流渠道，以及常规性相关论坛等沟通交流渠道。① 基于海运运

---

① 贺鉴、惠喜乐、王雪：《中国与东非国家的海上能源通道安全合作》，《现代国际关系》2020 年第 4 期。

输量大、运价低的优势，海运在中非贸易中扮演着重要角色。海运不仅承担着运输矿物资源、水产品等海洋资源的任务，还承担了重要的战略物资——石油的海上运输任务。所以，中国—非洲航线不仅对于中国与非洲有巨大的经济意义，对中国与非洲的经济安全也同样具有重大意义。海上通道和海上航线安全，对中非经济有着重要的影响和作用。

二　中非海洋环境保护合作取得的成就

自中非合作论坛设立之初，中非就一直强调要加强环境保护合作。其中在海洋环境保护方面，主要成就体现在海洋污染和人才培训等。

（一）中非致力于海洋污染的环境保护合作

中国与非洲国家一直以来都致力于发展绿色经济，共同治理海洋污染问题。在历届中非合作论坛会议中，中非双方都有涉及环境保护的相关内容。从表7-1可以看出，中非双方在环境保护方面的合作力度越来越大，也越来越深入。从应对气候变化与环境保护到环境治理，最后再到生态保护。从生物多样性的宏观范围再慢慢的到具体的海洋生态环境保护，加强海洋环境保障能力建设。例如2018年的中非合作论坛北京峰会会议中，强调要实现环境的绿色发展。在"实施绿色发展行动"活动中，强调要加强海洋环境政策的制定和保护，建设中非海洋环境保护交流平台，共促非洲海洋环境保护。在《关于构建更加紧密的中非命运共同体的北京宣言》中，中非国家强调要在环境保护方面，保护海洋生物多样性，加强小岛屿国家的海洋生态保护工作，应对海洋气候的不断变化，开展海洋环境方面的科技合作，大力发展蓝色经济，共促海洋的气候变化和环境保护问题合作。《中非合作论坛—北京行动计划（2019—2021年）》强调中方支持非方加强海上执法和海洋环境保障能力建设，为海洋资源开发与合作创造良好安全环境，重点加强在应对海洋合作等方面的交流合作，共同开展环境保护宣传教育合作。因而，中非在防治海洋污染，促进海洋可持续发展方面有着广阔空间。

表 7 - 1　　　　　　　　　　　　中非合作论坛相关内容

行动计划	"法律"数量	"环境保护"数量	中非环境保护相关内容
中非经济和社会发展合作纲领	3	2	加强环境管理和生物多样性合作
亚的斯亚贝巴行动计划（2004—2006）	1	1	双方保证所有合作项目要遵守环境保护的原则，实施合作项目的企业应制定具体的环保及森林开发计划
北京行动计划（2007—2009 年）	0	4	保护当地生态环境，加强环境保护
沙姆沙伊赫行动计划（2010—2012）	2	6	中方承诺将继续扩大对非援助规模，重点加强环境保护方面的合作。应对气候变化与环境保护
北京行动计划（2013—2015）	3	7	保护当地生态环境，应对气候变化与环境治理
约翰内斯堡行动计划（2016—2018）	10	12	中方扩大对非洲国家的援助规模，重点加强与非洲国家在野生动植物与环境保护等民生领域的合作。加强环境保护和应对气候变化方面的合作。在国际合作中，继续加强环境保护的合作
北京行动计划（2019—2021 年）	15	17	开展国家资源可持续利用与环境问题合作研究，继续支持"中非联合研究中心"建设和发展，开展科研和人才培养合作。中方支持非方加强海洋环境保障能力建设。中非在生态保护和应对气候变化方面加强合作。在联合国等多边场合加强协调与配合，在环境保护等领域加强合作

资料来源：根据中华人民共和国中非合作论坛相关文件内容整理而成。

（二）中非加强海洋污染防治的人才培训

首先，中非设置了一系列的培训班来加强人才培训。关于环境保护的人才培训，中非合作论坛相关文件中都有明确的表述。《中非合作论坛—北京行动计划（2019—2021 年）》强调继续实施中非绿色使者计划，在污染防治、环保管理、绿色经济等领域继续为非洲培养专业人才。例如，"2015 非洲海洋遥感和物理海洋应用技术培训班"，目的在于提高非洲国家在海洋污染监测方面的管理能力，培训内容主要包括海洋遥感数据应用和近海环境保护等，其次，中非高校加强了相关的培训力度。例如，2012 年，中国宣布实施"非洲人才计划"，为非洲培养大批量的优秀人才。同时，在海洋环境保护方面，主要是运用中国政府海洋奖学金来进行海洋人才的培养。中国政府海洋奖学金的设置具有针对性和目标性，主要分布在浙江大学、厦门大学、同济大学和中国海洋大学等高校。通过申请相关的奖学金，非洲国家学子可以学习海洋环境保护的一系列前沿知识和理论，增强海洋环境保护管理的技能，从而取得硕士学位或博士学位。最后，中非加强海洋环境保护监测相关的合作。中方将定期举办灾害风险管理类、减灾救灾技术应用类和公众意识提高类的研修班和技能提高班。在非洲及小岛屿国家，中国与南非、桑给巴尔等签署了双边海洋领域合作文件，向牙买加援建了首个联合海洋环境监测站。在非洲及小岛屿国家，中国与尼日利亚、莫桑比克、牙买加、瓦努阿图等国家开展了大陆架调查、联合海洋环境监测站建设等海洋合作项目。[①]

第二节　新时代中非海洋资源与环境保护合作面临的主要问题

中国与非洲在海洋资源与环境保护方面面临的问题主要包括中非海洋资源开发与环境保护认知与法律规定的差异、中非面临更大资金与技术瓶颈、全球海洋生态环境局势的恶化、缺乏海洋资源开发和环境保护的多边条约框架、缺乏统一的环境影响评价体系、缺乏海洋生态补偿的法律机制。

一　中非海洋资源开发与环境保护认知与法律规定的差异

就中非海洋资源开发与环境保护认知与法律规定的差异而言，具体

---

① 《中国海洋事业改革开放 40 年系列报道之国际合作篇》，搜狐网，2018 年 7 月 9 日，https：//www.sohu.com/a/240068178_ 543939。

包括中国与非洲之间对国际海洋环境治理问题认知的差异，以及非洲域内各国对海洋环境治理问题认知的差异。

（一）中非双方海洋资源开发与环境保护认知与法律规定的差异

尽管在联合国框架下全球海洋环境治理观念和倡议取得了较好的效果，全球海洋环境治理已经上升为一项重要的国际议题，成为国际社会的普遍共识，但不同的国家和地区对国际海洋环境治理的具体态度有所不同。一方面，基于各方对自身海洋环境关切的差异，其海洋环境治理需求评估也不同。另一方面，海洋环境治理作为纯粹的国际公共产品，不同国家和地区的关注度也有所差异。例如，对发达国家而言，由于其经济发展水平较高，公民和社会组织的环保意识较强，因而对海洋资源与环境保护更为关注。对于非洲大多数发展中国家而言，由于其发展经济比较迫切，因而其更多地关注非洲海洋资源的开发，而对海洋环境的保护关注度不够，也缺乏足够的关心。因此，中非双方在海洋资源和环境保护方面存在不同的差异。相对而言，中方对非洲海洋环境保护方面的法律制度了解较少，而非洲国家则更注重海洋环境的保护。

（二）非洲各国海洋资源开发与环境保护认知与法律规定的差异

从地理位置角度来看，内陆国、沿海国和陆海复合型国家对全球海洋环境治理的态度也有所不同。一般而言，受海洋环境问题影响最大的沿海国对海洋环境问题的态度更为积极，陆海复合型次之，内陆国再次。就中国而言，东南沿海城市就海洋资源和海洋环境的保护具有更多的热情。同样的，非洲沿海国家往往也会更多地关注海洋资源开发和环境保护。如何最大程度实现海洋资源开发与保护认知的协调与平衡，将是中非海洋合作过程中面对的重要课题。一般而言，非洲海洋资源丰富的国家，例如尼日利亚、南非等，对海洋资源开发与环境保护的认知更加清晰，海洋环境保护的法律制度也较为完善。一些海洋资源贫乏的国家相对而言，对海洋资源与环境保护的重视程度不够。

表 7 - 2　　　　　　　　　　　非洲沿海国分布情况

地区	国家	数量
北非	埃及、利比亚、苏丹、突尼斯、阿尔及利亚、摩洛哥	6
东非	厄立特里亚、索马里、吉布提、肯尼亚、坦桑尼亚、塞舌尔	6
中非	喀麦隆、赤道几内亚、加蓬、刚果共和国〔即：刚果（布）〕、刚果民主共和国〔即：刚果（金）〕、圣多美及普林西比	6
西非	毛里塔尼亚、塞内加尔、冈比亚、几内亚、几内亚比绍、佛得角、塞拉利昂、利比里亚、科特迪瓦、加纳、多哥、贝宁、尼日利亚	13
南非	安哥拉、莫桑比克、纳米比亚、南非、马达加斯加、科摩罗、毛里求斯	7

二　中非面临更大资金与技术瓶颈

就中非海洋资源与环境保护合作而言，不仅面临着资金方面的难题，还有海洋合作人才和技术的缺乏。

（一）中非海洋合作面临的资金缺口

非洲各国目前所欠债务和非洲人民的贫困不仅严重影响了它们执行国际环境协议的能力，还成为环境退化的直接原因。① 如撒哈拉以南非洲（排除南非和纳米比亚）的总债务从 1970 年的 50 亿美元增加到 1993 年的 1530 亿美元。私人债务 1970 年几乎为零，但 1990 年底增加到 200 亿美元。1998 年前，非洲的全部外债超过 3000 亿美元。② 负债过重也伴随着这样的现实，当时几乎所有非洲国家的人均国民生产总值增长为零或负增长。由于资金的匮乏，大多数非洲国家没有能力处理日益增多的废弃物。绝大多数东非国家海岸城市都无力处理每天产生的大量污水和固体废弃物。例如，肯尼亚的蒙巴萨市政委员会只能处理 30% 的废弃物。在吉布提和索马里，污水处理厂很少，且通常难以正常运转。毛里求斯 2/3 的海岸居民将废弃物直接扔进大海，而科摩罗则根本没有废水处理设施。东非海岸带的工业企业包括大型的鱼类

---

① 李建勋：《非洲海洋污染控制法律机制初探》，《西亚非洲》2011 年第 3 期。
② 李建勋：《非洲海洋污染控制法律机制初探》，《西亚非洲》2011 年第 3 期。

加工厂、制革厂、糖加工厂，以及虾类农场。这些加工厂或农场大都没有废水处理设施，直接将废水排入海洋。①

（二）中非海洋合作面临的技术局限

非洲海洋科学研究非常落后，尽管存在相当严重的海洋污染问题，但非洲的科学研究主要集中在海洋资源的开采和利用方面，而对相关的保护存在技术和人员的缺乏。总体而言，非洲缺乏本土的技术人员来处理海洋资源与环境保护的问题，而主要依赖于国外的技术人员来处理一些难题。非洲国家对海洋资源的开发利用技术也有待加强与升级。由于非洲海洋经济发展仍处于起步阶段，缺乏涉海相关产业的先进技术驱动，严重制约了非洲海洋资源与环境保护的发展。② 目前的非洲海洋资源与环境保护大多依赖于较为低劣的手工技术，而没有采取先进的打捞船或者其他的一些设施。对于非洲港口而言，由于港口面积过小，不利于相关船舶的停靠，也不利于相关设备的投入。长此以往，就导致非洲环境资源与环境保护的问题难以得到根本清理。

三 全球海洋生态环境局势恶化带来的不利影响

随着人类经济活动的开展，对海洋生态环境造成了巨大的影响。其中对海洋生物物种、海洋环境功能和海洋生态系统都造成了不利影响和损失。

（一）气候变暖导致全球海洋环境局势恶化

目前全球温室气体排放量不断增大，全球变暖问题越来越突出。如果变暖水平达到 2 摄氏度或更高，对海洋生物和人类都将是灾难性的。届时，粮食安全将会下降，经济增长会受到影响。污染将使海洋充满毒素和垃圾。每年，超过 800 万吨有害塑料废物最终流入海洋。③ 根据世

---

① 李建勋：《非洲海洋污染控制法律机制初探》，《西亚非洲》2011 年第 3 期。

② 张艳茹、张瑾：《当前非洲海洋经济发展的现状、挑战与未来展望》，《现代经济探讨》2016 年第 5 期。

③ 《太平洋岛屿论坛：联合国秘书长警告气候变化日益造成严重影响并对海洋构成严重威胁》，联合国新闻网，2019 年 5 月，https：//news. un. org/zh/story/2019/05/1034451。

界气象组织的报告，地表与海水温度、海平面高度，以及温室气体浓度都在创纪录地上升，这又一次为世界敲响了警钟。此外，极端气候所带来的影响越发严重，去年全球共经历了 14 起极端天气事件，所导致的经济损失总价值超过十亿美元。自 21 世纪开始至今，暴露在热浪中的平均人数上升了大约 1.25 亿，带来了致命的严重后果。[①]

（二）人为因素导致全球海洋环境局势恶化

由于海平面的上升，也给非洲海洋资源与环境保护带来了很大的难题。人类工业发展带来的"外部性"日益明显，海洋环境污染日益严重。主要包括：沿海地区的工业废水以及生活废弃物、海上石油开发和人类对海洋资源的过度攫取。一方面，由于相关机构监察的不足，靠近海洋区域生活的人们部分会将自己的生活用水等废水，大量地排入海洋。而进入海洋中的污水包含大量的有害物质，例如重金属、化学氧化物等。将会导致一些海洋生物的消失，严重破坏海洋中的生态环境。另一方面，在石油的开采过程中，一些钻井船和采油平台含有石油的污水被随意排入海洋。在开采过程中发生石油泄漏事故会造成大量石油流入海洋，导致海水氧气不足，严重破坏海洋环境。此外，渔民为了获取金钱，存在过度捕捞现象。这会导致近海鱼类种类及数量严重下降，甚至致使一些鱼类无法正常繁衍，破坏海洋中原有的生态平衡。人为因素带有巨大的不可控性，极大地影响了中非海洋治理的效果。非洲大陆面临着基础设施落后、水资源与水污染、森林与生物多样性、土地荒漠化、人口/城市化与环境健康、海洋与海岸带环境等一系列区域环境问题。与此同时，伴随着"走进非洲"国际资源型投资的迅猛增长，非洲也面临"资源优势陷阱"的严峻挑战，并与区域环境问题相互交织，成为结构型、复合型的环境问题。[②]

---

① 《2018 全球气候状况报告：气候变化影响正在加剧 再次为世界敲响警钟》，国际环保在线，2019 年 3 月 30 日，https://www.huanbao-world.com/a/vocs/93987.html。

② 《非洲环境与发展面临严峻挑战 水环境治理基础设施落后》，北极星环保网，2015 年 11 月 19 日，http://huanbao.bjx.com.cn/news/20151119/683177.shtml。

四 缺乏海洋资源开发和环境保护的多边条约

从中非海洋合作的现状来看，中非双方缺乏海洋资源开发和环境保护的多边条约，现有国际条约对中非双方海洋资源与环境保护的约束力度也不足。

（一）尚未缔结中非海洋资源与环境保护条约

通过收集相关资料，发现中非双方现今建立的条约主要集中于中非经贸合作领域，在海洋资源与环境保护方面的条约没有。有的也只是非洲国家内部的公约，例如《合作保护和开发西非和中非区域海洋和沿海环境公约》，该公约于 1981 年 3 月 23 日通过，并于 1984 年 8 月 5 日生效。该公约旨在保护管辖范围的海洋环境、海岸地区和有关的内陆水域。《保护自然和自然资源非洲公约》是由非洲统一组织建议制定的，于 1968 年 9 月 15 日通过，1969 年 6 月 16 日开始生效，向所有非洲国家开放。该公约从非洲的实际情况出发，明确将环境与发展结合起来，将保护环境资源与合理利用结合起来，较早地提出了要把保护和管理环境资源作为发展计划的一个组成部分。应当说，这项公约是一个相当不错的环保条约，它的实施也确实促进了一些非洲国家的环境保护事业发展。但由于公约中缺乏保证实施的条款，其实际效果受到了很大影响。中非双方缺乏海洋资源与环境保护方面的条约，严重地限制了中非双方开展海洋资源与环境保护的方式和力度。

（二）海洋资源与环境保护的相关国际条约缺乏约束力

在一定情形下，国际法对各国来说是没有强制效力和约束力的，其能否有效实施完全取决于各国的国家利益和国家信誉。各国在参与制定国际条约时，为了不让本国置于一种不利地位，会将监督条款也都写在条约之中，一并予以签署和确认。此类的例子不胜枚举，《联合国海洋法公约》和《巴塞尔公约》中关于危险废物越境转移的规定便是如此。当然，大多数国际条约中的监督类规定，都将具体的监管权赋予了环境事件发生地的国家，一般都包含有一国向其他成员国的报告机制，内容包括成员国作出行动所依据的条约内容、法律规范和处理原则以及所采取的行政、刑事等措施。应该说这些条款的出现，对于应对海洋环境污染事件是有着很好的处理作用的。但对于海洋资源的开发，尤其是在争议海域的各国开发行为而导致的海洋环境问题，基本上没有什么作用。在现阶段，国家对于海洋资源的开发，是只会基于其国内经济、社会发展的利益而考虑的，一些先发展起来的国家想要把本国的先进理念和做法扩散到其他国家，是非常难以实现的，一般来说只有更有利于国家利益时，才会得到其他国家的认同。因此，针对海洋资源开发和环境保护、多国参与的法律体系尚未真正建立。

五　缺乏统一的环境影响评价体系

从现有制度体系来看，中非双方没有建立健全处理海洋资源与环境保护相关的统一环境影响评价体系，现有的环评制度实施效果也不甚理想。

（一）环境影响评价实施效果不理想

很多因素都会导致海洋环境污染，但海洋资源开发计划的不合理绝对是最主要的一个方面。由于海洋环境污染的危害巨大，所以在对海洋资源进行开发之前，必须先完成科学、全面、系统的环境影响评价。国际环境法的环境影响评价机制实际上是防止具体建设项目和政策对环境产生重大不利影响的机制，其目的是提升人们保护环境的科学性和主动性的问题。实施环境影响评价可以使人们能够自觉地安排和控制其生存的环境，对环境质量做出中长期的规划。但是也应该看到，虽然目前一些涉及海洋资源共同开发的公约都存在着对国际环境影响评价这样的表述内容，但是这些规定作用都没有得到发挥，在共同开发的实践中，环境影响评价的实施状况也不甚理想。在海洋资源开发过程中，有些企业没有进行相应的环境影响评价制度建设，也没有出台相关的报告，严重地限制了海洋资源与环境的保护。

（二）环境影响评价体系不统一

环境影响评价虽然在国际环境保护方面起到了重要的作用，但没有一个统一的国际公约对环境影响评价进行规定，有关规定散见于各种国际环境法律文件中。而且各个公约以及其他规定了环境影响评价的国际法文件对环境影响评价的规定也不统一，比如，环境影响评价的标准、内容、对象以及如何实施环境影响评价都规定不一，甚至环境影响评价的概念目前也没有定论。环境影响评价的不确定性导致共同开发中环境保护条款不能发挥应有作用，使其流于形式。关于环境影响评价的概念内涵与外延还没有一个清晰的界定，共同开发当事国对其理解可能不相一致，在具体实施中就会加大协调的难度。在进行环境影响评价的过程中，对其所提到的造成国际影响的范围如何确定，用一个什么样的标准来划分和明确"重大不利跨界影响"，目前应该说都还没有做出明确的规定，这样一来，区域内有些国家可能就会产生不同的理解并做出有利于自己的解释，也很难形成一致意见。中非双方环境影响评价体系的不统一，将直接影响到中非双方企业的开设和海洋损害赔偿数额的认定，不利于对海洋资源与环境的保护。

六 缺乏海洋生态补偿的法律机制

从中非海洋生态补偿法律机制的发展来看，中非双方缺乏海洋生态补偿法律机制，对中非海洋资源与环境保护带来了不利影响。

（一）海洋生态补偿法律机制的完善

从 20 世纪七八十年代开始，一些发达国家在经历了一些引发社会巨大震动的环境事件后，均开始着手于制定其国内的生态补偿法律机制，致力于降低大规模环境事件的发生概率，最大限度地保护民众的利益。在非洲国家中，非洲各国由于受到英美法系的影响，因而许多国家都建立了环境公益诉讼制度。例如，南非是环境公益诉讼的成文法和判例法较为发达的国家。所以，生态环境补偿法律机制的出现是为了保护民众的身体健康权益，而非首先出于保护环境的目的。随着各国逐步跨入后发展时代，民众对生态环境提出了更高的需求，一部分学者提出了环境权作为基本人权的相关观点，提出了生态整体性，直接提出将赋予生态环境以法律主体地位,将环境保护作为国家的义务加以对待①。因此,生态环境补偿法律机制逐步地将环境损害降到最低和环境恢复作为最主要的目标。

(二)海洋生态补偿法律机制的缺位

但是,海洋环境的流动性使得一旦发生环境问题,其范围、影响时间都会远远超过其他类型的污染,可以说,海洋环境污染其本身就是一个跨国界的问题。所以,想要对海洋环境事件迅速做出反应并补救的难度是非常大的。究其原因,一是虽然污染影响范围广,但事情的发生总是源于一个小点,这个小点所处的国家如果不采取应急措施,那么其他国家的做法都是徒劳;二是应急反应机制总的来说还是一国的国内法,想要超越国界适用于多个国家,是需要漫长且卓有成效的磋商的,且和每一个国家的国内体质体系都分不开;三是污染处置是需要资金投入的,这对于每一个国家来说都是一笔巨大的成本,因此想要达成意见一致也是困难重重。虽然目前在油污损害赔偿体系方面,《1969 年责任公约》和作为其补充的《1971 年基金公约》共同组成了一套比较完善的油污损害赔偿制度体系。但也只是针对海洋油污污染方面,并没有建立起一整套的海洋生态补偿法律机制。因此,就目前为止,各国对于海洋共同开发中出现的生态环境补偿问题还没能出台有效的法律机制。

第三节 推进新时代中非海洋资源与环境保护合作的对策建议

针对新时代中非海洋合作面临的中非海洋资源开发与环境保护认知与法律规定的差异、中非面临更大资金与技术瓶颈、全球海洋生态环境

---

① 例如第三代人权产生于第二次世界大战后,尤其是 70 年代和 80 年代。包括第三世界国家提出的人权主张,联合国有关公约确认的公民权利,因核战争威胁和环境污染严重而提出的权利要求等。主要内容为:环境、发展、和平、共同继承财产、交流和人道主义援助。

局势的恶化、缺乏海洋资源开发和环境保护的多边条约框架、缺乏统一的环境影响评价体系、缺乏海洋生态补偿的法律机制等问题，新时代应积极推动中非双方海洋资源开发与环境保护共识与法律保障的深化，克服中非海洋合作中资金与技术的局限，推动实现多层级海洋治理，制定各方遵守的涉及海洋资源开发和环境保护的多边条约，建立中非海洋资源与环境保护的统一环境标准，建立中非海洋生态补偿的法律机制。

一 增强中非海洋资源开发与环境保护的共识

要推进新时代中非海洋资源与环境保护合作，首先必须要增进中非双方对海洋资源与环境保护的共识，推动中非双边文件的贯彻落实。

（一）增强中非海洋资源开发方面的共识

对于海洋资源开发而言，中非双方应不断落实中非合作论坛的相关会议精神，与非洲《2063 年议程》相对接。特别是在推进"一带一路"建设的过程中，应重视海洋资源与环境保护合作，不能只为了谋取经济利益，而肆意破坏非洲的海洋生态环境。对于非洲的发展而言，尤其要重视海洋资源开发的可持续发展性。非洲人口众多，尼日利亚人口已经快要突破 2 亿，对资源的需求日益增多，给生态环境保护带来了严重的压力。随着非洲工业化和城镇化的推进，非洲的海洋资源开采、海洋污染、海洋生物多样性的保护等方面势必面临着严峻的形势。同时，非洲拥有着大片的草原，野生动物数量众多，如何做好自然资源的开发也是一个重大的问题。比较可喜的是，中非在资源开采方面达成了相关的共识。在中非合作论坛历届峰会中，都有涉及环境保护的相关内容，习近平主席也强调要共同保护青山绿水和万物生灵，加强在应对气候变化、应用清洁能源、防控荒漠化和水土流失、保护野生动植物等生态环保领域的交流合作，携手打造和谐共生的中非命运共同体，把"一带一路"建设成绿色之路。①

---

① 李一丹：《"一带一路"与中非合作对接实现绿色发展》，人民网，2018 年 10 月 20 日，http：//opinion. people. com. cn/gb/n1/2018/1020/c1003 – 30352937. html。

（二）增强中非海洋环境保护方面的共识

首先，应制定中非海洋环境保护总体规划。具体而言，规划内容应提出具体的一些保护性举措和时间点，并落实到每一个步骤，抓住重点和难点，以便开展相关的制度设计。其次，应推动海洋资源的绿色产业合作。对于中国进口的非洲国家相关产品，应在显要的位置标注出符合国际通行的绿色标准体系，在技术、规范和标准方面实现绿色化发展。最后，应构筑中非海洋环境保护的合作平台。一方面，要在国家层面，积极推进中非绿色创新计划，加强海洋环境的技术合作，实现环境保护技术与产业的交流，共促双方的产品符合相关的绿色标准。另一方面，要加强企业和社会的交流。对于海洋环境保护技术水平较高的企业，要积极地"走出去"，帮助非洲企业提高自身的海洋环境保护产品生产技术。可以派遣相关的技术骨干和师资力量，针对非洲国家海洋环境保护普遍存在的问题，有针对性地进行诊断，并提出相关的技术对策。

二　中资企业对非投资的环境法律风险和环境保护义务

在对外投资过程中，中非企业面临着一些环境法律风险，为此中资企业应当严格遵守非洲国家当地的环境保护法律法规，不得从事危害地方海洋环境的行为。

（一）尊重所在国家关于海洋环境保护的法律制度

中资企业在对外投资的过程中，应尊重所在国家关于海洋环境保护的法律制度。首先，应尊重非洲国家《宪法》的相关规定。环境权入宪成了非洲环境保护的重要内容。非洲现有国家中，有 26 个国家将环境权写入了宪法之中。非洲国家作为西方的殖民地，大多确立了违宪审查制度体系。如果公民或者组织有破坏海洋环境的行为，则会面临违宪的嫌疑，接受宪法法院的裁判。其次，充分尊重环境权，严格遵守环境保护法律法规。作为人类的一项基本权利，环境权在保护环境方面发挥着重要作用。非洲国家都非常重视对环境权的保护，如果存在破坏环境的行为，则有可能会侵犯到其他人的基本权利，相关的监督和保障措施也比较严格。非洲国家的环境保护法律法规日趋完善，且加强了处罚力度。以埃塞俄比亚为例，宪法规定了公民拥有健康环境的基本权利，确立了国家履行环境保护的义务。此外，《环境影响评估公告》《环境污染控制公告》《森林开发保护和利用公告》等具体法律法规，规定了一系列的提供虚假环评报告、破坏环境、砍伐森林、防火等行为的惩处措施。以南非为例，《海洋生物资源法》规定捕捞鲍鱼必须首先获得南非政府签发的捕捞许可证，只有持证人士才能进行捕捞。未经许可从事捕杀和出售海洋产品等海洋资源的行为，皆属于违法行为。①

（二）严格履行海洋资源与环境保护的相关义务

中资企业在非洲从事海洋资源开采和海洋渔业捕捞的过程中，应该严格履行海洋资源与环境保护的相关义务。非洲国家十分重视环境保护，都制定了大量的环保法律、法规，同时规定了极为严厉的惩罚措施。此外，当地民众大都具有强烈的环保意识，而且当地还有很多热心环保事业的非政府组织，如果中资企业有违反当地环保法律的行为，就会在当地引起轩然大波。许多中资企业反映，在非洲当地的投资中会经常遇到环保法律问题。阿尔及利亚渔业法②规定："外国船只不得在国家管辖水域范围内捕鱼。主管渔业的部长可以暂时授权外国船只在国家管辖水域范围内进行科学捕捞活动。他还可以授权外国船只在支付渔业费后在国家管辖的水域范围内仅捕捞高度洄游鱼类。无论采取何种程序，只要认为限制或禁止捕捞是养护或繁育鱼种所必要的，就可以在特定时间和特定区域内限制或禁止捕捞。"坦桑尼亚法律规定："除非根据并遵照与联合共和国政府间的协议，任何人不得在专属经济区内勘探或开发其任何资源，从事任何经济活动。"③贝宁相关法

---

① 张小虎：《"一带一路"倡议下中国对非投资的环境法律风险与对策》，《外国法制史研究》2017年第20卷。

② 1994年5月28日（回历1414年12月17日）确定渔业一般规则的第94—13号法令（1994年6月22日颁布）。

③ 坦桑尼亚领海和专属经济区法案（1989年）。

律规定："在贝宁的领海内，捕鱼权仅限于具有贝宁户籍的渔民。外国渔民如果未按照贝宁法规获得授权，不得在此进行捕鱼。"①

三　推动实现多层级海洋治理与国际合作

要实现新时代中非海洋资源与环境保护合作，不仅需要推动中非国家层面的海洋合作，还应注重国际组织的合作。同时，也要制定中非海洋资源开发和环境保护的多边国际条约。

（一）推动不同层面的海洋治理

中国与非洲应着力推动国家层面和全球层面的海洋治理体系朝着更加公正合理的方向完善。具体来说，主要包括以下两个方面。

1. 应推动国家层面的海洋治理

中非各国应不断落实中非合作论坛相关会议的精神，加强中非海洋资源与环境保护的合作。例如中国环境保护部门可以加强与非洲国家环境保护部门的合作，在海洋资源的开采、海洋环境的监测等方面加强合作。中国为非洲国家培养大量的海洋资源与环境保护的人才，传授先进的技术和经验，达成相关的协议，不断提高双方海洋资源与环境保护治理的进程。对于海岸带的保护、海岛的使用和规划，要建立"生态＋海洋管理"新的模式，不断实现资源的集约利用，促进对环境的保护。

2. 应推动全球层面的海洋治理

一方面，要严格落实《联合国海洋法公约》的相关规定，在海洋资源的开采、海底区域的保护等方面加强密切合作。切实发挥联合国的相关职能，促进海洋资源与环境保护的多边对话与交流。另一方面，要借助与非政府组织的合作，密切加强非洲国家的合作。例如，联合国教科文组织政府间海洋学委员会和欧盟委员会，成立了"全球海洋空间规划"项目。中国与非洲国家应积极参与该项目，在联合国的框架

---

① 将贝宁人民共和国领海扩展到 200 海里的法令（1976 年第 76—92 号法令）。

下，与其他国家一起，收集和管理海洋数据和信息，促进合理开发海洋资源，有效利用海洋空间，推动蓝色经济的发展。

（二）缔结中非海洋资源开发和环境保护的多边国际条约

中国与非洲沿海国家共同开发海洋资源和环境保护时，各国都有自己的利益诉求，且在共同开发中各方的权责、监管、管辖以及环境保护的问题都需要予以解决，这就要求在协商谈判的基础上达成一致，制定出共同遵守的法律性文件。但是，需要注意的是，可能与中国开展共同开发合作的非洲沿海国家有很多，但最终确定合作的或许只有几个国家，因此产生了关于条约类型的选择问题，即究竟是实际开展合作的国家间签订条约，还是所有目标国家共同制定一个条约。① 对于这个问题，笔者倾向于所有目标国家共同制定一个条约。这是因为海洋资源与环境保护问题本身就具有国际性，不可避免地会超越参与共同开发的几个国家的管辖范围。因此，最为理想的状态是所有可能开展共同开发的国家共同协商制定一个包括海洋资源与环境保护问题在内的共同开发的条约。② 但是，要协调不同国家条约制定的利益，存在很大的难度。因为每个国家自身可能都具有不同的利益诉求，条约内容制定的意愿和范围也各有差异。因此当无法满足各方的利益诉求时，应考虑多边条约的制定，以方便不同国家的加入。同时，条约的制定也应当严格遵守国际条约的相关规定，在国际条约的框架下制定多边的海洋资源与环境保护条约。另外，在制定条约的过程中，要注重吸收非洲各国中海洋资源与环境保护的优秀做法，尊重非洲本土的习惯法和各个国家的立法特色，有针对性地予以吸收借鉴，实现共识中的统一。

四 制定中非海洋资源与环境保护的统一标准

从中非海洋资源与环境保护的现状来看，制定中非海洋资源与环境

---

① 穆彧：《海洋油气资源共同开发中环境保护法律问题研究》，硕士学位论文，沈阳工业大学，2019 年。

② 张丽娜、王晓艳：《论南海海域环境合作保护机制》，《海南大学学报》（人文社会科学版）2014 年第 6 期。

保护的统一环境法律标准非常有必要，可以通过不断完善科学标准来降低风险发生的可能性，也能有效实现对海洋资源与环境的保护。中非海洋资源开发和环境保护的统一标准包括开发前的环境影响评价制度和开发过程中对具体类型的海洋环境的标准制度。

（一）制定开发前的环境影响评价制度标准

环境影响评价制度是指各国共同承认遵守，不管任何区域内任何一个国家计划对海洋资源进行开发利用时，都要在各国确认的大框架内实行，在规划设计之初就必须考虑到人类活动的影响，一切设施在这一海域的从无到有再到无，即搭建、运行、弃置的全过程，都必须体现在环境影响评价的报告书中。[①] 环境影响评价应做到防患于未然，评价开发工作会给这一海域的生物造成不利的影响，特别是一旦发生污染事件之后可能造成的破坏和危害，形成项目的环境可行性分析报告。通过国际机构加强合作，订立适当的科学准则，建立起防止、减少和控制海洋污染的规则、标准、办法、程序，通过不断完善科学标准来降低风险发生的可能性。

（二）制定海洋生态损害评价标准和执法标准

对于海洋生态损害评价也应建立一系列的标准体系。对损害源诊断分析，主要包括理化物化分析，主要依据标准污染毒物检测结果进行。对受损程度进行分析，主要包括对各环境要素、生物生态要素及生态功能遭受损害的程度进行量化界定，分析损害对系统造成的实际影响以及潜在影响。进行价值损失的计算，具体可归纳为直接利用价值（资源价值）、间接利用价值（海洋生态系统服务功能价值和生物生境损失价值）和非利用价值（存在价值、遗产价值和选择价值等）。[②] 中非各国应该建立统一的执法标准，明确执法的限度，有效实现对海洋

---

① 朱谦：《从封闭到公开：中国环境影响评价文件公开的制度演变》，《法治研究》2015 年第 4 期。

② 刘家沂：《海洋生态损害的国家索赔法律机制与国际溢油案例研究》，海洋出版社 2010 年版，第 43 页。

资源与环境的保护。

此外，还应当评价海洋资源开发产生的经济效益与对海洋环境的影响之间的性价比，其中一方面要努力推动构建"海洋命运共同体"，与非洲沿海国家共同开发海洋经济、保护海洋生态文明；另一方面也要尊重区域内一些发展相对落后国家的发展权利，进一步扩大国际间交流，在人才、技术、资金、替代产业上互通有无、共同发展，使各国都可以既能自觉保护海洋环境，又能保证本国长足发展。

五 完善中国的海洋资源与环境保护法律体系

尽管改革开放四十多年来，中国的海洋法律体系不断向前发展，但是有关海洋资源与环境保护的法律法规需要进一步完善和健全。

（一）应当在宪法中规定海洋资源与环境保护的相关内容

作为中国的根本大法，《中华人民共和国宪法》要从整体角度将海洋资源与环境保护的内容写入，积极推动环境权入宪。2018 年《中华人民共和国宪法修正案》，虽然增加了有关环境保护与生态文明建设的内容，但没有写入海洋资源与环境保护。宪法在一国法律体系中的重要性，使得学者在研究环境权之初就有将其纳入宪法体系的想法，这既是宪法的使命，也是环境权发展过程的必经阶段。[①] 环境权入宪之后，在权利方面，规定公民是环境权主体，而在义务方面，规定国家承担首位的环境义务，公民承担第二位的环境义务，同时公民可以对国家进行监督。为确保每一位公民的环境权能够全方位得到实现，国家必须制定完善配套的法律体系，在环境权遭受侵害或义务主体不履行义务时，能够请求法律保护和救济，推动环境公益诉讼制度建设，完善包括环境行政和民事类的环境私益诉讼制度。[②] 将海洋资源与环境保护写入宪法，推动环境权入宪，一方面，有利于凝聚全民对海洋资源与环境保护的共识，增强自身的保护意识和保护能力。另一方面，只有宪法

[①] 陈雪：《环境权的入宪途径探讨》，《保定学院学报》2009 年第 2 期。
[②] 牛乐：《环境权入宪研究》，硕士学位论文，东南大学，2011 年。

做了此规定，下位法才能依据此规定从而进行细化，也为相关法律法规的出台，提供了宪法依据。

（二）完善海洋资源与环境保护相关的法律法规

尽快制定和出台《海洋基本法》，针对破坏海洋资源、海洋污染、海洋自然保护区的保护等行为做到有法可依。及时根据社会发展，对《海洋环境保护法》进行修订，加强公众参与海洋资源与环境保护的保障力度、加大相关的惩处力度和责任规定。中国可以考虑制定专门的法律法规以规制企业对外投资活动中的环境保护问题，并在这些法律或法规中明确要求企业按照基于生态系统方法的生态环境保护法律制度进行生态环境保护，并要求政府、行业协会按照国家、行业发布企业生态环境保护义务法律法规汇总和指引，[①] 为企业对外投资进行指导。完善海洋环境执法体系，进一步明确各涉海环境保护部门的职责，加强协调合作，在发生海洋生态损害事件后，各个部门之间应相互合作，各司其职，协调执法，注意证据的收集保护工作，在代表国家进行海洋生态损害索赔过程中，应相互协调，共同维护国家生态安全。

（三）完善中方与非洲国家解决法律纠纷的相关制度

首先，中方应专门下文要求企业遵守非洲国家海洋资源与环境保护的相关法律制度。从事前预防到事中规制再到事后责任的追究等一系列的行为，要加强相关规定，明晰环境保护的强制性义务。在项目开展的过程中，要获得相关的环境许可证，履行环境保护的义务。其次，中方应加强对非洲国家海洋资源与环境保护相关法律制度的研究。专门设立相关的课题，批准相关的经费，开展非洲海洋资源与环境保护相关法律制度的翻译与整理工作。对于环境立法，要做到宪法、法律、法规、政策等全方位的研究。在对非洲海洋资源与环境保护法律制度研究的过程中，要注重相关的管理措施、环境影响评价制度、环境监测制度、惩处内容和法律责任的追究等方面。最后，要健全非洲海洋资源与

① 孙佑海：《绿色"一带一路"环境法规制研究》，《中国法学》2017 年第 6 期。

环境保护的多元化纠纷解决机制。基于非洲特色的双轨制司法，一方面要综合运用诉讼、调解和仲裁等法律机制解决纠纷，依法维护投资者的利益。另一方面，要善于运用非洲本土的习惯法，化解海洋资源与环境保护的纠纷，促进法律争端的解决。

六 建立中非海洋生态补偿的法律机制

面对损害海洋生态的行为，吸收借鉴西方发达国家的经验，中非双方不仅要建立中非海洋生态损害责任强制保险制度，而且要建立海洋环境资源与保护的公益基金制度。

（一）建立中非海洋生态损害责任强制保险制度

与传统意义的海洋环境侵权责任不同，海洋生态损害往往缺乏明确的、特定的受到损害的主体，因此，长期以来存在的海洋生态损害往往得不到应有的赔偿，发生海洋污染事件后，海洋生态环境也往往得不到有效的恢复和治理，这进一步加剧了海洋生态环境的恶化。而由于海洋生态损害的后果十分严重，一旦发生海洋生态损害行为，海洋生态损害的行为主体将面临巨额的海洋生态损害清除、修复等赔偿费用。因此，需要构建海洋生态损害责任保险制度。[1] 一方面可以规避被保险人的风险，保证被保险人正常的经济运行，有利于企业和社会经济的发展；另一方面保险公司的适当介入，可以促进被保险人加强生态保护工作，从而降低生态损害行为发生的概率。更重要的是，生态损害责任保险制度的建立，可以保证海洋生态损害得到迅速治理，从而有利于海洋生态的恢复。[2] 在海洋生态损害责任保险制度设计中，应强调海洋生态损害责任保险是政策性责任保险，保险承包范围应限于突发性事故，应采取强制性投保方式，应采取索赔发生制，应明确具体的适用

---

① 刘家沂：《海洋生态损害的国家索赔法律机制与国际溢油案例研究》，海洋出版社2010年版，第194—195页。

② 刘家沂：《海洋生态损害的国家索赔法律机制与国际溢油案例研究》，海洋出版社2010年版，第194页。

范围。只要是在非洲海域内从事海洋资源开发利用活动发生突发性事故，导致海洋环境功能下降、海洋生物物种、种群、群落、生态食物链破坏和海洋生态系统服务功能减弱的行为，都适用海洋生态损害责任保险制度。[①]

（二）建立海洋环境资源与保护的公益基金制度

对于海洋资源的利用，要进行相关的修复工作，在废弃物处理和闭坑环节中做到环境保护。也可以利用网络技术的力量，长时期设立相关的网络监控措施，以便实现对海洋资源与环境的保护。对于占用、破坏海洋资源的行为，要对被占有人进行相关的补偿，对国家进行的补偿充入国库。国家在必要时，也可以进行一定的追讨行为，主张企业设立相关的海洋资源与环境保护基金，以避免违法行为的发生。主体基金由从事海洋资源开采的公司摊派，向船舶所有人和海洋资源开采人征收的环境保护税、对污染船舶的行政罚款、生态赔偿、社会捐赠、本金利息等组成。其中，主要来源是公司摊派和环境保护税。基金主要包括两大方面的功能：一是先予支付海洋环境损害费用功能。一旦发生海洋环境损害的事故，基金立即启动，采取有效措施防止损害扩大，有效降低或减少海洋环境损害，随后才评估损害程度，追究责任方的责任。二是补充赔偿功能。对于未能从损害海洋环境一方获得赔偿的损害，可以向基金申请赔偿，起到一种最终保护的社会功能。对于基金的管理和运作，可以设立一定的基金管理委员会机构，日常设立秘书处，负责基金的日常事务管理。根据不同的海洋环境损害事故，可以分别成立专项工作小组，对特定海洋环境损害事故进行跟踪、调查、评估和赔偿。[②]

---

① 刘家沂：《海洋生态损害的国家索赔法律机制与国际溢油案例研究》，海洋出版社2010年版，第194—195页。

② 高翔：《海洋石油开发环境污染法律救济机制研究》，武汉大学出版社2013年版，第171页。

第八章　新时代中非海洋合作
前景展望

作为世界第二大洲，非洲的海洋面积是其大陆面积的 3 倍，蕴藏着丰富的海洋生物与深海矿产等资源。① 非洲海域拥有莫桑比克海峡、曼德海峡、苏伊士运河等多条世界主要海上航道，其因而完全具备进行国际海洋贸易、促进双边海洋合作、发展域内海洋事业的独特地理位置与资源优势。非洲是中国对外开放与区域外交的重要支点，其日益认识到海洋在区域经济增长和一体化进程中的强大助力，中非具有相契合的海洋事业发展需求。

作为陆海复合型国家的中国，正在积极推动"海洋强国"、"一带一路"、"蓝色伙伴关系"② 与"海洋命运共同体"建设。非洲是中国的传统友好伙伴与"一带一路"沿线重要区域，已有 44 个非洲国家以及非盟委员会与中国签署了"一带一路"倡议合作文件，非洲与中国海洋合作呈现出了巨大潜力，并在新时代得以巩固。中非以共商共建共享为原则，以开放包容、具体务实、互利共赢精神为指引，以"21世纪海上丝绸之路"为依托，以海洋经济、海洋安全、海洋生态与环境、海洋科技为聚焦领域，全方位、高层次、多领域"蓝色伙伴关系"

---

① 王欲然：《非洲海洋经济潜能可观》，人民网，2016 年 11 月 23 日，http：//world. people. com. cn/n1/2016/1123/c1002 – 28888330. html。

② 在 2017 年 6 月联合国首届"海洋可持续发展会议"上，中国提出"合作建立开放包容、具体务实、互利共赢的'蓝色伙伴关系'倡议，并通过发展与葡萄牙和欧盟的蓝色伙伴外交将'蓝色伙伴关系'倡议落到实处"。

的建立符合双方海洋事业发展的共同需求，有利于释放双方巨大的海洋合作潜力。

第一节　国家层面

从主权国家的角度而言，中国与非洲沿海国家间的重点领域合作将平稳运行，与非洲重点国家的海洋合作将进一步聚焦。

一　中国与非洲沿海国家间的重点领域合作将平稳运行

中国与非洲沿海国家间在海洋政治、海洋经济、海洋安全、海洋生态环境、海洋科技与人才等重点领域合作将平稳运行，将有效助推中非关系平稳发展。

（一）中非海洋政治合作持续深入

21世纪以来，中非在海洋领域的交流与合作不断增多，尤其在中国提出"一带一路"倡议以来，非洲广大发展中国家积极参与其中，中非在双/多边海洋合作方面均取得了良好的进展与丰硕的成果。近年来，在中非双方共同的努力之下，中非海洋政治合作所取得的成就令人骄傲。中非海洋合作战略的对接，在双方领导人频繁举办的会谈中涉海议题的逐渐增多，双方涉海官方合作文件的陆续签署，以及双方陆续构建与常态化的政治合作平台等都为中非海洋政治合作的未来发展奠定了良好的基调，也为双方未来海洋政治合作向更深层次、更高领域的发展打下坚实的基础。

（二）中非海洋经济合作成果进一步丰富

中非海洋经济合作成果主要包括海洋经贸政策共识持续深化，海洋经贸产业合作成果丰硕，海洋经贸合作平台丰富以及地方海洋经贸合作形式多样。中国与非洲国家的海洋合作根据"21世纪海上丝绸之路"所规划的重点方向，以促进双方蓝色空间与蓝色经济的发展为合作主线，把握好与重点国家的双边合作战略方向。促进双方海洋综合发展战略与议程相对接，推动两者在海洋经济具体项目和工程上的交流与务实合作。

（三）中非海洋安全合作深入发展

非洲部分国家边界争端有加剧倾向，边界争端与资源争夺将极大阻碍对非洲海域安全共同体的形成。[1] 中国历来重视与非洲的海洋安全合作，中国与非洲在海洋安全合作方面着实取得了诸多实实在在的成就，并在传统安全层面和非传统安全层面各有侧重。当前，国际海事组织成员国已有 37 个非洲国家，包括阿尔及利亚、坦桑尼亚和毛里塔尼亚等在内的 47 个非洲国家都是国际海底管理局的成员国。非洲国家还在七十七国集团中发挥着关键作用，在公海资源利用和管理问题上为广大发展中国家的利益发声。未来中非海洋安全合作前景广阔。中非"蓝色伙伴关系"的构建助推《2050 年非洲海洋综合战略》（2050AIMS），形成国家和地区层面的合力以解决海上争端。

（四）中非海洋生态环境合作持续推进

中非共创健康绿色之海是建构中非"蓝色伙伴关系"的组成部分，也是双方海洋生态与环境保护合作的目标。根据非盟《2063 议程》，非洲深受气候变化带来的负面影响，并将重新优化相关措施，在促进区域内环境可持续发展的同时，积极参与全球应对气候变化的行动。中国正高质量建设"绿色海上丝绸之路"，并将其作为助力实现联合国 2030 年可持续发展目标 14 的实际行动。在中非海洋合作的过程中，中国应制定中非海洋生态与环境保护合作路线图，做好中非蓝色可持续发展合作的顶层设计；积极参与国际涉海组织对非洲的海洋开发与保护能力建设，如沿海、海岛、离岸海洋保护区建设，参与非洲及其周边海域海洋组织合作计划，如环印度洋合作计划，承担促进区域海洋合作的相关职责；可以对海运船舶进行升级，以提高燃油效率，从而减少航运排放。

---

[1] Timothy Walker, "Why Africa must resolve its maritime boundary disputes", *Africa Portal*, January 2015, p. 3.

（五）中非海洋科技与人才合作日益增多

中非共谋蓝色智力支撑是建构中非"蓝色伙伴关系"的应有之义，也是双方海洋科技与人才合作的追求。当前中国与部分非洲国家在海洋科技与人才方面的合作稳步开展，但中国和非洲域内各国均为发展中国家，双方海洋事业起步也相对较晚，虽然近年来中非海洋科技已然有了重要进展，但和世界主要海洋国家相比仍有较大差距。在中非海洋合作的过程中，中国与非洲相关国家（如南非）必将越来越多地参与到全球海洋治理新疆域中，比如中国与南非对深海、极地事务的参与，但这也意味着中非将面临特殊自然环境下的更高海洋技术与人才要求。在此背景下，中非可以通过第三方合作克服技术局限。比如，通过海洋科技大会，与世界各国进行充分的交流合作，借鉴先进经验。联合开发海洋遥感技术，围绕目前的各类海洋相关科技与文化问题，优化组合现有人才及设施，开展联合攻关。中非可共建特色海洋科技与文化园区，加强双方涉海人才的学术交流合作，联合建立海洋科技与人才的智库联盟，并与沿线国共同合作建设海洋科技合作园。

二　中国与非洲重点国家的海洋合作将进一步聚焦

中国与非洲整体推进海洋合作时，也应聚焦与非洲重点国家的海洋领域合作，如与毛里求斯进行海洋旅游业合作、与埃塞俄比亚进行海上能源合作、与埃及进行海陆运输枢纽合作、与吉布提进行海上安全合作以及与肯尼亚进行海洋科技与人才合作。

（一）中国将进一步加强与毛里求斯海洋旅游业合作

未来中国海洋旅游业的发展将更加强调对海洋旅游文化内涵的挖掘，以及海岛旅游品位的提高。借助"21世纪海上丝绸之路"提供的平台和契机，中国将与毛里求斯联合开展邮轮旅游，打造深海、远洋的精品特色旅游项目。作为中国国际邮轮母港的上海与毛里求斯已开通了直航，中毛应充分发挥上海的平台作用，开发运营相关邮轮航线及产品，共同打造特色旅游精品线路。凭借巨大的客源市场，中国将加大对毛里求斯海岛旅游投资的开发力度，推动双方在休闲渔业方面的合作，比如联合建立精品休闲渔业示范基地，合作发展海洋公园，精品海岛休闲渔业等。同时加强双方在海洋旅游与休闲渔业开发的相关项目和旅游便利化合作。

（二）中国将进一步促进与埃塞俄比亚海上能源合作

埃塞俄比亚是东非能源大国，海上能源资源丰富，开发前景美好。2018 年 9 月，中国与埃塞俄比亚签订了共建"一带一路"的备忘录，双方在能源项目合作的步伐将加快，中国与埃塞俄比亚海上能源项目、油气勘探开发和管道铺设也应同步得以加强与促进。海上风电是海洋新能源发展的重点领域之一，目前中国海上风电累计装机容量位居全球前列。埃塞俄比亚风电发展较快，但装机总量并不充足。基于中国与埃塞俄比亚合作建设的吉布Ⅲ水电站经验，中国将帮助埃塞俄比亚进行海上风电的开发，积极开展海上风能的勘测评价，加快在建和规划项目的进展，促进埃塞俄比亚可再生能源发展规划目标的实现。

（三）中国将深化与埃及海陆运输枢纽合作

在促进与埃及海陆运输枢纽合作过程中，中国更加重视高层互访的引领和导向作用，发掘双方海洋利益的交会点，进行顶层设计与战略规划。不断发掘双方海上互联互通建设的相似目标指向，在国际海洋事务中相互支持与配合，就发展中国家的共同利益进行沟通与信息共享。加强中资企业对埃及主要港口建设与相关项目投资，推动中国与埃及重点港口周围城市合作发展临港产业集聚区。① 促进埃及港口基础设施的完善，加强小港口的改造、升级和修复。共同促进通畅、安全、高效的运输通道，为双方海洋事业的共同发展铺路。进一步发掘"21世纪海上丝绸之路"建设项目与埃及苏伊士运河走廊相关项目对接的潜力，提高苏伊士运河走廊开发和周围经济区的发展与承载能力。双方可联合对苏赫纳港进行现代化改造和升级，完善埃及作为海陆运输

---

① 《中国参与埃及港口建设：机遇、风险及政策建议》，人民网，2018 年 7 月 17 日，http：//world. people. com. cn/n1/2018/0717/c187656 - 30152658. html。

枢纽的物流交通条件。加大亚洲基础设施投资银行的支持力度，深化与埃及在苏伊士经贸合作区的协作，促进双方在海洋产业链的分工配合。[①]

（四）中国将进一步提升与吉布提海上安全合作水平

2017 年 7 月 11 日，中国在吉布提建立了第一个海外军事保障基地，极大助力了中国护航编队反应力和行动力的提升，也为双方海上安全合作提供了更多必要保障和修整补给。中国未来将加强与吉布提在苏伊士运河航道和亚丁湾运输线上的安全保障沟通与协商，增强在护航、维和、海上搜救、人道救援等具体方面的双边协作能力。注重对吉布提港的现代化改造与完善，使其更好地发挥军事补给作用。促进中国与吉布提海上安全的多边合作。借助中国在吉布提建立的海外军事保障基地，中国可打开与在吉布提有补给基地的美国、法国等其他大国合作的新局面，加强各方在东非海域能源通道安全合作中的维和与人道救援等方面的沟通与协作，共同积极探索国际联合护航的新路径。

（五）中国将进一步强化与肯尼亚海洋科技和人才合作

中国和肯尼亚的海洋合作有良好基础，双方在海洋科技与人才领域拥有很多共同的关切，强化与肯尼亚海洋科技与人才合作有利于增强中非海洋合作的智力支撑。肯尼亚长期受印度洋季风气候影响，但其对海洋气候的监测和预测能力亟待提高，中国应推动与肯尼亚在相关研究项目的实施与合作，促进双方在应对海洋威胁与气候变化以及提升海上防灾减灾能力的协作。未来，中肯将更加注重对海洋技术进行刺激性投资，推动海洋数字化和智慧海洋建设。加强双方海洋科技人才联合培养与培训。中国与肯尼亚将合作建立海洋科技与人才交流协会，以及海洋科技与人才教育基地，以此更好地推动双方海洋科技与文化自主创新能力的建设和提高。中肯还将充分利用中非联合研究中心平台开展海洋科技合作与人才培养，加强多元化资金投入。同时，中

[①] 《中国港湾：为促进埃及与世界的"互联互通"贡献中国智慧》，搜狐网，2018 年 8 月 29 日，https://www.sohu.com/a/250653401_630337。

国将与肯尼亚共同推进海洋科技和文化联合技术攻关，助力实现肯尼亚政府 2030 愿景计划关于海港与可持续发展的具体目标。

第二节　区域层面

从区域角度看来，中国与非洲国家的海洋合作在推动构建中非"蓝色伙伴关系"的过程中，也可丰富发展中非更加紧密的中非命运共同体的具体内涵。

一　中非海洋合作推动构建"中非'蓝色伙伴关系'"

当前，中非"蓝色伙伴关系"的构建前景美好。具体包括以下三个部分。

（一）中非之间高度的政治互信为"蓝色伙伴关系"的健康发展打下良好基础

中国与非洲相距甚远，但相似的历史经验使中非人民有了天然的亲切感。因此，政治上的高度互信一定能推动中非"蓝色伙伴关系"的健康发展。中非双方在携手共同参与国际海洋事务综合治理过程中，沿着依海繁荣、安全保障、绿色发展、智慧创新的人海和谐发展之路加强双方海洋合作，将助推中非"蓝色伙伴关系"建设。当今世界正面临百年未有之大变局，海上非传统安全威胁日益增多，国际海洋治理体系也随之发生变动，中非双方的命运因此更加紧密地连在一起。

（二）中非诸多交流合作机制能为"蓝色伙伴关系"的发展提供机制保障

通过中非合作论坛、金砖国家合作机制、非洲联盟和其他多边机制，中非开展了广泛的交流合作。并且通过"多边磋商，双边执行"这一机制，真正落实到各类合作项目。《中非合作论坛—北京行动计划（2019—2021 年）》也强调，继续完善中国与非洲国家双边委员会、战略对话、经贸联（混）合委员会、外交部、指导委员会、联合工作组等机制的政治协商，继续加强中非外长定期政治磋商机制的作用。此外，中非之间学者和智库交流频繁。这些双边机制的存在为中非"蓝色伙伴关系"的构建提供了沟通交流的重要平台和机制保障。

（三）中非海洋利益交会点的不断增多能坚定中非发展"蓝色伙伴关系"的信心

海洋世纪的到来为中非海洋合作提供了有利的时代背景，随着中非在海洋方面利益交会点的不断增多。事实上，中非已经通过多种场合表明双方在海洋合作领域的共识，这些共识的背后，反映了中非在海洋方面利益交会点的不断增多。另一方面，双方在海洋能力建设方面互补性强。非洲的海洋科研和观测能力普遍薄弱，海洋专业人才稀缺。海洋问题的跨国性质凸显了海洋国家之间区域海洋合作的必要性，大多数非洲沿海国家缺乏单独处理复杂程度较高的海洋治理问题的能力。[1] 双方通过更广泛和更深入的互利合作，必定能极大地增强中非发展"蓝色伙伴关系"的信心。

二 中非海洋合作推动构建更加紧密的中非命运共同体

中非命运共同体的构建正逢其时。通过中非海洋合作，可以推动中非多层次、全方位命运共同体的构建，同时中国与非洲国家长期以来积累的互信也将外溢到中非海洋合作的具体领域中来，非洲有望成为中国构建新型国际关系的先行者，将海洋领域打造为中非"更加紧密命运共同体"的试验田。总之，中非海洋合作可以推动构建更加紧密的中非命运共同体。

（一）海洋合作推动中非多层次全方位命运共同体的构建

新时代中非更加紧密命运共同体的构建涉及多项具体领域，海洋领

---

[1] Paul Musili Wambua, "Enhancing Regional Maritime Cooperation in Africa: The Planned End State", *African Security Studies*, Vol. 18, No. 3, July 2010, p. 46.

域是其中的重要一环。自 2000 年 10 月中非合作论坛首届部长级会议在北京召开以来，历次中非合作论坛的部长级会议都在不同程度上促进了中非在海洋领域的合作。约翰内斯堡行动计划（2016—2018 年）使双方就加强海上基础设施、海洋经济、海外贸易、海上安全等领域的合作进一步达成共识；《中非合作论坛—北京行动计划（2019—2021年）》也明确强调了进一步释放双方蓝色经济合作潜力，促进中非在海运业、港口、海上执法和海洋环境保障能力建设等方面的合作。以上在中非合作论坛框架下的重要成果见证了中方推进中非海洋合作的坚定信心和中非伙伴关系的稳步推进，同时也彰显了中非海洋合作的共同需求和巨大潜力。2020 年，即便是在新冠肺炎疫情的重创之下，中国企业承建的肯尼亚拉姆港项目也依然在做好防疫工作的同时迅速恢复施工生产，项目完工总体进度已超过 80％。[①] 并强调不断寻求与其他地区和大陆建立互利关系和伙伴关系，就在伙伴关系中加强双边共同关心的话题达成更多一致。从而，中非海洋合作过程中也必将推动构建更加紧密的中非命运共同体。

（二）新时代中非海洋命运共同体的全球治理意义

"百年未有之大变局"背景下的中非更加紧密的命运共同体的构建具备双重使命：一方面，中非双方在包括海洋在内的各领域进行合作符合双方作为发展中国家和"发展中国家群体"的共同利益，在变动的国际格局中发挥更多作用，发出更大声音。当前，中国是非洲最大的贸易伙伴，非洲是中国第二大海外建造项目市场以及第四大投资目的地。至今，中国已经在非洲完成了 1046 个项目，2233 千米铁路，3530 千米公路，极大地助力了非洲一体化的发展。[②] 另一方面，百年大变局语境中单边主义、保护主义、霸凌行为的增多，凸显

---

① 《疫情压力之下，中非经贸关系何去何从？》，新浪网，2020 年 7 月 27 日，http：//news. sina. com. cn/o/2020 – 07 – 27/doc – iivhvpwx7764021. shtml。

② Lim Alvin, Cheng-Hin, "Africa and China's 21st Century Maritime Silk Road", *The Asia-Pacific Journal*, Vol. 13, No. 1, March 2015, p. 4.

了中非在海洋领域建构命运共同体的世界意义。作为"百年未有之大变局"的重要变量，中国与非洲众多国家是维护多边主义与公平正义的重要力量。在中非合作论坛的框架下，中非在多个场合表明了携手共进、密切配合，以及对联合国在全球治理中领导地位的支持。中国与非洲国家长期以来积累的互信也将外溢到中非海洋合作的具体领域中来，非洲有望成为中国构建新型国际关系的先行者，将海洋领域打造为中非"更加紧密命运共同体"的试验田。与此同时，中非海洋合作的世界意义更加突出，也将带动更广范围的"海洋命运共同体"的构建。

第三节　全球层面

中非海洋合作可成为全球海洋治理南南海洋合作典范，塑造国家与地区海洋合作的范式之一，并将在全球海洋命运共同体的构建中彰显中非双方海洋合作的全球意义。

一　中非海洋合作将成为全球海洋治理南南海洋合作典范

中非海洋合作不仅可以壮大全球"蓝色伙伴关系"的南南合作力量，其法治化进程也有助于消解全球海洋治理赤字，为全球海洋治理的法治化进程增砖添瓦，助推中非海洋合作将成为全球海洋治理南南海洋合作典范。

（一）中非海洋合作壮大全球"蓝色伙伴关系"的南南合作力量

中国与非洲都是国际社会中重要的南方组成与南方力量。中非"蓝色伙伴关系"的构建不仅有利于实现中非双边和多边合作发展海洋事业、共享蓝色发展红利的追求，也能够培育和壮大全球"蓝色伙伴关系"的南南合作力量，成为全球层面南南"蓝色伙伴关系"建设的典范。当前全球海洋治理中传统海洋大国影响力下降，新兴海洋大国的地位不断上升，非国家行为体的作用日益凸显，国际非政府组织也日益深入参与全球海洋治理。具体到海洋政治领域，中非之间的海洋政治合作有利于建构更为公平合理的国际海洋政治关系，为后发型海洋国家赢得更多的话语权。在全球海洋治理主体多元化的背景下，中非海洋合作将成为全球海洋治理中南南海洋合作典范。非洲国家喀麦隆、肯尼亚、尼日利亚、塞内加尔、坦桑尼亚、赞比亚等非洲国家曾为《联合国海洋法公约》第三阶段的谈判做出了重要贡献，如深海采矿的制度性框架、争端解决等方面。[①] 中国与非洲国家在全球海洋治理中的相向而行是南南合作模式在海洋领域的延伸，也是在"百年未有之大变局"背景下双方合作的新领域探索。

（二）中非海洋合作的法治化进程有助于消解全球海洋治理赤字

当前全球海洋治理赤字主要源于国际海洋公共产品供给的不足，具体涉及多边合作的不充分、海洋治理体系与机制的碎片化以及主要国家间与国家内部法治建设的局限。中非海洋合作进程中法律问题的解决将从法律层面为全球海洋治理赤字的减少做出贡献。在中非海洋经贸合作领域，中非双方在强化法治合作理念的同时，将推动构建系统的中非海洋经贸合作国际规则体系，不断完善中非海洋经贸合作的相关法律规则。中非海洋安全合作的法律规则体系与中国海外私人安保相关法律的完善，将有助于解决国际海洋规则存在"扩张解释"与"规制局限"的问题。中非海洋资源与环境保护的统一环境标准与海洋生态补偿的法律机制的发展，有助于供给紧缺的海洋资源开发和环境保护多边条约框架，从而为全球海洋治理赤字与发展赤字的缓解做出更多努力。基于《联合国海洋法公约》对中非海洋政治及涉海法律合作平台功能的扩大，能够更好地发挥法律维护国际政治经济秩序的作用。中国与非洲国家签订双边、多边协议或谅解备忘录，扩大双方在海洋政策与法律、海岸带综合管理等领域的合作过程中，也能为全球海洋治理的法治化进程增砖添瓦。

---

① Paul Musili Wambua, "Enhancing Regional Maritime Cooperation in Africa: The Planned End State", *African Security Studies*, Vol. 18, No. 3, July 2009, p. 47.

二 中非海洋合作将成为国家与地区海洋合作的范式之一

中非海洋合作将成为国家与地区海洋合作的范式之一，为中非整体层面的海洋合作积累经验的同时，也将创新性地塑造国家与地区海洋合作的范式，为国家与地区海洋合作提供宝贵的经验和借鉴。具体来说，主要包括以下两个方面。

（一）中国与非洲主要海洋国家合作将产生"以线带面"效应

非洲地区共有五十多个国家，各国经济发展水平、政治安全环境、自身海洋发展战略和海洋能力建设存在不同程度的差异。就经济而言，南非、埃及、尼日利亚等作为非洲主要经济体，能够为中非"蓝色伙伴关系"的建构提供较好的经济基础。就政治安全环境而言，非洲一些国家政局不稳，内部冲突与动乱多发，并产生"外溢"效应，给相关国家带来影响。比如埃及、布隆迪、刚果、肯尼亚等非洲国家存在选举暴力多发带来的政局不稳现象，可能会影响建构中非海洋合作的连续性。中国与非洲重点国家的合作在为中非整体层面的海洋合作积累经验的同时，也将创新性地塑造国家与地区海洋合作的范式。

（二）中国与非洲地区的海洋协作将打造"线面结合"合作范式

在区域层面，当前非洲在海洋治理方面的不足主要包括：缺乏海区划界的框架，海洋治理的政策、法律与制度性框架，缺乏海上资源开发与调查的资金，来自陆基和船载污染源的海洋污染威胁一直存在，非法、非报告、非管制捕鱼，海上犯罪、海上调查与海上搜救机制不足，非法移民，药品与毒品交易，港口的不安全。[①] 非洲是"一带一路"建设的重要方向之一。郑和下西洋曾四次到访非洲，把古代中非关系推向高峰，谱写了海上丝绸之路的壮丽篇章。[②] 新时代中国与非洲在国家

---

① Paul Musili Wambua, "Enhancing Regional Maritime Cooperation in Africa: The Planned End State", *African Security Studies*, Vol. 18, No. 3, July 2009, p. 47.

② 李新烽：《中非关系与"一带一路"建设》，求是网，2019 年 4 月 16 日，http://www.qstheory.cn/dukan/qs/2019-04/16/c_1124364289.htm。

和区域层面的合作有了更大的可能性。在中非海洋合作过程中，把握好中国对非合作的侧重点，实现中非海洋合作的点面结合，推动中国与非洲主要涉海国际组织的合作，有利于推动中非海洋合作成为国家与地区海洋合作的范式之一。同时，中非在海洋产业方面国际合作的展开，比如与西非国家的海洋渔业合作，与北非、几内亚湾沿岸的海洋石油合作，与东非、西非国家沿岸及海岛海洋保护区的合作；与非洲东部沿海及印度洋、大西洋海域海岛海洋科学、教育与文化的合作等，都可为国家与地区海洋合作提供宝贵经验和借鉴。

三 中非海洋合作将助推全球"海洋命运共同体"的构建

具体来说，中非海洋合作可以为全球"海洋命运共同体"提供制度保障，为全球"海洋命运共同体"提供多边协作平台以及为全球"海洋安全命运共同体"提供法治化保障，以此积极推动区域层面海洋安全合作法律规则体系的构建，签订与海洋安全有关的双边协定，推动构建全球"海洋命运共同体"。

（一）中非海洋合作为全球"海洋命运共同体"提供制度保障

党的十八大之后，全球治理进入新常态。当前海洋治理中主体的单边行动普遍存在，一些国家基于自身海洋利益的考虑，选择"搭便车"以逃避全球海洋治理中应承担的责任，这些现象的出现严重影响了全球海洋治理的效果。目前，中非达成了包括"政府间文化合作协定"在内的多项协议，双方文化合作与交流机制较为完善，为中非加强海洋文化合作与"海洋命运共同体"的构建提供了良好的制度保障。[①]2020年12月16日，《中华人民共和国政府与非洲联盟关于共同推进"一带一路"建设的合作规划》（以下简称《合作规划》）正式落地，《合作规划》旨在进一步促进"一带一路"建设与非盟《2063年议程》的对接，推动"一带一路"建设高质量发展，也将进一步提升中非海

---

① 袁沙：《倡导海洋命运共同体 凝聚全球海洋治理共识》，《中国海洋报》2018年7月26日第2版。

洋合作的制度建设。

（二）中非海洋合作为全球"海洋命运共同体"提供多边协作平台

在中非海洋合作过程中，双方将根据"21世纪海上丝绸之路"所规划的重点方向，把握好与重点国家的双边合作战略方向，从而推动"海洋命运共同体"在更广泛的范围达成共识。同时，中非海洋合作的"全球海洋治理"意义将进一步凸显，双方在海洋综合发展战略与议程相对接的过程中，推动全球海洋治理其他行为主体在海洋具体项目和工程上的交流与务实合作。中非共同维护与建设畅通安全高效的海上运输通道，有利于推动建立多边"蓝色伙伴关系"发展平台与合作机制。

（三）中非海洋合作为全球"海洋安全命运共同体"提供法治化保障

在海洋领域，尤其是非洲海域，众多海上非传统安全问题频发，仅凭主权国家一己之力根本无力应对如此复杂的海上安全形势，只有将各类社会组织、私人安保等其他非国家行为体的力量综合起来，形成合力，才能够从容应对各类海洋安全问题。首先，中非应在全球倡导维护、遵守《联合国宪章》的宗旨和原则，积极参与修订国际安全规则与维和政策。同时，在全球积极宣传和倡导"构建人类命运共同体"，在全球海洋合作中将"全球海洋安全共同体"的理念融入规范全球海洋秩序的国际规则中，从而形成维护全球海洋安全秩序的共识。其次，中非应积极参与《联合国宪章》的修改和完善，针对当前部分国家"扩大解释"《联合国宪章》部分条款的行为，提出规则的意见建议，从《联合国宪章》文本的修改和完善上，规制"扩大解释"行为，从而确保《联合国宪章》成为维护国际和平的国际法律文件。最后，中非可积极推动区域层面海洋安全合作法律规则体系的构建，签订与海洋安全有关的双边协定，构建更多的中非海洋安全合作的法治化机制。

结　语

　　中非海洋合作经历了六个发展阶段，双方合作成果的取得不仅惠及中非内部，也为全球海洋治理提供了公共产品。新时代为中非海洋合作带来了诸多新的机遇：全球海洋治理的新形势为中非海洋合作提供了良好的外部环境，中国与非洲参与全球海洋治理的意愿和能力不断提升，双方海洋战略的契合度不断增强，非洲经济的增长不断夯实着中非海洋合作的经济基础，非洲一体化程度的提高持续深化着中非海洋合作。与此同时，中非海洋合作的具体领域也存在不同程度的问题。针对中国与非洲国家在海洋政治合作中存在的分歧，以及中非海洋政治合作主体的多元化与复杂化，中国可积极完善中非海洋政治合作运行的保障机制，层次性发展中非海洋政治合作关系。中非海洋经贸合作国际规则体系的系统化与中非海洋经贸合作相关法律规则的完善，能够有效缓解涉海国际法的发展困境。"中非海洋安全共同体"与中国海外利益保护相关法律的建立与完善，可以进一步深化中非海洋传统与非传统安全合作。针对海洋文化差异对中非海洋合作造成的不利影响，以及海洋科技与文化资源共享存在的阻力，中非可加快海洋文化合作标准与海洋科技与文化信息沟通制度的完善，并加强中非海洋科技与文化知识产权合作。中非海洋资源和环境保护统一标准、中国海洋资源和环境保护法律体系与中非海洋生态补偿法律机制的建立健全，将为新时代中非海洋资源与环境保护合作提供极大助力。

　　截至 2021 年 1 月 7 日，已有 45 个非洲国家以及非盟委员会与中国签署了"一带一路"合作文件，中非共建"一带一路"同非盟《2063年议程》、联合国 2030 年可持续发展议程和非洲各国发展战略深入对接。① 新冠肺炎疫情虽然对非洲国家的经济产生了负面影响，但并未削弱中国与非洲经贸合作的内在动力。中非在携手抗疫中积累了更高层次的信任，非洲在中国对外关系中的地位更加重要。作为非洲一体化的重要成果，《非洲大陆自由贸易区协定》由 54 个成员共同签署，将形成覆盖 12 亿人口，高达 2.5 亿美元的市场。② 非洲自由贸易区的达成将为中非海洋合作提供极大助力，中非海洋合作也将更加推动非洲自由贸易区的加快实现。在建构中非更加紧密的命运共同体的背景下，应借助"一带一路"建设契机进一步加强中非海洋合作，推动双方"蓝色伙伴关系"的构建，打造南南"海洋命运共同体"的样板，推动建设更加公正合理的国际海洋秩序。中非"蓝色伙伴关系"的建构有助于推动全球"蓝色伙伴关系"的形成，也将发展壮大全球海洋治理领域南南合作力量，进一步拓展中国特色的和平性、合作性与共享性的海洋话语。从身份认同的角度来说，与西方国家相比，中国更加懂得非洲人民的需求，能更有效地推动从"输血型"援助到"造血型"援助的转型，从而在海洋领域为非洲发展提供"造血"引擎。新时代中非海洋合作将推动中非友好关系迈向更加美好的前景，为建构更加紧密的中非命运共同体打下坚实的基础，为全球海洋治理做出重大贡献。

① 《杨洁篪谈新形势下中非关系发展》，中国一带一路网，2019 年 12 月 23 日，http://ydyl. cacem. com. cn/content/details_ 45_ 2293. html.

② 《中非经贸合作潜力巨大》，*Business News*，2020 年 9 月 23 日，https://news. amanbo. com/caBusiness/5088. html.

参考文献

一 中文

1. 书籍

艾周昌、沐涛：《中非关系史》，华东师范大学出版社 1996 年版。

傅勇：《非传统安全与中国》，浙江人民出版社 2006 年版。

洪永红：《当代非洲法律评论》，浙江人民出版社 2014 年版。

洪永红、何勤华：《非洲法律发达史》，法律出版社 2006 年版。

鞠海龙：《中国海上地缘安全论》，中国环境科学出版社 2004 年版。

李伯军：《作为一门独立学科的非洲法》，湘潭大学出版社 2017 年版。

李文沛：《国际海洋法之海盗问题研究》，法律出版社 2010 年版。

刘鸿武：《新时期中非合作关系研究》，经济科学出版社 2016 年版。

刘鸿武、沈蓓莉：《非洲非政府组织与中非关系》，世界知识出版社 2009 年版。

刘慧：《中国国际安全研究报告》，社会科学文献出版社 2017 年版。

刘杰：《经济全球化时代的国际机制的秩序重构》，高等教育出版社 1999 年版。

罗建波：《非洲一体化与中非关系》，社会科学文献出版社 2006 年版。

罗建波：《中非关系与中国的大国责任》，中国社会科学出版社 2016 年版。

莫翔：《当代非洲发展研究系列当代非洲安全机制》，浙江人民出版社 2013 年版。

祁怀高：《中国崛起背景下的周边安全与周边外交》，中华书局2014年版。

沈福伟：《中国与非洲——中非关系二十年》，中华书局1990年版。

施勇杰：《突出包围的强国之路新形势下中非经贸合作战略研究》，中国商务出版社2015年版。

外交部政策规划司：《中非关系史上的丰碑》，2014年版。

王凡、卢静：《国际安全概论》，中国人民大学出版社2016年版。

王逸舟：《全球政治和中国外交》，世界知识出版社2003年版。

夏新华：《非洲法导论》，湖南人民出版社2000年版。

余劲松：《国际经济法概论》，北京大学出版社2015年版。

詹世明：《百年未有之大变局与中非关系》，中国社会科学出版社2020年版。

张春：《中非关系国际贡献论》，上海人民出版社2013年版。

张春宇、张梦颖：《中非和平与安全合作》，中国社会科学出版社2018年版。

张文木：《世界地缘政治中的中国国家安全利益分析》，山东人民出版社2004年版。

张永宏、安春英：《中非发展合作的多维视阈》云南大学出版社2012年版。

张振克、任则沛、黄贤金、甄峰：《非洲渔业资源及其开发战略研究》，南京大学出版社2014年版。

朱伟东、王琼、王婷：《中非双边法制合作》，中国社会科学出版社2019年版。

〔美〕翁·基达尼：《中非争议解决：仲裁的法律、经济和文化分析》，朱伟东译，中国社会科学出版社2017年版。

〔英〕巴里·布赞、〔英〕乔治·劳森：《全球转型：历史、现代性与国际关系的形成》，崔顺姬译，上海人民出版社2020年版。

2. 期刊

安春英：《非传统安全视阈下的中非安全合作》，《当代世界》2018年第 5 期。

曹亚雄、孟颖：《"一带一路"倡议与中非命运共同体建构》，《陕西师范大学学报》（哲学社会科学版）2019 年第 3 期。

车丕照：《国际经济秩序"导向"分析》，《政法论丛》2016 年第 1 期。

陈龙江：《中国与海上丝绸之路非洲沿线国家的贸易发展态势、问题与共建思路》，《广东外语外贸大学学报》2014 年第 5 期。

陈水胜、席桂桂：《冷战后的欧盟对非政策调整：动因、内容与评价》，《非洲研究》2015 年第 2 期。

陈万灵、吴旭梅：《海上丝绸之路沿线国家进口需求变化及其中国对策》，《国际经贸探索》2015 年第 4 期。

陈欣烨：《"一带一路"下中国境外经贸合作区的发展实践——以中埃苏伊士经贸合作区为例》，《改革与战略》2019 年第 1 期。

陈旭东：《加快推进中非文化合作交流示范区建设》，《政策瞭望》2019 年第 2 期。

程涛：《以政治和经济优势应对中非关系的新形势和新挑战》，《西亚非洲》2013 年第 1 期。

程晓勇：《"一带一路"背景下中国与东南亚国家海洋非传统安全合作》，《东南亚研究》2018 年第 1 期。

程晓勇：《东亚海洋非传统安全问题及其治理》，《当代世界与社会主义》2018 年第 2 期。

迟凤玲：《中非科技合作：互利共赢》，《中国科技论坛》2018 年第 10 期。

戴晓琦：《塞西执政以来的埃及经济改革及其成效》，《阿拉伯世界研究》2017 年第 6 期。

丁丽柏、陈喆：《论 WTO 对安全例外条款扩张适用的规制》，《厦门大学学报》（哲学社会科学版）2020 第 2 期。

丁明磊：《打造中非创新共同体》，《国企管理》2018 年第 19 期。

樊秀峰、程文先：《新海上丝绸之路的贸易便利化研究》，《国际商务

（对外经济贸易大学学报）》2015 年第 5 期。

方松、赵红萍：《埃及渔业现状、问题及建议》，《中国渔业经济》2010
年第 3 期。

房俊晗、任航、罗莹、张振克：《非洲沿海国家海洋渔业资源开发利用
现状》，《热带地理》2019 年第 2 期。

傅梦孜、陈旸：《对新时期中国参与全球海洋治理的思考》，《太平洋学
报》2018 年第 11 期。

高飞：《当前人类和平发展面临的重大阻碍及挑战》，《人民论坛》2020
年第 32 期。

高伟浓：《国际海洋开发大势下东南亚国家的海洋活动》，《南洋问题研
究》2001 年第 4 期。

葛顺奇、刘晨：《非洲经济增长与中非经贸合作前景》，《国际贸易》
2018 年第 8 期。

郭炯、朱伟东：《中非民商事交往法律环境的现状及完善》，《西亚非
洲》2015 年第 2 期。

郭元飞、张聪杰：《论中国与埃塞俄比亚清洁能源合作的内容与机制》，
《沧州师范学院学报》2019 年第 3 期。

韩永辉、邹建华：《"一带一路"背景下的中国与西亚国家贸易合作现
状和前景展望》，《国际贸易》2014 年第 8 期。

何兰：《中国的海洋权益及其维护》，《思想理论教育导刊》2010 年第
10 期。

何兰：《中国的海洋权益及其维护》，《形势与政策》2010 年第 10 期。

贺鉴、段钰琳：《论中非海洋渔业合作》，《中国海洋大学学报》（社会
科学版）2017 年第 1 期。

贺鉴、惠喜乐、王雪：《中国与东非国家的海上能源通道安全合作》，
《现代国际关系》2020 年第 4 期。

贺鉴、庞梦琦：《论中非海上通道合作——以国际政治经济学为视角》，
《湘潭大学学报》（哲学社会科学版）2019 年第 5 期。

贺鉴、孙新苑：《地缘政治视角下的中印海洋合作》，《湘潭大学学报》（哲学社会科学版）2019 年第 5 期。

贺鉴、王璐：《中国参与全球经济治理：从"被治理"、被动参与到积极重塑》，《中国海洋大学学报》（社会科学版）2018 年第 3 期。

贺鉴、王雪：《全球海洋治理视野下中非"蓝色伙伴关系"的建构》，《太平洋学报》2019 年第 2 期。

贺鉴、杨常雨：《新时代中非海洋经贸合作及其法治保障》，《湘潭大学学报》（哲学社会科学版）2020 年第 4 期。

贺文萍：《"新殖民主义论"是对中非关系的诋毁》，《学习月刊》2007 年第 5 期。

贺文萍：《非洲：政治趋稳向好，大国竞逐加剧》，《世界知识》2019 年第 24 期。

贺文萍：《非洲安全形势特点及中非安全合作新视角》，《亚非纵横》2015 年第 2 期。

贺文萍：《建立新时代中非媒体伙伴关系刍议》，《对外传播》2016 年第 5 期。

洪刚：《中国海洋文化语义分析和对海洋文化产业的作用》，《中国海洋经济》2019 年第 2 期。

洪丽莎、曾江宁、毛洋洋：《中国对推进非洲海洋领域能力建设的进展情况分析及发展建议》，《海洋开发与管理》2017 年第 1 期。

洪永红：《努力促进中国特色的非洲法研究》，《西亚非洲》1999 年第 1 期。

洪永红、郭炯：《非洲法律研究综述》，《西亚非洲》2011 年第 5 期。

洪永红、李雪冬、郭莉莉、刘婷：《中非法律交往五十年的历史回顾与前景展望》，《西亚非洲》2010 年第 11 期。

胡承志：《中国与毛里求斯经贸关系发展中的主要障碍及对策》，《知识经济》2015 年第 10 期。

胡惠林：《国家文化安全法制建设：国家政治安全实现的根本保

障——关于国家文化安全法制建设若干问题的思考》，《思想战线》2016 年第 5 期。

胡文秀、乔媛媛：《"一带一路"视域下中华文化"走出去"研究：基于中非合作视角》，《新东方》2020 年第 4 期。

胡欣：《"一带一路"倡议与肯尼亚港口建设的对接》，《当代世界》2018 年第 4 期。

黄钊坤：《中非科技合作模式与推进策略研究》，《科学管理研究》2019 年第 1 期。

姜延迪：《国际关系理论与国际海洋法律秩序的构建》，《长春师范学院学报》（人文社会科学版）2010 年第 3 期。

焦喆：《主流媒体如何助力打造"更加紧密的中非命运共同体"》，《视听》2020 年第 8 期。

金玲：《欧盟的非洲政策调整：话语、行为与身份重塑》，《西亚非洲》2019 年第 2 期。

金仁淑：《新时期日本对非洲投资战略及中国的对策——基于"一带一路"倡议下的新思维》，《日本学刊》2019 年第 S1 期。

金永明：《论中国海洋强国战略的内涵与法律制度》，《南洋问题研究》2014 年第 1 期。

况璐琳：《文化差异对中非经贸合作的影响及其应对》，《产业与科技论坛》2019 年第 3 期。

黎文涛：《中非军事安全合作向深层次迈进》，《中国与世界》2018 年第 15 期。

李安山：《论"中国崛起"语境中的中非关系——兼评国外的三种观点》，《世界经济与政治》2006 年第 11 期。

李大伟：《跨太平洋战略伙伴关系协议（TPP）中非传统领域条款对中国经济的影响》，《中国经贸导刊》2014 年第 4 期。

李发新、王争光：《2011 年度索马里海盗活动特点与反海盗新措施》，《中国海事》2012 年第 6 期。

李建勋：《非洲海洋污染控制法律机制初探》，《西亚非洲》2011 年第
　3 期。

李蒲健：《深化中非电力能源合作 推进"一带一路"建设》，《中国勘
　察设计》2019 年第 7 期。

李向阳：《论海上丝绸之路的多元化合作机制》，《世界经济与政治》
　2014 年第 11 期。

李秀娜：《海外利益保护制度的有效性困境及路径探究》，《北方法学》
　2019 年第 5 期。

李艳芳，李波：《中国与"海上丝绸之路"沿线区域/国家的贸易联系
　和贸易潜力分析》，《南亚研究季刊》2015 年第 3 期。

李因才：《被"妖魔化"的中非关系：中国在非洲发展中的角色》，《当
　代世界社会主义问题》2014 年第 4 期。

李云龙：《"一带一路"背景下中国参与东南亚地区海洋救灾合作：动
　因、优势与挑战》，《边界与海洋研究》2020 第 4 期。

林毅夫：《中国经济发展与中非合作》，《中国市场》2013 年第 35 期。

刘爱兰、王智烜、黄梅波：《中国对非援助是"新殖民主义"吗?》，
　《社会科学文摘》2018 第 9 期。

刘恩然、张立勤、王都乐、王艳红、缪彬：《埃及油气资源勘探开发现
　状》，《桂林理工大学学报》2019 年第 3 期。

刘宏松：《中国参与全球治理 70 年：迈向新形势下的再引领》，《国际
　观察》2019 年第 6 期。

刘磊、贺鉴：《"一带一路"倡议下的中非海上安全合作》，《国际安全
　研究》2017 年第 25 期。

刘立明：《中非渔业合作三十载 互利互赢成果显著》，《中国水产》
　2016 年第 3 期。

刘立涛、张振克：《"萨加尔"战略下印非印度洋地区的海上安全合作
　探究》，《西亚非洲》2018 年第 5 期。

刘乃亚：《加强与欧盟间的交流 促进中非关系深入发展——再批"中

国在非洲搞新殖民主义"论调》,《西亚非洲》2010年第1期。

刘乃亚:《引领中非关系走向新时代》,《中国发展观察》2018年第24期。

刘青海:《新时期中非技术合作:内容、问题与对策——以喀麦隆为例》,《江西科技师范学院学报》2011年第5期。

刘诗琪:《"一带一路"框架下中非合作的战略对接与挑战》,《现代管理科学》2019年第1期。

刘笑宇、付延:《南南合作促进可持续发展的新理念新模式——中国—加纳/赞比亚可再生能源技术转移南南合作项目经验浅析》,《可持续发展经济导刊》2020年第7期。

刘中伟:《美国特朗普政府非洲政策的特点、内容与走向》,《当代世界》2020年第7期。

刘子玮:《几内亚湾海盗问题研究》,《亚非纵横》2013年第2期。

卢江勇:《海上丝绸之路建设背景下的海南与非洲经济合作研究》,《琼州学院学报》2015年第1期。

卢树明:《对我军维护国家海洋安全的若干法律思考》,《国防法制》2014年第7期。

罗建波:《在世界大变局下推进与发展中国家的治国理政经验交流》,《太平洋学报》2020年第11期。

马博、朱丹炜:《国家身份变迁:新中国援非政策与"中非命运共同体"构建》,《亚太安全与海洋研究》2019年第4期。

孟雷、孔德继、齐顾波:《从文化偏见到认知多元——对中国在非洲发展实践研究的文献回顾与批判》,《经济社会体制比较》2020年第3期。

潘万历、宣晓影:《冷战后日本的非洲政策:目标、特点以及成效》,《战略决策研究》2020年第4期。

庞中鹏:《日本拉拢非洲的真实意图》,《世界知识》2019年第19期。

庞中英:《全球海洋治理:中国"海洋强国"的国家目标及其对未来世

界和平的意义》，《中国海洋大学学报》（社会科学版）2020 年第
　　5 期。

齐明杰：《新时代中非关系中的多维度特性》，《公共外交季刊》2018
　　年第 3 期。

强晓云：《对冲视角下的俄罗斯对非洲政策》，《西亚非洲》2019 年第
　　6 期。

秦莹：《浅析特朗普政府的"新非洲战略"》，《国际研究参考》2019 年
　　第 10 期。

曲金良：《"海上文化线路遗产"的国际合作保护及其对策思考》，《中
　　国海洋大学学报》（社会科学版）2020 年第 6 期。

邵雪婷、荣正通：《21 世纪海上丝绸之路中东海域的安全机制建设研
　　究》，《中国海洋大学学报》（社会科学版）2015 年第 4 期。

沈晓雷：《论中非合作论坛的起源、发展与贡献》，《太平洋学报》2020
　　年第 3 期。

史忠生、石兰亭、汪望泉、金博、薛罗、陈彬滔：《进一步深化和加强
　　中非油气合作的思考与建议》，《国际石油经济》2020 年第 10 期。

舒运国：《中非关系与欧非关系比较》，《西亚非洲》2008 年第 9 期。

宋微：《中国对非援助 70 年——理念与实践创新》，《国际展望》2019
　　年第 5 期。

粟锋：《十八大以来国内学界关于中国特色大国外交研究述评》，《湖北
　　行政学院学报》2020 年第 1 期。

孙海潮：《大国在非洲的争夺态势与中非关系》，《公共外交季刊》2018
　　年第 3 期。

孙海泳：《"一带一路"背景下中非海上互通的安全风险与防控》，《新
　　视野》2018 年第 5 期。

孙海泳：《中国参与非洲港口发展：形势分析与风险管控》，《太平洋学
　　报》2018 年第 10 期。

孙红：《打击几内亚湾海盗，可以成为大国合作的新亮点》，《世界知

识》2019 年第 4 期。

孙荣福：《亚丁湾及索马里附近海域防海盗袭击的对策思考》，《航海技术》2008 年第 S2 期。

孙伟：《新世纪中非经济合作的发展与变化》，《国际经济合作》2014 年第 9 期。

孙勇胜、孙敬鑫：《"新殖民主义论"与中国外交应对》，《青海社会科学》2010 年第 5 期。

孙佑海：《绿色"一带一路"环境法规制研究》，《中国法学》2017 年第 6 期。

覃胜勇：《中非渔业合作如何摆脱无序》，《南风窗》2016 年第 14 期。

田伊霖、武芳：《推进中非贸易高质量发展的思考——2018 年中非贸易状况分析及政策建议》，《国际贸易》2019 年第 6 期。

涂明辉：《"一带一路"建设框架下中非经贸合作的机遇与挑战》，《中阿科技论坛（中英阿文）》2019 年第 4 期。

托尼·麦克格鲁、陈家刚：《走向真正的全球治理》，《马克思主义与现实》2002 年第 1 期。

万秀兰：《非洲大学科研政策、困境及中非合作建议》，《比较教育研究》2016 年第 12 期。

汪文卿、赵忠秀：《中非合作对撒哈拉以南非洲国家经济增长的影响——贸易、直接投资与援助作用的实证分析》，《国际贸易问题》2014 年第 12 期。

王斌：《新时代中非防务安全合作》，《中非合作论坛北京峰会特刊》2018 年。

王国华、孙誉清：《21 世纪海盗：无人船海上航行安全的法律滞碍》，《中国海商法研究》2018 年第 4 期。

王珩、于桂章：《非洲智库发展与新时代中非智库合作》，《浙江师范大学学报》（社会科学版）2019 年第 3 期。

王洪一：《非洲安全新挑战及其对中非合作的影响》，《社会科学文摘》

2018 年第 9 期。

王洪一：《中非经济需进一步深度融合》，《中国投资》2018 年第 3 期。

王娇、李政军：《"一带一路"背景下中非经贸合作的战略选择》，《对外经贸实务》2019 年第 1 期。

王杰、王淳慧、费鹏：《中国与非洲海运合作简析》，《中国水运（下半月）》2019 年第 2 期。

王竞超：《国际公共产品视阈下的索马里海盗治理问题》，《西亚非洲》2016 年第 6 期。

王竞超：《日本参与索马里海盗治理的策略》，《西亚非洲》2017 年第 5 期。

王历荣：《中非能源合作海上运输安全影响因素探析》，《理论观察》2013 年第 6 期。

王丽娟：《21 世纪中国对非援助的必要性及对策》，《当代世界与社会主义》2014 年第 3 期。

王琪、崔野：《将全球治理引入海洋领域——论全球海洋治理的基本问题与中国的应对策略》，《太平洋学报》2015 年第 6 期。

王琪、崔野：《面向全球海洋治理的中国海洋管理：挑战与优化》，《中国行政管理》2020 年第 9 期。

王树春、王陈生：《俄罗斯"重返非洲"战略评析》，《现代国际关系》2019 第 12 期。

王晓：《中非科技合作的形势分析与政策建议》，《中国科技论坛》2013 年第 8 期。

王逸舟：《发展适应新时代要求的不干涉内政学说——以非洲为背景并以中非关系为案例的一种解说》，《国际安全研究》2013 年第 1 期。

王颖：《非洲渔业资源及其开发战略研究书评》，《地域研究与开发》2016 年第 3 期。

韦祎：《建构主义视角下中国新型国际关系的构建》，《经济研究导刊》2020 年第 29 期。

魏媛媛、肖齐家：《中国与东非国家的人文交流与合作研究》，《亚非研究》2016 年第 2 期。

吴磊、詹红兵：《全球海洋治理视阈下的中国海洋能源国际合作探析》，《太平洋学报》2018 年第 11 期。

吴士存：《全球海洋治理的未来及中国的选择》，《亚太安全与海洋研究》2020 年第 5 期。

武汉大学国发院中非合作研究课题组：《新时代推动中非经济合作可持续发展的对策》，《经济纵横》2020 年第 7 期。

西瓦河：《中非命运共同体经济合作制约因素分析》，《边疆经济与文化》2016 年第 12 期。

夏莉萍：《中国领事保护新发展与中国特色大国外交》，《外交评论（外交学院学报）》2020 年第 4 期。

夏新华：《非洲法律文化之变迁》，《比较法研究》1999 年第 22 期。

谢斌、刘瑞：《海洋外交的发展与中国海洋外交政策构建》，《学术探索》2017 年第 6 期。

谢意：《画去东来——中非共迎"海洋世纪"》，《中国投资》2016 年第 22 期。

徐国庆：《俄罗斯对非洲政策的演进及中俄在对非关系领域的合作》，《俄罗斯学刊》2017 年第 4 期。

徐伟忠：《非洲形势及新时代中非关系》，《领导科学论坛》2018 年第 22 期。

徐文玉：《中国海洋文化产业研究历程回顾与思考》，《浙江海洋大学学报》（人文科学版）2020 年第 1 期。

徐向梅：《俄罗斯"重返"非洲：能力与前景》，《欧亚人文研究》2020 年第 3 期。

薛琳：《中非合作论坛的发展脉络、成就与未来方向》，《亚非纵横》2013 年第 4 期。

杨常雨、江岚：《中国投资仲裁规则国际化创新的法律障碍》，《西南石油大学学报》（社会科学版）2020 第 3 期。

杨凯：《亚丁湾海上非传统安全合作与机制建设》，《东南亚纵横》2009 年第 4 期。

杨立华：《非洲联盟十年：引领和推动非洲一体化进程》，《西亚非洲》2013 年第 1 期。

杨泽伟：《新时代中国深度参与全球海洋治理体系的变革：理念与路径》，《法律科学》（西北政法大学学报）2019 年第 6 期。

杨振姣、郭纪斐、王涵隆：《中国海洋生态安全治理现代化的实现路径研究》，《中国海洋大学学报》（社会科学版）2017 年第 6 期。

杨振姣、闫海楠：《中国海洋生态安全治理现代化存在的问题及对策研究》，《环境保护》2017 年第 7 期。

姚桂梅、郝睿：《美国"重返非洲"战略意图与影响分析》，《人民论坛》2019 年第 27 期。

姚利民、张军歌、张淑莹：《中非贸易对非洲经济增长收敛性影响的实证》，《统计与决策》2020 年第 4 期。

叶泉：《论全球海洋治理体系变革的中国角色与实现路径》，《国际观察》2020 年第 5 期。

仪喜峰：《论海权的宪法保护——"海洋条款"入宪及海权法律保障机制研究》，《太平洋学报》2014 年第 6 期。

袁沙：《全球海洋治理体系演变与中国战略选择》，《前线》2020 年第 11 期。

詹世明：《从〈西亚非洲〉"非洲法研究"专栏看中国的非洲法研究》，《西亚非洲》2010 年第 2 期。

张彬彬：《日本的非洲能源战略及其对中国的挑战》，《日本研究》2012 年第 4 期。

张春：《非洲安全治理困境与中非和平安全合作》，《西亚非洲》2017 年第 5 期。

张春：《中非合作论坛与中国特色国际公共产品供应探索》，《外交评论

（外交学院学报）》2019 年第 3 期。

张春宇：《数字经济为中非共建"一带一路"带来新机遇》，《中国远洋海运》2020 年第 11 期。

张贵洪：《中国、联合国合作与"一带一路"的多边推进》，《复旦学报》（社会科学版）2020 年第 5 期。

张颢瀚：《中非命运共同体与中非资源开发利用合作》，《世界经济与政治论坛》2016 年第 3 期。

张衡、张瑛瑛、叶锦玉：《中国远洋渔业发展的新思路及建议》，《渔业信息与战略》2019 年第 1 期。

张宏明：《大国在非洲格局的历史演进与跨世纪重组》，《当代世界》2020 年第 11 期。

张宏明：《中非合作：是"新殖民主义"还是平等互利?》，《学习月刊》2006 年第 23 期。

张宏明：《中国对非洲战略运筹研究》，《西亚非洲》2017 年第 5 期。

张宏明：《中国在非洲经略大国关系的战略构想》，《西亚非洲》2018 年第 5 期。

张辉：《中国国际经济法学四十年发展回顾与反思》，《武大国际法评论》2018 年第 6 期。

张建新、朱汉斌：《非洲的能源贫困与中非可再生能源合作》，《国际关系研究》2018 年第 6 期。

张丽：《欧盟调整对非政策的中国因素分析》，《经济研究导刊》2016 年第 31 期。

张丽娜、王晓艳：《论南海海域环境合作保护机制》，《海南大学学报》（人文社会科学版）2014 年第 6 期。

张霖、明俊超、王芸：《埃及水产养殖业发展概况》，《科学养鱼》2015 年第 5 期。

张龙、李玫、赵祚翔：《"一带一路"倡议下加强中非知识产权保护的路径探究》，《国际贸易》2018 年第 11 期。

张沛霖：《习近平构建中非命运共同体的思考与实践探析》，《岭南学刊》2019 年第 2 期。

张沛霖：《中非命运共同体多重构建研究》，《理论与当代》2019 年第 2 期。

张萍、苏敏：《SHADE 协调机制在亚丁湾、索马里海域护航中的作用》，《海军工程大学学报（综合版）》2011 年第 4 期。

张小虎：《"一带一路"倡议下中国对非投资的环境法律风险与对策》，《外国法制史研究（第 20 卷）——法律·贸易·文化》2017 年第 00 期。

张晓君、陈喆：《"一带一路"区域投资争端解决机制的构建》，《学术论坛》2017 年第 3 期。

张新勤：《国际海洋科技合作模式与创新研究》，《科学管理研究》2018 年第 2 期。

张亚东、张鑫：《论习近平新时代中国特色大国外交思想》，《湖南工业大学学报》（社会科学版）2020 年第 4 期。

张艳茹、张瑾：《当前非洲海洋经济发展的现状、挑战与未来展望》，《现代经济探讨》2016 年第 5 期。

张艳茹、张瑾：《海上丝绸之路背景下的中非渔业合作发展研究——以印度洋沿岸非洲国家为例》，《非洲研究》2015 年第 2 期。

张燕玲：《跨境电商将成为南南合作新亮点》，《新理财（政府理财）》2020 年第 9 期。

张永宏、郭元飞：《论中国与埃塞俄比亚科技合作的机制与内容》，《西南石油大学学报》（社会科学版）2016 年第 3 期。

张媛媛、宁波：《中国参与非洲港口发展：形势分析与风险管控》，《中国渔业经济》2020 年第 26 期。

张哲、黎文涛：《要提升中非安全合作的制度性话语权》，《世界知识》2016 年第 22 期。

张忠祥：《试析奥巴马政府对非洲政策》，《现代国际关系》2010 年第

5 期。

赵冰梅、赵子谦：《新时代中非命运共同体发展研究》，《金陵科技学院学报》（社会科学版）2019 年第 4 期。

赵晨光：《"一带一路"建设与中非合作：互构进程、合作路径及关注重点》，《辽宁大学学报》（哲学社会科学版）2019 年第 5 期。

赵晨光：《美国"新非洲战略"：变与不变》，《国际问题研究》2019 年第 5 期。

赵军：《中国参与埃及港口建设：机遇、风险及政策建议》，《当代世界》2018 年第 7 期。

赵旭、王晓伟、周巧琳：《海上丝绸之路战略背景下的港口合作机制研究》，《中国软科学》2016 年第 12 期。

赵义良、关孔文：《全球治理困境与"人类命运共同体"思想的时代价值》，《中国特色社会主义研究》2019 年第 4 期。

郑海琦、张春宇：《非洲参与海洋治理：领域、路径与困境》，《国际问题研究》2018 年第 6 期。

郑敬斌：《习近平关于和平发展重要论述的深刻意蕴》，《人民论坛》2020 年第 32 期。

郑先武：《全球治理的区域路径》，《探索与争鸣》2020 年第 3 期。

钟山：《共创中非经贸关系美好未来》，《一带一路报道》2020 年第 6 期。

周亚娟：《以文化交流为纽带搭建中非合作发展主桥梁》，《广东经济》2016 年第 10 期。

朱锋、秦恺：《中国海洋强国治理体系建设：立足周边、放眼世界》，《中国海洋大学学报》（社会科学版）2019 年第 3 期。

朱谦：《从封闭到公开：中国环境影响评价文件公开的制度演变》，《法治研究》2015 年第 4 期。

朱伟东：《构筑中非贸易法治保障网》，《中国投资》2018 年第 22 期。

朱伟东：《试论中国承认与执行外国判决的反向互惠制度的构建》，《河北法学》2017 年第 4 期。

朱伟东：《文化交流助力中非合作行稳致远》，《人民论坛》2018 年第
　　32 期。

朱伟东：《中非贸易与投资及法律交流》，《河北法学》2008 年第 6 期。

邹克渊、王森：《人类命运共同体理念与国际海洋法的发展》，《广西大
　　学学报》（哲学社会科学版）2019 年第 4 期。

左凤荣：《大国关系"新常态"及良好外部环境营造》，《人民论坛》
　　2020 年第 31 期。

［安］曼纽尔·科雷亚·巴罗斯：《实现真正的安全：海洋战略视野下
　　的中非关系》，《非洲研究》2012 年第 1 期。

　　3. 报纸与论文集

蔡高强、刘功奇：《构筑一带一路建设在非洲国家推进的法律保障》，
　　《中国社会科学报》2017 年 10 月 10 日第 8 版。

陈嘉雷：《探索中非文化交流合作新路径——中非文化合作交流示范区
　　建设研讨会综述非洲研究 2018 年第 2 卷（总第 13 卷）》，浙江师范
　　大学非洲研究院，2018 年。

段文奇：《经贸文化交流平台深化中非合作》，《中国社会科学报》2020
　　年 4 月 16 日第 5 版。

贺文萍：《大国的非洲石油外交》，杨光：《中东非洲发展报告：防范石
　　油危机的国际经验》，社会科学文献出版社 2005 年版。

洪永红：《中非法律合作今昔》，《人民日报》2006 年 6 月 23 日第 7 版。

黄军英：《让科技成为中非友谊的桥梁》，《科技日报》2013 年 2 月 8 日
　　第 8 版。

贾春牛：《非盟如何发展海洋战略?》，《中国国防报》2017 年 3 月 10 日
　　第 17 版。

刘赐贵：《建设中国特色海洋强国》，《光明日报》2012 年 11 月 26 日第
　　13 版。

刘鸿武：《中非需合力应对话语权挑战》，《环球时报》2019 年 8 月 30

日第 15 版。

刘青海：《"21 世纪海上丝绸之路"视域下的中非海洋渔业合作》，《中国社会科学报》2017 年 8 月 14 日第 7 版。

楼春豪：《中国参与全球海洋治理的战略思考》，《中国海洋报》2018 年 2 月 14 日第 2 版。

罗建波：《透视美国的非洲战略》，《学习时报》2019 年 1 月 11 日第 2 版。

任琳：《"中国倡议"助力塑造疫后全球治理新局面》，《经济日报》2020 年 11 月 27 日第 3 版。

外交部党委：《推进新时代中国特色大国外交的科学指南》，《人民日报》2020 年 8 月 18 日第 9 版。

王翰灵：《海上丝路需要国际法治环境》，《人民日报》2015 年 2 月 15 日第 3 版。

王琪：《中国参与全球海洋治理的理念和实践》，《中国社会科学报》2020 年 10 月 14 日第 8 版。

望俊成、贾伟：《中非科技合作缺些什么?》，《科技日报》2013 年 2 月 8 日第 8 版。

谢琼：《发挥国际组织在全球海洋治理中的作用》，《学习时报》2020 年 9 月 4 日第 2 版。

张小虎：《加强中非投资合作的环境法律风险防控》，《中国社会科学报》2018 年 3 月 16 日第 5 版。

张艳茹、张瑾：《海上丝绸之路背景下的中非渔业合作发展研究——以印度洋沿岸非洲国家为例》，《非洲研究》编辑委员会《非洲研究 2015 年第 2 卷（总第 7 卷)》，浙江师范大学非洲研究院，2016 年。

赵青海、李静：《海洋强国建设要坚持中国特色》，《中国海洋报》2014 年 8 月 4 日第 3 版。

钟飞腾：《中国为应对疫情改善全球治理指明方向》，《经济日报》2020 年 12 月 1 日第 3 版。

4. 硕博论文

陈雄：《南南合作中资源开发利用技术转移模式、机制研究》，博士学位论文，中国地质大学（北京），2018年。

郭敏：《中国与21世纪海上丝绸之路沿线国家的贸易与海运能力研究》，硕士学位论文，暨南大学，2017年。

黄建峰：《"21世纪海上丝绸之路"战略研究》，硕士学位论文，山东师范大学，2017年。

姜昱霞：《中国—非洲航线地缘战略研究》，硕士学位论文，云南大学，2012年。

孔雪：《联合国框架下索马里海盗问题的多边治理研究》，硕士学位论文，外交学院，2017年。

李亚敏：《海洋秩序在国际秩序变迁中的地位与作用》，博士学位论文，中共中央党校，2007年。

刘小伟：《论打击海盗犯罪的法律依据》，硕士学位论文，南昌大学，2013年。

马祥雪：《中国在吉布提投资与建设项目影响研究》，硕士学位论文，天津师范大学，2020年。

穆彧：《海洋油气资源共同开发中环境保护法律问题研究》，硕士学位论文，沈阳工业大学，2019年。

王凤：《习近平"一带一路"建设重要思想研究》，硕士学位论文，山东师范大学，2019年。

王玉婷：《冷战后日本防范与打击索马里海盗政策研究》，硕士学位论文，青岛大学，2013年。

向丽君：《中国与21世纪海上丝绸之路国家贸易依存度研究》，硕士学位论文，广东外语外贸大学，2017年。

曾探：《日本对非洲建设和平援助研究》，博士学位论文，华东师范大学，2018年。

赵文佳：《论亚丁湾海上安全合作》，硕士学位论文，青岛大学，

2014 年。

朱雄关:《"一带一路"背景下中国与沿线国家能源合作问题研究》, 博士学位论文, 云南大学, 2016 年。

二　英文

1. 书籍

Abrego, L., De Zamaróczy M. and Gursoy, T., et al., *The African Continental Free Trade*, 2020.

Alvin Cheng-Hin, *Africa and China's 21st Century Maritime Silk Road*, Singapore: East Asian Institute, National University of Singapore, 2015.

Bennett Thomas William, *Human Rights and African Customary Law Under the South African Constitution*, Cape Town: Juta & Co., 1999.

Bhaswati Sahoo, Ranbindra Narayana Behera, Sasmita Rani Samanta and Prasant Kumar Pattnaik, *Strategies for e-Service, e-Governance, and Cyber Security: Challenges and Solutions for Efficiency and Sustainability*, Apple Academic Press, 2020.

Blanchard Jean-Marc F., *China's Maritime Silk Road Initiative, Africa, and the Middle East*, London: Palgrave Macmillan, 2021.

Chanock Martin, *The Making of South African Legal Culture 1902 – 1936: Fear, Favour and Prejudice*, Cambridge: Cambridge University Press, 2001.

Coelho JP, *African Approaches to Maritime Security: Southern Africa*, Mozambique: Friedrich-Ebert-Stiftung, 2013.

Hay Margaret Jean and Marcia Wright, *African Women & the Law Historical Perspectives*, Boston: Boston University, African Studies Center, 1982.

Kuper Hilda and Leo Kuper ed., *African Law: Adaptation and Development*, California: University of California Press, 1965.

Marcus Power, Giles Mohan and May Tan-Mullins, *China's Resource Diplomacy in Africa: Powering Development? New York*: Palgrave Macmillan, 2012.

Martyn Davies, *How China Delivers Development Assistance to Africa*, Stellenbosch: Centre for Chinese Studies, University of Stellenbosch, 2008.

Nouwens Veerle, *China's 21st Century Maritime Silk Road*, London: Royal United Services Institute, 2019.

Satgar Vishwas, *The Climate Crisis: South African and Global Democratic Eco-socialist Alternatives*, Johannesburg: Wits University Press, 2018.

Siebels Dirk, *Maritime Security in East and West Africa*, New York: Springer International Publishing, 2020.

2. 文章

Abrego, L., De Zamaróczy, M. and Gursoy, T., et al., "The African Continental Free Trade Area: Potential Economic Impact and Challenges", *International Monetary Fund*, 2020.

Adams Samuel and Eric Evans Osei Opoku, "BRIC Versus OECD Foreign Direct Investment Impact on Development in Africa", *Foreign Capital Flows and Economic Development in Africa*, New York: Palgrave Macmillan, 2017.

Addis Amsalu, K. and Zhu Zuping, "Criticism of Neo-colonialism: Clarification of Sino-African Cooperation and Its Implication to the West", *Journal of Chinese Economic and Business Studies*, Vol. 16, No. 4, 2018.

Ademola Oyejide Titiloye, Abiodun-S. Bankole and Adeolu O. Adewuyi, "China-Africa Trade Relations: Insights from AERC Scoping Studies", *The Power of the Chinese Dragon*, London: Palgrave Macmillan, 2016.

Alden Chris and Lu Jiang, "Brave New World: Debt, Industrialization and Security in China-Africa Relations", *International Affairs*, Vol. 95, No. 3, 2019.

Alden Chris and Martyn Davies, "A Profile of the Operations of Chinese Multinationals in Africa", *South African Journal of International Affairs*, Vol. 13, No. 1, 2006.

Almquist Katherine, J., "U. S. Foreign Assistance to Africa: Securing America's Investment for Lasting Development", *Journal of International Affairs*, Vol. 62,

No. 2, 2009.

Amarasinghe, B. P. A. and Anastasia Glazova, " ' Irates of the Arabian Sea': Somali Piracy in the High Seas and Its Challenges Upon International Maritime Security", *International Research Conference*, 2018.

Anozie Chinyere et al. , "Ocean Governance, Integrated Maritime Security and its Impact in the Gulf of Guinea: A Lesson for Nigeria's Maritime Sector and Economy", *Africa Review*, Vol. 11, No. 2, 2019.

Antwi-Boateng Osman, "New World Order Neo-Colonialism: A Contextual Comparison of Contemporary China and European Colonization in Africa", *Journal of Pan African Studies*, Vol. 10, No. 2, 2017.

Asongu Simplice, A. and Gilbert A. A. Aminkeng, "The Economic Conse-quences of China-Africa Relations: Debunking Myths in the Debate", *Journal of Chinese Economic and Business Studies*, Vol. 11, No. 4, 2013.

Banda Fareda, "Women, Law and Human Rights: An African Perspec-tive", *Bloomsbury Publishing*, 2005.

Bangalee Varsha and Fatima Suleman, "Access Considerations for a COVID-19 Vaccine for South Africa", *South African Family Practice*, Vol. 62, No. 1, 2020.

Benabdallah Lina, "China's Relations with Africa and the Arab World: Shared Trends, Different Priorities", *Africa Portal*, 2018.

Boistol Lea et al. , "Reconstruction of Marine Fisheries Catches for Mauritius and Its Outer", *Fisheries Centre Research Reports*, Vol. 19, No. 4, 2011.

Bowden Anna, "The Economic Costs of Maritime Piracy", *One Earth Future Working Paper*, 2010.

Brookes Peter, "Into Africa: China's Grab for Influence and Oil", *Heritage lectures*, No. 1006, 2007.

Cameron Edwin, "Legal Chauvinism, Executive-mindedness and Justice-LC Steyn's Impact on South African Law", S. African LJ, Vol. 99, 1982.

Chasomeris Mihalis, G. , "South Africa's Maritime Policy and Transformation of the Shipping Industry", *Journal of Interdisciplinary Economics*, Vol. 17, No. 3, 2006.

Chen Chien-Kai, "China in Africa: A Threat to African Countries?", *Strategic Review for Southern Africa*, Vol. 38, No. 2, 2016.

Cheru Fantu and Cyril Obi, "De-coding China-Africa Relations: Partnership for Development or '(neo) Colonialism by Invitation'?", *The World Financial Review*, 2011 (Sep. 10ct).

Chintoan-Uta Marin and Joaquim Ramos Silva, "Global Maritime Domain Awareness: A Sustainable Development Perspective", *WMU Journal of Maritime Affairs*, Vol. 16, No. 1, 2017.

Cotula Lorenzo et al. , "China-Africa Investment Treaties: Do They Work?", *International Institute for Environment and Development*, 2016.

Demissie Alexander, "Special Economic Zones: Integrating African Countries in China's Belt and Road Initiative", *Rethinking the Silk Road*, Palgrave Macmillan, Singapore, 2018.

Dianjaya Andika Raka, "The Politics of Chinese Investment in Africa under Belt and Road Initiative (BRI) Project", *Nation State Journal of International Studies*, Vol. 2, No. 2, 2019.

Dieke, P. U. C. , "Tourism in Africa's Economic Development: Policy Implications", *Management Decision*, Vol. 41 No. 3, 2003.

Driberg, J. H. , "The African Conception of Law", *Journal of Comparative Legislation and International Law*, Vol. 16, No. 4, 1934.

Dugard John, "International Law and the South African Constitution", *Eur. J. Int'l L.* , Vol. 8, 1997.

Dugard John, "International Law: A South African Perspective", JS Afr. L. , 1994.

Dutton Peter, A. , Isaac B. Kardon and Conor M. Kennedy, "China Maritime Report No. 6: Djibouti: China's First Overseas Strategic Strongpoint (2020)", *CMSI China Maritime Reports. 6*, 2020.

Dutton Peter, A., Isaac B. Kardon and Conor M. Kennedy, "China Maritime Report No. 6: Djibouti: China's First Overseas Strategic Strongpoint" (2020), *CMSI China Maritime Reports*, 6.

Edo Samson, Nneka Esther Osadolor and Isuwa Festus Dading, "Growing External Debt and Declining Export: The Concurrent Impediments in Economic Growth of Sub-Saharan African Countries", *International Economics*, Vol. 161, 2020,

Elkemann Catherine and Oliver C. Ruppel, "Chinese Foreign Direct Investment into Africa in the Context of BRICS and Sino-African Bilateral Investment Treaties", *Richmond Journal of Global Law & Business*, Vol. 13, No. 4, 2015.

Farooq Muhammad Sabil et al., "Kenya and the 21st Century Maritime Silk Road: Implications for China-Africa Relations", *China Quarterly of International Strategic Studies*, Vol. 4, No. 3, 2018.

Fu Xiaowen, Adolf KY Ng and Yui-Yip Lau, "The Impacts of Maritime Piracy on Global Economic Development: The Case of Somalia", *Maritime Policy & Management*, Vol. 37, No. 7, 2010.

Gekara Victor Oyaro and Prem Chhetri, "Upstream Transport Corridor Inefficiencies and the Implications for Port Performance: A Case Analysis of Mombasa Port and the Northern Corridor", *Maritime Policy & Management*, Vol. 40, No. 6, 2013.

Gummi Umar Muhammad et al., "China-Africa Economic Ties: Where Agenda 2063 and Belt and Road Initiative Converged and Diverged?", *Modern Economy*, Vol. 11, No. 5, 2020.

Gummi Umar Muhammad et al., "China-Africa Economic Ties: Where Agenda 2063 and Belt and Road Initiative Converged and Diverged?", *Mod-

ern Economy, Vol. 11, No. 5, 2020.

Hao Wu et al., "The Impact of Energy Cooperation and the Role of the One Belt and Road Initiative in Revolutionizing the Geopolitics of Energy among Regional Economic Powers: An Analysis of Infrastructure Development and Project Management", *Complexity*, 2020.

Ibrahim Muazu et al., "Networking for Foreign Direct Investment in Africa: How Important are ICT Environment and Financial Sector Development?", *Journal of Economic Integration*, Vol. 34, No. 2, 2019.

Idang Gabriel, E., "African Culture and Values", *Phronimon*, Vol. 16, No. 2, 2015.

International Monetary Fund, "Area: Potential Economic Impact and Challenges", 2020.

John A. Harrington and Ambreena Manji, "The Emergence of African Law as an Academic Discipline in Britain", *African Affairs*, Vol. 102, No. 406, 2003.

Junbo Jian and Donata Frasheri, "Neo-colonialism or De-colonialism? Chinas Economic Engagement in Africa and the Implications for World Order", *African Journal of Political Science and International Relations*, Vol. 8, No. 7, 2014.

Kidane Won and Weidong Zhu, "China-African Investment Treaties: Old Rules, New Challenges", *Fordham International Law Journal*, Vol. 37, 2014.

Kidane Won, Chen Huiping and Mark Feldman, "China-Africa Investment Treaties and Dispute Settlement: A Piece of the Multipolar Puzzle", *Proceedings of the Annual Meeting-American Society of International Law*, Vol. 107, 2013.

Kidane Won, "China-Africa Dispute Settlement: The Law, Economics and Culture of Arbitration", *Kluwer Law International BV*, 2011.

Kidane Won, "China's Bilateral Investment Treaties with African States in Comparative Context", *Cornell International Law Journal*, Vol. 49, 2016.

Kimani Mary, "Tackling Piracy off African Shores", *Africa Renewal*, Vol. 22, No. 4, 2009.

Klare Michael, T. and Daniel Volman, "Africa's Oil and American National Security", *Current History*, Vol. 103, No. 673, 2004.

Kolstad Ivar and Arne Wiig, "Better the Devil you Know? Chinese Foreign Direct Investment in Africa", *Journal of African Business*, Vol. 12, No. 1, 2011.

Lam Jasmine Siu Lee, Kevin Patrick Brendan Cullinane and Paul Tae-Woo Lee, "The 21st-century Maritime Silk Road: Challenges and Opportunities for Transport Management and Practice", *Transport Reviews*, Vol. 38, No. 4, 2018.

Lumumba-Kasongo Tukumbi, "China-Africa Relations: A Neo-imperialism or a Neo-colonialism? A Reflection", *African and Asian Studies*, Vol. 10, No. 2 – 3, 2011.

Lumumba-Kasongo Tukumbi, "China-Kenya Relations with a Focus on the Maritime Silk Road Initiative (MSRI) within a Perspective of Broad China-Africa Relations", *African and Asian Studies*, Vol. 18, No. 3, 2019.

Mancuso Salvatore, "Trends on the Harmonization of Contract Law in Africa", *Ann. Surv. Int'l & Comp. L.*, Vol. 13, 2007.

Maswana Jean-Claude, "Colonial Patterns in the Growing Africa and China Interaction: Dependency and Trade Intensity Perspectives", *The Journal of Pan African Studies*, Vol. 8, No. 7, 2015.

Mishra Abhishek, "India-Africa Maritime Cooperation: The Case of Western Indian Ocean", Observer Research Foundation Occasional Paper, 2019.

Mokgoro and Justice Yvonne, "Ubuntu and the law in South Africa", *Potchefstroom Electronic Law Journal/Potchefstroomse Elektroniese Regsblad*, Vol. 1, No. 1, 1998.

Murphy Martin, N., "The Troubled Waters of Africa: Piracy in the African Littoral", *The Journal of the Middle East and Africa*, Vol. 2, No. 1, 2011.

Naidu, S. M., Bazima, D., "China-African Relations: A New Impulse in a Changing Continental landscape", *Futures*, Vol. 40, No. 8, 2008.

Ofodile Uche Ewelukwa, "Africa-China Bilateral Investment Treaties: A Critique", *Michigan Journal of International Law*, Vol. 35, No. 1, 2013.

Okafor-Yarwood Ifesinachi et al., "The Blue Economy-cultural Livelihood-ecosystem Conservation Triangle: The African Experience", *Frontiers in Marine Science*, Vol. 7, 2020.

Onuoha Freedom, C., "Piracy and Maritime Security off the Horn of Africa: Connections, Causes, and Concerns", *African Security*, Vol. 3, No. 4, 2010.

Oyeranti Olugboyega, A. et al., "China-Africa Investment Relations: A Case Study of Nigeria", 2010.

Paterson Mark, "The African Union at Ten: Problems, Progress and Prospects", Center for Conflict Resolution, 2012.

Paul Musili Wambua, "Enhancing Regional Maritime Cooperation in Africa: The Planned End State", *African Security Studies*, Vol. 18, No. 3, 2009.

Pauly Daniel et al., "China's Distant-water Fisheries in the 21st Century", *Fish and Fisheries*, Vol. 15, No. 3, 2014.

Pollack Kenneth, M., "Securing the Gulf", *Foreign Affairs*, Vol. 82, No. 4, 2003.

Potgieter, T., "Oceans Economy, Blue Economy, and Security: Notes on the South African Potential and Developments", *Journal of the Indian Ocean Region*, Vol. 14, No. 1, 2018.

Rich Timothy, S., and Sterling Recker, "Understanding Sino-African Relations: Neocolonialism or a New Era?", *Journal of International and Area Studies*, Vol. 20, No. 1, 2013.

Sergei Ignatev and Lukonin Sergey, "China's Investment Relations with African Countries", *Mirovaya Ekonomika i Mezhdunarodnye Otnosheniya*, Vol. 62, No. 10, 2018.

Sharma Ishan, "China's Neocolonialism in the Political Economy of AI Surveillance", *Cornell Internation Affairs Review*, Vol. 13, No. 2, 2020.

Simo Regis, Y., "Trade in Services in the African Continental Free Trade Area: Prospects, Challenges and WTO Compatibility", *Journal of International Economic Law*, Vol. 23, No. 1, 2020.

Smith, A., "An Inquiry Into the Nature and Causes of the Wealth of Nations: Volume One: Liberty Classics", 2013.

Styan David, "China's Maritime Silk Road and Small States: Lessons from the Case of Djibouti", *Journal of Contemporary China*, Vol. 29, No. 122, 2020.

Sumaila U. Rashid, "Illicit Trade in the Marine Resources of West Africa", *Ghanaian Journal of Economics*, Vol. 6, No. 1, 2018.

Van Niekerk, G. J., "A Common Law for Southern Africa: Roman Law or Indigenous African law?", *Comparative and International Law Journal of Southern Africa*, Vol. 31, No. 2, 1998.

van Wyk Jo-Ansie, "Defining the Blue Economy as a South African Strategic Priority: Toward a Sustainable 10th Province?", *Journal of the Indian Ocean Region*, Vol. 11, No. 2, 2015.

Venherska, N. S. et al., "China's Relations with Africa: Neocolonialism or Partnership?", *Economic Sciences*, Vol. 3, No. 43, 2019.

Vreÿ, F., "A Blue BRICS: Maritime Security, and the South Atlantic", *Contexto Internacional*, Vol. 12, No. 1, 2016.

Wang Yixuan and Nuo Wang, "The Role of the Marine Industry in China's National Economy: An Input-output Analysis", *Marine Policy*, Vol. 99, 2019.

Wille George, François Du Bois and Graham Bradfield, "Wille's principles of South African law", *Juta and Company Ltd.*, 2007.